機械学習・深層学習による

自然言語処理入門

scikit-learnとTensorFlowを使った実践プログラミング

中山光樹［著］

マイナビ

本書のサポートサイト

本書で使用されているサンプルファイルを掲載しております。訂正・補足情報についてもここに掲載していきます。

https://book.mynavi.jp/supportsite/detail/9784839966607.html

- サンプルファイルの使い方については、本書xiページもご覧ください。
- サンプルファイルのダウンロードにはインターネット環境が必要です。
- サンプルファイルはすべてお客様自身の責任においてご利用ください。
  サンプルファイルおよび動画を使用した結果で発生したいかなる損害や損失、その他いかなる事態についても、
  弊社および著作権者は一切その責任を負いません。
- サンプルファイルに含まれるデータやプログラム、ファイルはすべて著作物であり、著作権はそれぞれの著作者にあります。
  本書籍購入者が学習用として個人で閲覧する以外の使用は認められませんので、ご注意ください。
  営利目的・個人使用にかかわらず、データの複製や再配布を禁じます。
- 本書に掲載されているサンプルはあくまで本書学習用として作成されたもので、実際に使用することは想定しておりません。ご了承ください。

ご注意

- 本書での説明は、macOS XまたはWindows10で行っています。
- 本書での学習にはインターネット環境が必要です。
- 本書に登場するソフトウェアやURLの情報は、2020年1月段階での情報に基づいて執筆されています。
  執筆以降に変更されている可能性があります。
- 本書の制作にあたっては正確な記述につとめましたが、著者や出版社のいずれも、本書の内容に関して何らかの保証をするものではなく、
  内容に関するいかなる運用結果についても一切の責任を負いません。あらかじめご了承ください。
-

はじめに

最近の自然言語処理では機械学習が使われることが非常に多くなっています。日々提案される手法の大部分では、機械学習を用いて性能の向上を図っています。もちろん、実際の現場ではルールベースの処理や辞書の整備といった、機械学習以外の仕事も多くあります。しかし、そのような仕事をしている方たちにとっても、仕事を効率化し性能を向上させるために機械学習を学ぶのは意義あることでしょう。

ところが、機械学習を用いた自然言語処理手法を日本語に対して適用しようとすると、途端にデータセットの壁に当たることに気づきます。現在はオンライン上に資料が充実しており、Web上を探せば優れたチュートリアルがいくらでも見つかります。しかし、それらの資料の大半は英語のデータセットを対象にしています。チュートリアルの内容を日本語でやってみようとWeb上で日本語のデータセットを探しても、適したデータセットが見つからないのが現状です。

このような状況を踏まえ、本書は機械学習を用いた日本語での自然言語処理を試せるようにすることを目的としています。本書では日本語のデータセットを使って自然言語処理の様々なタスクを試せるようにしています。それにより、自然言語処理をより身近にし、その裾野を広げたいと考え執筆しました。本書はなんらかのプログラミング言語を使ったことのある開発者を対象に書いています。本書が読者が自然言語処理を始める切っ掛けとなれば、これに勝る喜びはありません。

2020年1月

中山光樹

Contents

Chapter 10 系列ラベリング

本書のサンプルファイルについて

(1) ローカルで実行する

以下のサポートサイトでは、本書で使用したファイルがダウンロードできます。これを閲覧・実行するための方法については、本書の「Chapter 2-7 開発環境の構築」をご覧ください。Minicondaをインストールして実行する方法について紹介しています。なお、パッケージのバージョンによってはWarningが出ることがあります。本来はなるべく発生しないようにすべきですが、今回はそのまま進めてください。

● https://book.mynavi.jp/supportsite/detail/9784839966607.html

(2) クラウドで実行する

本書のコードは、Google Colaboratoryにもアップされています。ColaboratoryについてはChapter 12で詳しく紹介していますが、クラウド上でコードを実行できるサービスです。
環境構築がほとんど必要なく、Googleのアカウントがあれば、ブラウザから使うことができます。また、GPUを無料で使うことができますので、重たいコードもストレスなく実行することができます。

以下がColaboratoryのリンク先を集めたページです。上に記載しているサポートサイトにもリンクを掲載しています。

●https://bit.ly/2WlNQ9u

このノートブックは開いただけでは実行できません。実行方法には以下の2通りあります。

(a) Playgroundを開く
(b) コピーを作成する

(a) Playgroundを開く

単にノートブックの内容を実行したい場合はPlaygroundモードが便利です。このモードを使うには画面上部の「Playgroundで開く」ボタンを選択します。そうすることで、ノートブックを実行できるようになります。

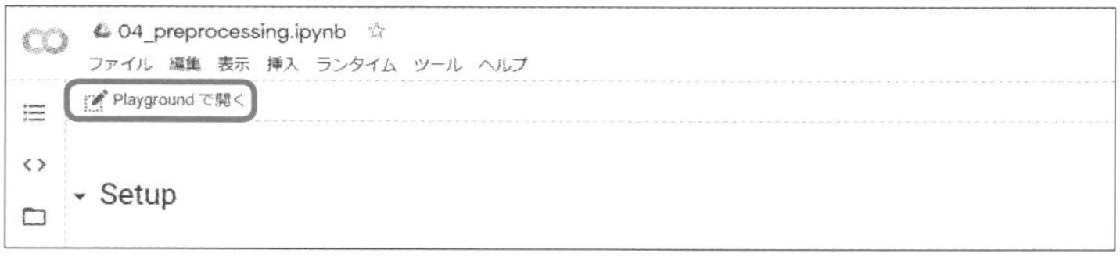

Playgroundモードでノートブックを開いて実行すると警告が出ます。これは、信頼できない作者によるノートブックを実行すると、セキュリティ上の危険があるためです。信頼して実行する場合は「このまま実行」を選択します。

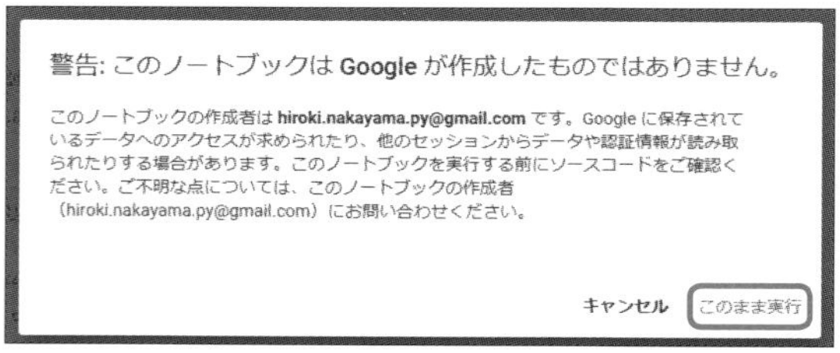

(b) コピーを作成する

ノートブックを実行するだけでなく編集したい場合はコピーをします。「ファイル」メニューの「ドライブにコピーを保存」を選択して、自分のGoogle Drive上にノートブックをコピーします。そうすると、ノートブックが自動的に開き、内容の編集や実行が可能になります。

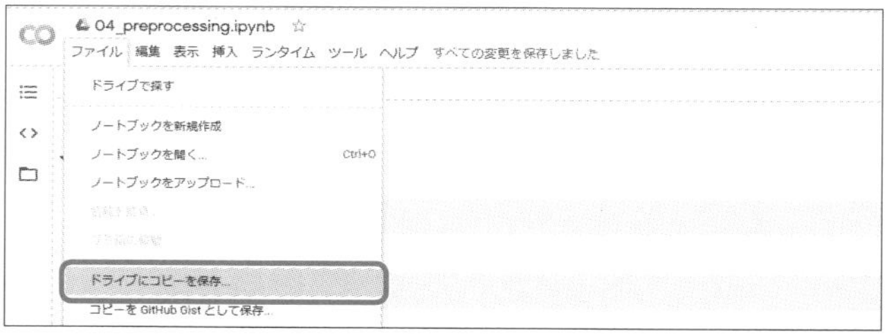

Colaboratoryの詳細な使い方についてはChapter 12を確認してください。

Chapter 1

自然言語処理の基礎

本章では、自然言語処理の概要について学びます。「自然言語」とは何なのか、「自然言語処理」はどんな技術なのか、基本的なことから説明していきます。

また、自然言語処理で使われる基礎的な技術について、例を挙げながらどのようなものかを解説します。本書を通して何度も出てくる用語が登場しますので、しっかり目を通しておいてください。

さらに、複数の基礎的な技術を組み合わせた応用技術についても説明します。応用技術は、アプリケーションなどで実際に目にすることも多い技術です。自然言語処理で実現できる高度な機能について、概観してみてください。

Chapter 1-1

本章の概要

インターネットの発展とともに、個人や企業は膨大な量のデジタルデータを産み出してきました。米EMCとIDCのレポート[※1]によると、2013年に地球上で産み出されたデータ量は4.4ZBであったのに対し、2020年には10倍の44ZBに達すると報告されています。さらに、今後はIoT機器から産み出されるデータも増加するので、今後もデータ量は加速度的に増えていくと予想されています。

次々と産み出される膨大な量のデータを処理することで、新たな価値を創造できます。たとえば、膨大な量のテキストから自分に必要なものだけ検索できれば問題解決の役に立ちます。SNS上の会社情報に関する情報を分析すれば、ある会社の株価の変動を予測するのに役立つでしょう。正確な予測ができれば、投資家にとって大きな価値を持つはずです。

多種多様なデータの中でも、自然言語で書かれたテキストデータをコンピュータで処理するための技術を**自然言語処理**と呼びます。自然言語処理では、コンピュータを使ってテキストを処理し、テキストから有益な情報を得ます。コンピュータを使うことで、膨大な量のテキストデータを高速に処理することが可能になります。これにより、人間では手に負えない量のデータを処理して価値を産み出すことができるのです。

本章では**自然言語処理の概要**について学びます。具体的には以下のトピックについて順に説明します。

- 自然言語処理とは?
- 自然言語処理のタスク
- 自然言語処理の難しさ

Chapter 1-2

自然言語処理とは?

1-2-1 自然言語と人工言語

本節では自然言語処理とは何かについて説明します。自然言語処理について説明するにはまず、自然言語について理解する必要があります。そこで、まずは**自然言語**と、その対比する概念である**人工言語**について説明し、その後、**自然言語処理**について説明することにします。

※1 https://www.emc.com/leadership/digital-universe/2014iview/executive-summary.htm

自然言語とは、私たち人間が日常的に読み書きしたり、話したりするのに使っている言語のことです。たとえば、日本語や英語、中国語は自然言語の一種です。このような、**人間によって繰り返し使われ、進化してきた言語のこと**を自然言語と呼んでいます。以下は自然言語の例です。

- こんにちは
- Hello
- 你好

一方、自然言語と対比する概念として**人工言語**が存在します。人工言語とは、人間によって人工的に作り出された言語のことを指しています。たとえば、PythonやHaskellのようなプログラミング言語やHTMLのようなマークアップ言語は人工言語の一種です。以下は人工言語の例です。

```
for i in range(1, 100):
    if i % 3 == 0 and i % 5 == 0:
        print('FizzBuzz')
    elif i % 3 == 0:
        print('Fizz')
    elif i % 5 == 0:
        print('Buzz')
    else:
        print(i)
```

1-2-2 自然言語処理

自然言語処理とは、**自然言語を処理する技術や学術分野のこと**を指しています。学術分野としては、コンピュータサイエンス、人工知能、言語学といった分野の知識が使われています。使われる分野からわかるように、自然言語を処理する主体は人間ではなく**コンピュータ**です。

自然言語処理の目的はコンピュータに自然言語を処理させ、人間にとって役立つ様々なタスクを実行させることです。タスクの例としては、自動翻訳や質問応答、対話を挙げられます。このようなタスクをコンピュータで実現できれば、データを処理して新たな価値を生むことができます。以下に自然言語処理のタスクの例を挙げます。

- 形態素解析
- 構文解析
- 意味解析
- テキスト分類
- 機械翻訳
- 情報抽出
- 質問応答
- 情報検索
- etc...

自然言語処理には多くのタスクが存在するため、そのすべてについて本書で説明することは現実的ではありません。そこで次節では自然言語処理のタスクからいくつか選んで紹介します。

Chapter 1-3 自然言語処理のタスク

1-3-1 自然言語処理の基礎技術

本節では自然言語処理のタスクについて説明します。タスクには大きく分けて、**基礎技術**と**応用技術**があります。基礎技術は様々な自然言語処理タスクの要素として使われる技術のことです。一方、応用技術は実際のアプリケーションに近い技術であり、複数の基礎技術が組み合わされています。

自然言語処理で用いられる基礎技術としては以下のような技術があります。それぞれ、単語レベル、構文レベル、意味レベル、文脈レベルの解析を行います。

- 形態素解析
- 構文解析
- 意味解析
- 文脈解析

1-3-1-1 形態素解析

形態素解析とはテキストを**形態素と呼ばれる単位**に分割し、各形態素に対して**品詞を付与する処理**のことです。形態素とは何かという話をすると難しくなるので、以降では単語という言葉を使っていきます。品詞を付与する処理というのは、分

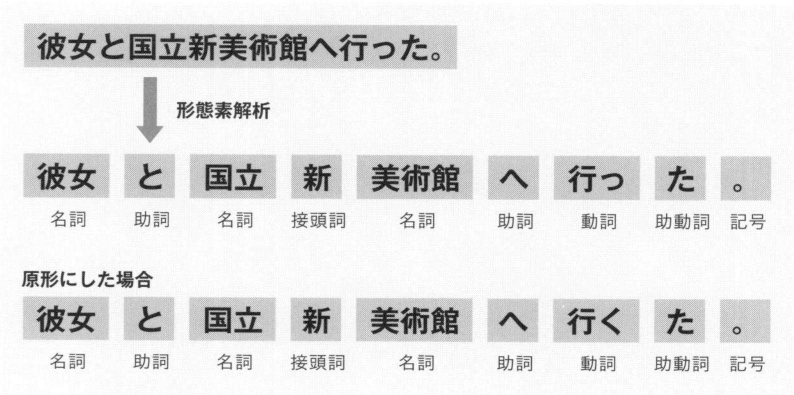

図1-3-1　形態素解析の例

割した単語が**名詞**なのか**動詞**なのかといった品詞情報を付与する処理のことです。たとえば「彼女と国立新美術館へ行った。」という文を形態素解析すると以下のような出力を得られます。ここでは、国立新美術館が複数の単語に分割されていますが、この問題についてはChapter 4で扱います。

形態素解析でテキストを単語に分割する理由の一つとして、多くの自然言語処理の手法では**単語を入力値として与えて処理をする**ことが多い点が挙げられます。たとえば、自然言語処理タスクの一つであるテキスト分類では、テキストを単語に分割して、それらの単語を元にテキストを分類します。その他のタスクでも多くの場合はテキストを単語に分割するところから始めます。

形態素解析を行うためのソフトウェアは**形態素解析器**と呼ばれています。いくつかの形態素解析器はオープンソースで公開されています。よく使われている形態素解析器としてMeCab（メカブ）[※2]があります。MeCabは高性能かつ高速に動作する形態素解析器です。また、PythonではJanome（ジャノメ）[※3]もよく使われます。MeCabと比べると処理速度は劣りますが、インストールの簡単さや、標準で品詞フィルター等の便利機能が提供されている点で優れています。

形態素解析について詳しくはChapter 4で解説しますが、ここでは、形態素解析器がどのようなものなのか理解していただくために、Janomeを使った場合の例を場合の例を見てみましょう。Janomeをインストールした後、コマンドライン上でJanomeを実行すると入力待ちの状態になります。ここで文章を入力すると、形態素解析結果を返してくれます。「彼女と国立新美術館へ行った。」という文が単語に分割され、品詞が付与されていることがわかります。

```
$ janome
彼女と国立新美術館へ行った。

彼女	名詞,代名詞,一般,*,*,*,彼女,カノジョ,カノジョ
と	助詞,格助詞,一般,*,*,*,と,ト,ト
国立	名詞,一般,*,*,*,*,国立,コクリツ,コクリツ
新	接頭詞,名詞接続,*,*,*,*,新,シン,シン
美術館	名詞,一般,*,*,*,*,美術館,ビジュツカン,ビジュツカン
へ	助詞,格助詞,一般,*,*,*,へ,ヘ,エ
行っ	動詞,自立,*,*,五段・カ行促音便,連用タ接続,行く,イッ,イッ
た	助動詞,*,*,*,特殊・タ,基本形,た,タ,タ
。	記号,句点,*,*,*,*,。,。,。
```

1-3-1-2 構文解析

構文解析とは、文を文法のような規則に従って解析し、**文の構造を明らかにする処理**です。構文解析にもいくつか種類があるのですが、よく使われるものとして**係り受け解析**があります。たとえば、「彼女と国立新美術館へ行った」という文を係り受け解析すると以下のような出力を得られます。

```
      彼女と---D
国立新美術館へ-D
          行った
```

※2 http://taku910.github.io/mecab/
※3 http://mocobeta.github.io/janome/

構文解析を行うことで、単語の羅列だけではわからない関係を扱うことができます。たとえば、上の解析結果では「国立新美術館へ」行ったこと、また「彼女と」行ったことが解析の結果として示されています。このように、構文解析は文を深く解析するために使うことができます。

構文解析を行うためのソフトウェアは**構文解析器**と呼ばれています。いくつかの構文解析器はオープンソースで公開されています。たとえば、日本語を係り受け解析するためのソフトウェアとしてはCaboCha(カボチャ)※4があります。その他にも、日本語文の構文・格・照応解析を行うシステムとしてKNP(ケーエヌピー)※5があります。

1-3-1-3 意味解析

意味解析とは、**テキストを解析し、その意味を決定する処理**のことです。「意味とは何か？」はとても難しい話になるので具体的な例を見てみましょう。意味解析の一つとして、構文解析した文の意味が妥当であるかを判定することがあります。たとえば、「望遠鏡で泳ぐ彼女を見た。」という文について考えてみましょう。この文には以下のような2つの解釈が考えられます。

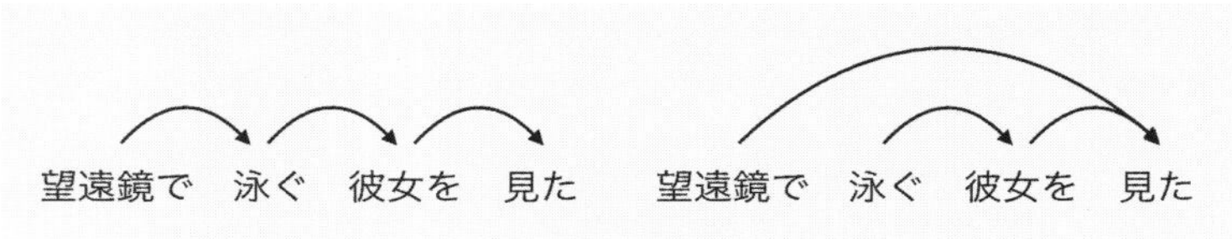

図1-3-2　意味解析の例

左側の解釈では、「彼女」が「望遠鏡を使って泳いでいる」のを「誰か」が「見た」という少々奇妙な状況を表しています。一方、右側の解釈では「誰か」が「望遠鏡を使って、泳いでいる彼女を見た」という状況を表しています。構文解析ではどちらの解析結果も正しいものとして出力されます。しかし、一般的に望遠鏡を使って泳ぐ人はいないため、人間には右側が正しいとわかります。このように、意味解析では文の意味の妥当性を判断することがあります。

また、意味解析には単語の**語義曖昧性解消**も含まれます。語義曖昧性解消とは、テキストに出現する単語の語義を明らかにするタスクです。たとえば、**bank**という単語には「銀行」という意味と「土手」という意味があります。以下の例文について考えてみましょう。

(1)　The bank cashed my check.（訳：銀行は私の小切手を現金化した。）
(2)　We sat along the bank of the Tama river.（訳：私たちは多摩川の土手に座っていた。）

人間であれば、この例文に出現する**bank**は、(1)は銀行、(2)は土手を指していることがわかります。しかし、コンピュータにとってはどちらも同じ文字列のため区別は容易ではありません。このような文中に出現する単語の語義の曖昧性を解消するのが語義曖昧性解消です。

※4　https://taku910.github.io/cabocha/
※5　http://nlp.ist.i.kyoto-u.ac.jp/?KNP

1-3- 1-4 文脈解析

文脈解析について一言で定義するのは難しいのですが、多くの場合では**複数の文のつながりに関する解析を行う処理**であると言えます。文脈解析の例としては、代名詞のような参照表現が何を指しているか特定する**照応解析**や、文と文の関係を予測する**談話関係解析**などがあります。

ここでは照応解析について例をあげて説明しましょう。以下に挙げた2つの文の間には照応関係が存在します。どのような関係が存在するかというと、一文目の「具合の悪そうな人」を二文目の「彼女」が指しているという関係があります。このように、代名詞のような参照表現が何を指しているかを特定する処理を照応解析と呼びます。

- 眼の前に具合の悪そうな人がいる。彼女は今にも倒れそうだ。

文脈解析は非常に難しい処理で、現在も盛んに研究が行われており、今後の発展が期待されます。

1-3- 2 自然言語処理の応用技術

自然言語処理の基礎技術について説明したところで、次に自然言語処理の**応用技術**について紹介しましょう。応用技術としては以下のような技術があります。

- 機械翻訳
- 質問応答
- 情報抽出
- 対話システム

1-3- 2-1 機械翻訳

私たちに身近な自然言語処理の応用技術として**機械翻訳（Machine Translation）**があります。機械翻訳は、ある言語で書かれたテキストを別の言語のテキストに自動的に翻訳する技術です。みなさんも一度はGoogle翻訳のような機械翻訳のアプリケーションを使ったことがあるのではないでしょうか？

図1-3-3　機械翻訳のアプリケーションの例（Google翻訳）

機械翻訳の性能が上がると様々なタスクに応用することができます。たとえば、機械翻訳では人手を介さずに翻訳できるので、翻訳コストの低下を期待できますし、検索システムに組み込んで使えば言語を横断して検索することも考えられます。音声認識や生成と組み合わせれば同時翻訳にも使えるようになるかもしれません。

ただし、現状ではどの言語でも完璧に翻訳できる機械翻訳技術はありません。コンピュータを使って自動的に翻訳するのは、言語によって語順が違ったり、要素が省略されていたりするために難しいのです。最近の機械翻訳では、本書のChapter 11で紹介する系列変換の技術が使われています。Chapter 11では実際に機械翻訳を行うモデルを作成します。

1-3- 2-2 質問応答システム

質問応答（Question Answering）は、**自然言語で表現された質問文に対して適切な回答を行う技術**です。その歴史は古く、1960年代のはじめには、BASEBALLと呼ばれる野球のデータに対する質問応答のシステムが誕生しています。2011年にはIBMのWatsonがJeopardy！というクイズ番組で人間を破ったことでも知られています。

多くの質問応答システムでは**ファクトイド型（Factoid）**の質問に回答することに焦点を当てています。ここで、ファクトイド型の質問とは、回答が人名や地名、組織名、日時などの短いテキストで表される質問のことを指します。以下にファクトイド型の質問例を示します。

1. 日本では何歳から喫煙可能ですか？
2. ホワイトハウスはどの州にありますか？
3. 東京オリンピックが開催されたのは何年？

ファクトイド型と対比する概念として**ノンファクトイド型**の質問があります。こちらは、ファクトイド型とは反対に短いテキストで答えられないような質問のことを指します。以下にノンファクトイド型の質問例を挙げます。

1. なぜ月は地球のまわりを回っているのですか？
2. どうして地震は発生するのですか？
3. 象とはどのような動物ですか？

ファクトイド型の質問応答は、スタンフォード大学のSQuADと呼ばれるデータセットを用いて盛んに研究されています。SQuAD 2.0では人間を超える性能で回答できることが報告されています※6。昔の質問応答システムは自然言語処理のタスクを行う様々なモジュールを組み合わせて作成していましたが、現在では本書の後半で紹介するディープラーニングの技術を使って一つのモデルで実現することができます。

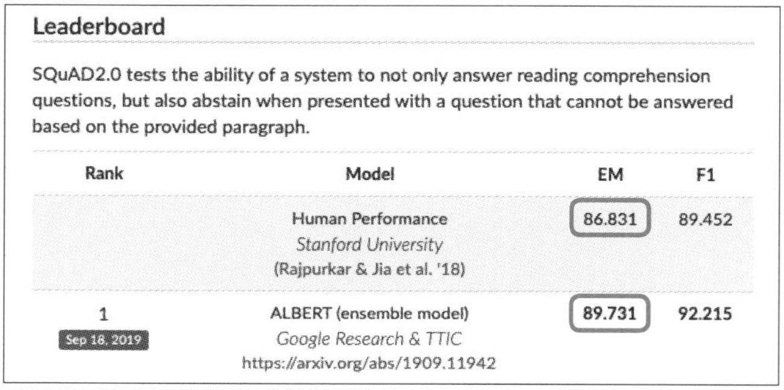

Leaderboard
SQuAD2.0 tests the ability of a system to not only answer reading comprehension questions, but also abstain when presented with a question that cannot be answered based on the provided paragraph.
Rank
Model
EM
F1
Human Performance
Stanford University
(Rajpurkar & Jia et al. '18)
86.831
89.452
1
Sep 18, 2019
ALBERT (ensemble model)
Google Research & TTIC
https://arxiv.org/abs/1909.11942
89.731
92.215

図1-3-4　SQuAD2.0。SQuAD1.1で人間を超えた

※6　https://rajpurkar.github.io/SQuAD-explorer/

1-3- 2-3 情報抽出

自然言語処理における情報抽出（Information Extraction）は、**非構造化データであるテキストを、構造化された表現に変換するタスク**です。ここで、非構造化データとは特定の構造を持たないデータのことで、テキスト以外には音声、画像、動画などが該当します。一方で、構造化データとは特定の構造を持ったデータのことです。たとえば、リレーショナルデータベースでは、一般的にカラムによって格納するデータの構造を決定するので構造化データを使うことが多くなります。

情報抽出についてイメージしやすくするために例を見てみましょう。典型的な情報抽出として**フレーム型の情報抽出**があります。これは、抽出したい情報をあらかじめ定義しておき、その情報をテキストから抽出しようというものです。以下のような製品の発売情報に関するニュース記事があるとしましょう。

> X社は、家庭用ゲーム機「YYY」の販売を開始することを発表した。…価格は廉価版が 43,000円 、…5月20日より出荷開始予定。

記事から抽出したい情報をメーカー、製品名、発売日、価格の4つとすると右の表のように情報を抽出することができます。

スロット	スロット値
メーカー	X社
製品名	YYY
発売日	5月20日
価格	43,000円

本書のChapter 10では、情報抽出の要素技術として使うことのできる**固有表現認識**について紹介します。

1-3- 2-4 対話システム

対話システム（Dialog System, Conversational System）は、**自然言語で人間と対話できるシステムおよびその技術**です。質問応答が一問一答であるのに対して、対話システムは対話の履歴を使って受け答えします。最近のチャットボットの流行で注目を集めている技術です。図1-3-5は対話によってレストランを検索するアプリの例です。

図1-3-5　対話によるレストラン検索

対話システムは、対話を通じて解決したい目標があるか否かで、**タスク指向**と**非タスク指向**のシステムに分類することができます。タスク指向の対話システムは、何らかの課題を解決することを目標としています。たとえば、航空機のチケットを注文するようなシステムはタスク指向の対話システムです。それ以外のシステムは非タスク指向型対話システムと呼ばれ、ユーザと雑談するようなシステムが該当します。

タスク指向の対話システムを作るために、Chapter 9で紹介する**テキスト分類**の技術やChapter 10で紹介する**系列ラベリング**の技術が活用されています。また、非タスク指向の対話システムを作るために、Chapter 11で紹介する**系列変換**の技術を使うことができます。Chapter 11では対話システムは扱いませんが、そこで紹介するモデルを使って雑談対話システムを作ることもできます。

Chapter 1-4
自然言語処理の難しさ

自然言語処理が難しい原因の一つとしてその曖昧性が挙げられます。ここでいう曖昧性とは、「1-3-1-3 意味解析」でも述べたように、単語の意味や文の構造が一つに決まらず複数考えられることを指しています。この曖昧性がプログラミング言語や数式のような人工言語と日本語や英語のような自然言語の最大の違いと言えるでしょう。繰り返しになりますが、自然言語の曖昧性について具体的な例を見て確認してみましょう。次の例文が表す意味について考えてみましょう。

```
美しい水車小屋の乙女
```

この例文は2通りの解釈をできます。一つは「美しい」が「水車小屋」にかかるという解釈です。この解釈では美しいのは水車小屋ということになります。もう一つの解釈として、「美しい」が「乙女」にかかるという解釈もできます。この場合美しいのは乙女であるという意味になります。

例文の意味を一意に決定するのは上記の文だけでは不可能です。周辺文脈や画像の様な情報を使って判断する必要があるでしょう。つまり自然言語の曖昧性を解消するには、その状況や文脈、世界についての知識が必要な場合があります。わたしたち人間は置かれている状況や世界についての知識を使ってこのような曖昧性を解消しています。一方、機械にとって、状況や世界についての知識を利用することは簡単ではありません。それが、自然言語処理の難しさの一因となっているのです。

Chapter 1-5
まとめ

本章では自然言語処理の概要について学びました。具体的には、自然言語処理とはどのようなものなのか、自然言語処理の基礎技術と応用技術、自然言語処理の難しさについて説明しました。次章では自然言語処理の問題を解くのによく使われている機械学習について説明します。

Chapter 2

機械学習

本章では機械学習の基礎的な概念について説明します。まずは、機械学習そのものの概要を紹介し、続いて機械学習の3つの種類「教師あり学習」「教師なし学習」「強化学習」について概念を説明します。

その後、機械学習のシステムを作る際の流れ（機械学習パイプライン）を紹介します。機械学習をプログラムとして実装する際にはこの流れに沿って進めることになります。

最後に、Chapter 3以降で実際にプログラムを書いていくために、環境構築を行います。本書では、Pythonのプログラムを紹介しますので、Pythonの環境が構築できるminicondaをインストールします。

Chapter 2-1
本章の概要

本章では**機械学習の基礎的な概念**について説明します。はじめに、機械学習とは何かについて説明します。次に、3つの代表的な機械学習の種類を説明します。その後、機械学習システムを構築する際に使われるパイプラインについて説明し、最後に本書で使う環境を構築します。

まとめると以下のトピックについて順に説明します。

- 機械学習とは?
- 教師あり学習
- 教師なし学習
- 強化学習
- 機械学習パイプライン
- 開発環境の構築

Chapter 2-2
機械学習とは?

機械学習(machine learning)とは、明示的にプログラムすることなく、**コンピュータに、データから学習する能力を与える技術**です。伝統的なプログラミングでは、データを処理するためにはルールを書きます。一方で、機械学習を使ったアプローチでは、ルールを明示的にプログラムすることなくデータから**モデルを学習**させます。一般的にモデル(model)というと、ファッションモデルや家の模型が思い浮かぶかもしれませんが、機械学習の分野ではデータ間の関係性を表現するものと言えます。

機械学習と伝統的なプログラミングの違いについて、メールのスパムフィルタを例に説明してみます。伝統的なプログラミングではメールの送信者や文面からスパムか否かを判断する**ルール**を人が書く必要がありました。一方、機械学習では機械学習アルゴリズムにメールとそれがスパムか否かというデータを与えることで、アルゴリズムがルールを**学習**するため、人が明示的にルールを書く必要がなくなります。

機械学習は応用範囲の広い技術であり、様々なアプリケーションに使われています。たとえば、画像中に写っているものを認識する画像認識、音声をテキストに変換する音声認識、そして機械翻訳などに使われています。図2-2-1および図

2-2-2はGoogle Cloud Platform(GCP)のCloud Vision API※1とCloud Natural Language API※2を使って画像認識と構文解析をした結果です。どちらもその内部では機械学習が使われています。

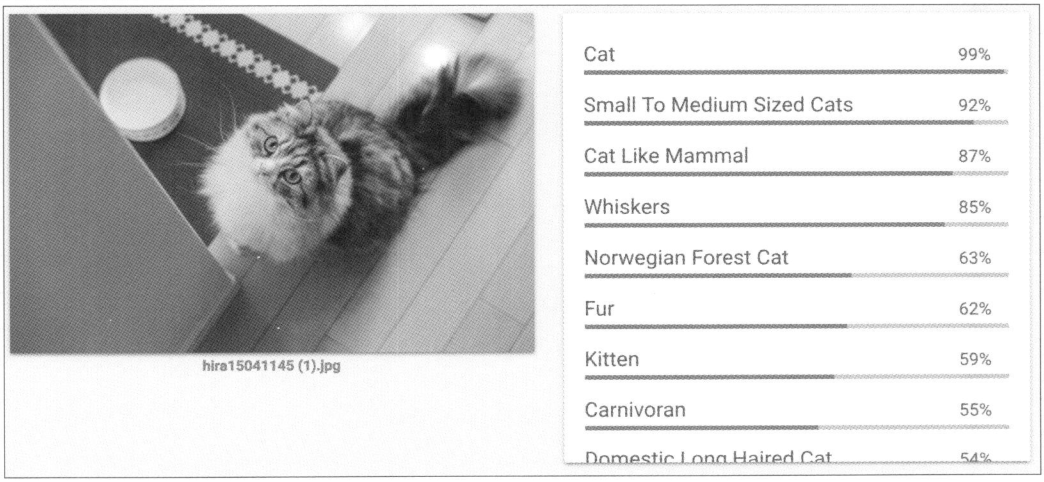

図2-2-1　Cloud Vision APIの認識結果。写真はぱくたそ(www.pakutaso.com)より

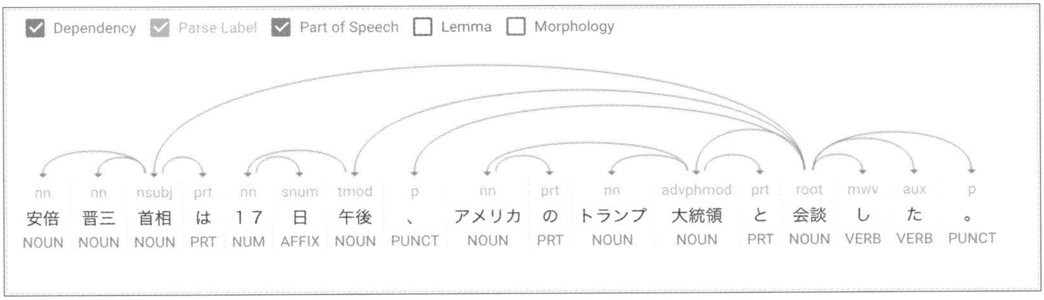

図2-2-2　Cloud Natural Language APIの認識結果。テキストを構文解析した結果が表示されている

機械学習はデータから学習を行いますが、その種類は大きく分けて3つあります。ここでは3つの分類である教師あり学習、教師なし学習、強化学習について簡単に説明します。

※1　https://cloud.google.com/vision/
※2　https://cloud.google.com/natural-language/

Chapter 2-3

教師あり学習

教師あり学習（Supervised Learning）は、入力値と、正しい出力値のペアのデータを使って、ある値が入力されたら適切な値が出力されるような**モデル**を**学習**する方法です。入力値に対する望ましい出力のことを**教師データ**とも呼びます。つまり、教師あり学習は教師が教えてくれる正しい答えを基に学習を行う方法と言えます。

教師あり学習を使ったアプリケーションの例として、メールのスパムフィルタ（図2-3-1）があります。スパムフィルタを学習する場合、入力として、メールの本文や送信元アドレスを与えます。そして、出力としてはスパムであるか否かを与えます。教師あり学習ではこの入出力の関係をモデルに学習させることで、未知のデータに対する出力を予測できるようにします。

学習用データ

入力	出力
あなたの人生を変える儲け話がここにあります！今すぐクリック！ ↓↓↓↓↓ http://XXXXXX.com	スパム
歓迎会の日程を決めたいと思います。以下に空いている日を登録してください。 http://XXXXXX.com	スパムではない
……	スパム
……	スパムではない

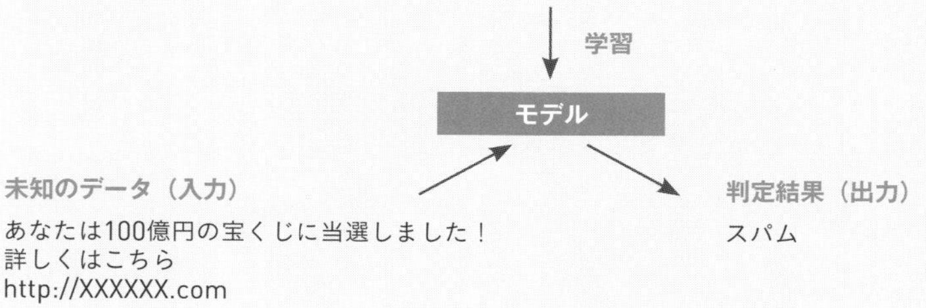

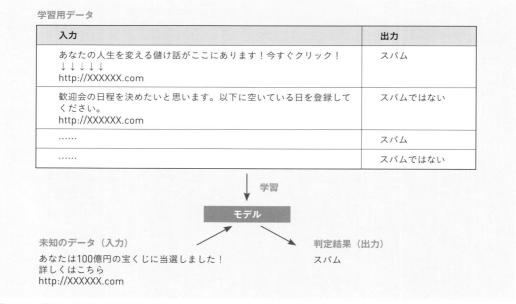

図2-3-1　教師あり学習におけるスパムフィルタ

教師あり学習は機械学習の一つの分野ですが、これをさらに分類すると2つのタスクに分けられます。一つが**分類**、もう一つが**回帰**です。以下ではそれぞれについて例を交えて説明します。

2-3- 1 分類

分類（Classification）とは、入力したデータが、あらかじめ決められた**クラス**のうち、どのクラスに属するかを判断する問題のことを指します。クラスは、場合によっては**ラベル**や**ターゲット**と呼ばれることもあります。

「教師あり学習」で登場したメールのスパムフィルタはまさに、分類を活用したアプリケーションの例です。スパムフィルタはメールをスパムか否かという**2クラスに分ける問題**と考えることができます。この場合、スパムフィルタはスパムか否かがあらかじめわかっているデータをもとに学習を行い、学習の結果得られたモデルを使って未知のデータに対する予測を行います。

スパムフィルタ以外にも、分類で解くことのできるタスクは数多くあります。たとえば、クレジットカードが不正利用されているか否かのタスク、医療画像から病気名を診断するタスク、音声認識のタスクなど、様々なデータやタスクに対して分類問題は使われています。

分類を使って解ける問題について理解したところで、分類というタスクではどのようなことをしているのかについて例を交えて直感的に説明してみましょう。ここで押さえてほしいのは**「線を引く」**というイメージです。どのような線が引かれるかは学習によって得られた出力によって決まります。このイメージは分類に限らず機械学習を理解する上で役に立つので、ここで理解しておきましょう。

分類について説明するための例として、果物が映った画像をリンゴとオレンジのどちらかに分類する問題について考えてみましょう（図2-3-2）。学習に使う各画像はリンゴかオレンジのどちらかであるかが、教師データとしてラベル付けされているものとします。このようなデータのことを**「ラベル付きデータ」**と呼びます。

リンゴ
オレンジ
画像がリンゴなら「リンゴ」というラベルを付ける。
オレンジなら「オレンジ」というラベルを付ける。

図2-3-2　ラベル付きデータの例

ここで各画像から果物の色（color）と大きさ（size）を数値データとして得ることができたとします。そうすると、果物の色と大きさを軸にとって、ラベル付きデータを図2-3-3のようにグラフ上で表現することができます。

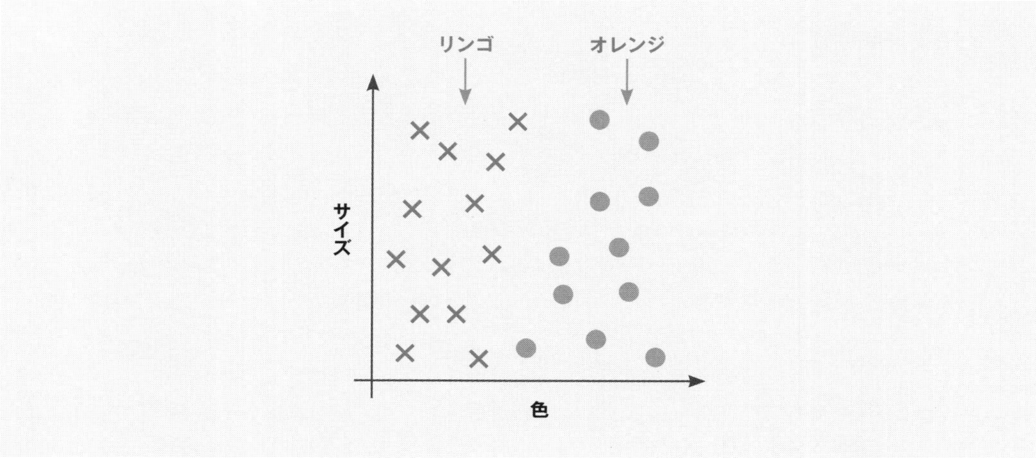

図2-3-3　ラベル付きデータをグラフ上で表現する

ここで×はりんご、そして●はオレンジを表しています。このグラフを見ると、データにパターンがあることに気づくと思います。リンゴはグラフの左側に、オレンジは右側に集まっているというパターンです。機械学習ではこれらのパターンを学習します。

分類では、2つのラベル付きグループの間に**「決定境界（decision boundary）」**と呼ばれるクラス間を分離する境界を決定することでデータを分類します。今回の場合、データに対する最も単純な決定境界は、図2-3-4のように引くことができます。このようにして線を引くことで、データを分類できるというわけです。

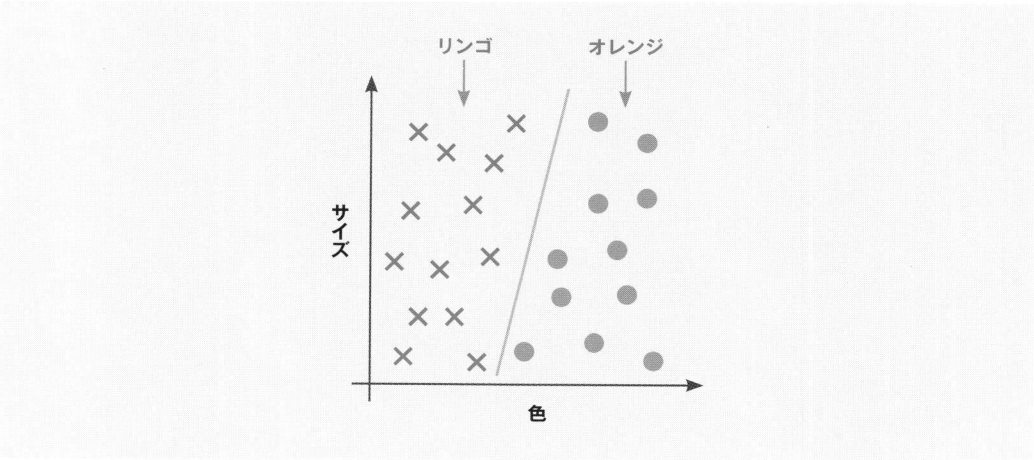

図2-3-4　単純な決定境界を描く

図2-3-4の決定境界は直線でしたが、図2-3-5のような複雑な決定境界を描くこともできます。

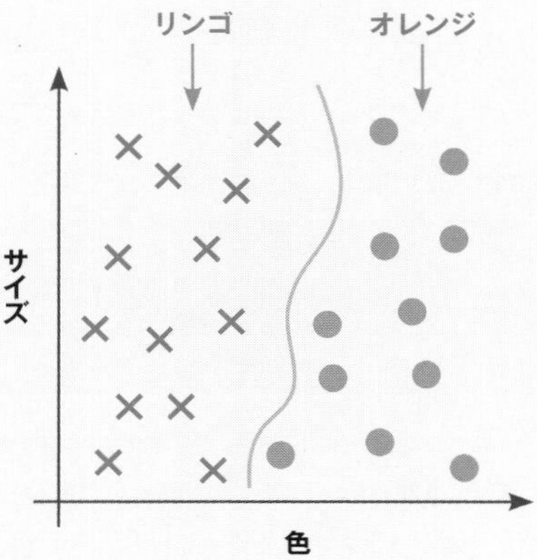

図2-3-5　複雑な決定境界を描く

ラベル付きデータを使って学習して得られた線は未知のデータを分類するために使われます。言い換えれば、リンゴとオレンジの画像からパターンを学ぶことで、これまで見たことのない画像を学んだパターンを使って分類できます。たとえば、図2-3-6の▲で表される果物の画像が与えられた場合、描いた決定境界に基づいてそれをオレンジとして分類できます。

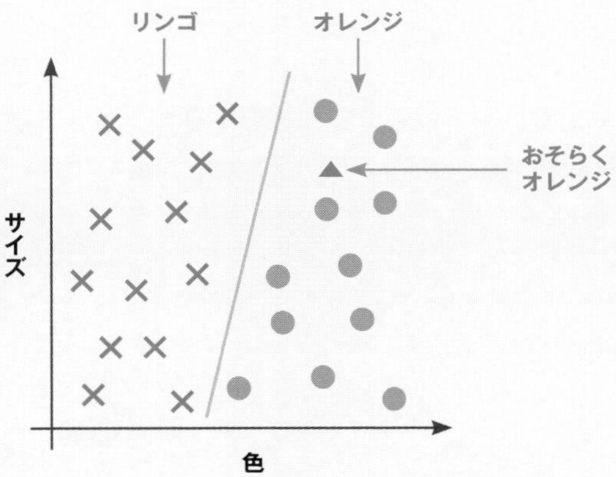

図2-3-6　決定境界に基づいて未知のデータを分類する

ここまでの話をまとめると、機械学習を使った分類では、ラベル付きデータから機械学習モデルを学習して決定境界を得ます。そして、得られた決定境界に基づいて未知のデータを分類するということを行います。これは、人間が行っている「過去の経験から得られた知見を使って未知の状況で判断を行う」という仕組みの一部を実現していると見ることもできます。

例ではリンゴとオレンジを見分けるという問題について紹介しましたが、ここで紹介した手法を使って様々な問題を解くことができます。たとえば、レントゲン画像から腫瘍を悪性または良性に分類したり、セキュリティシステムにおいてマルウェアの分類を行うといった問題に適用できます。

本書ではChapter 6とChapter 9で分類問題について扱います。そこでは分類に使うモデルの説明とその実現方法について紹介します。紹介するモデルについてよくわからない場合は、ここで説明した「線を引く」というイメージに立ち返って考えてみてください。

ここまでで教師あり学習の一つである分類について説明しました。次に、教師あり学習のもう一つのタスクである回帰について説明します。

2-3- 2 回帰

回帰（Regression）とは、簡単に言うと数値を予測する問題のことを指します。分類ではあらかじめ決められたクラスに対してデータを割り当てていました。一方、回帰ではあらかじめ決められたクラスではなく、**データから数値を予測する**ことを目的としています。

回帰問題の例として、不動産価格を予測する問題を挙げられます。不動産価格の予測では、物件のある場所や敷地面積、部屋数、駅からの距離といった入力から不動産価格を予測します。一般的に不動産の価格は数値で表されるので回帰問題として解くことができるわけです。

不動産価格の予測以外にも回帰で解くことのできるタスクは数多くあります。たとえば、明日の気温の予測や株価の予測、商品レビューから評価を予測するといった問題は回帰を使って解くことができます。このように、様々なデータやタスクに対して回帰は使われています。

回帰を使って解ける問題について理解したところで、回帰の中で行われることについて例を交えて直感的に説明してみましょう。回帰も分類と同じく**「線を引く」**というイメージを押さえてもらえれば簡単に理解できます。

回帰について説明するための例として、住宅価格を敷地面積から予測する問題について考えてみましょう。回帰でも分類と同様に、住宅価格と敷地面積を軸にとってデータをグラフ上に描画してみます。そうすると、住宅価格と敷地面積の関係を図2-3-7のように表現することができます。

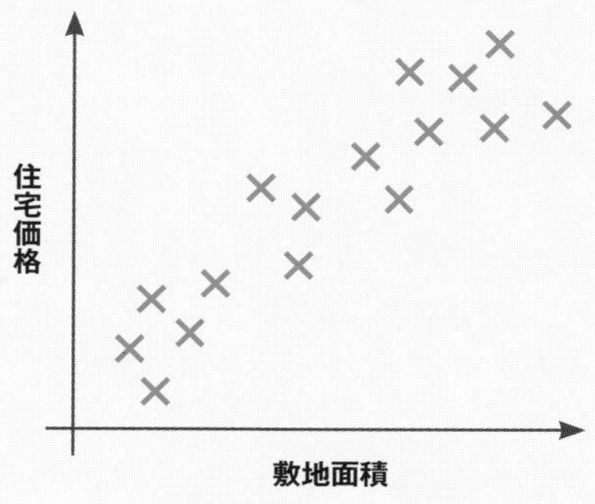

図2-3-7　敷地面積と住宅価格の関係

ここでグラフ上の各点は住宅価格と面積が異なる家を表しています。このグラフを見ると、データにパターンがあることに気づくと思います。どういうパターンかというと、**敷地面積が広くなるにつれて住宅価格が高くなる**というパターンです。回帰ではこのパターンをデータから学習して、敷地面積から住宅価格を予測できるモデルを作成します。

回帰でも分類と同じく、**データに対して線を引くモデルを学習する**ことを目標としています。学習して得られた線を使うことで、未知の住宅に対しても面積を与えればそこから住宅価格を予測できるというわけです。今回の場合、データに対する最も単純な線は、図2-3-8のように引くことができます。

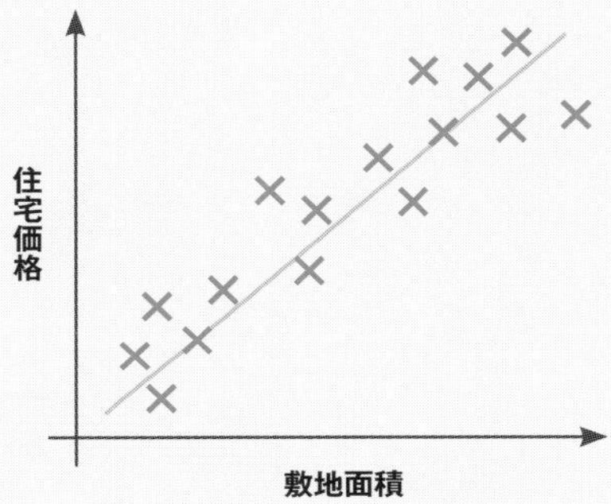

図2-3-8　面積と価格の関係を線で表す

残念ながら本書では回帰についてはこれ以上取り上げません。ただ、Chapter 6では分類を使って評価分析を解いているのですが、この問題に対しては回帰を使うこともできます。余裕があれば挑戦してみてください。

ここまでの話をまとめると、教師あり学習には分類と回帰という2つのタスクがあることを説明しました。分類はデータをあらかじめ決められたクラスに割り当て、回帰はデータから数値を予測するタスクでした。いずれのタスクにせよ、ラベル付きデータを使ってモデルを学習する点は共通でした。

次節では教師あり学習とは異なる学習方法である、教師なし学習について紹介します。

Chapter 2-4

教師なし学習

教師なし学習（Unsupervised Learning）は、教師あり学習とは異なり、ラベル付きデータを学習に用いない手法のことを指します。「教師」としてのラベル付きデータを用いない学習方法のため「教師なし学習」と呼ばれます。

教師なし学習では、ラベル付きデータを用いない代わりに、データの中のパターンを発見することを試みます。たとえば、ニュース記事に含まれる単語の傾向から、ニュースをいくつかのクラスタに分類するといったことができます。

教師なし学習の種類には、大きく分けて**クラスタリング**と**次元削減**の2つがあります。先に上げげた、ニュース記事をクラスタに分割するのはクラスタリングの一種です。以降では、クラスタリングと次元削減について説明します。

2-4-1 クラスタリング

クラスタリング(clustering)は、データの集合をグループ化するタスクです。各グループは**クラスタ(cluster)**と呼ばれ、同じクラスタ内のデータは他のクラスタに含まれるデータと比べて類似性が高くなります。図2-4-1は距離の近いデータをまとめることで3つのクラスタを作成していることを示しています。

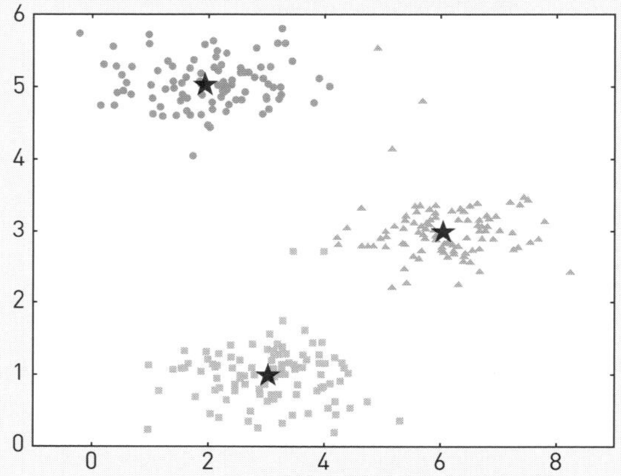

図2-4-1 クラスタリングの例

クラスタリングと分類の違いは、分類ではあらかじめ決められたクラスにデータを割り当てるのに対し、クラスタリングではあらかじめ決められたクラスは存在しない点です。クラスタリングで得られるクラスタは、似たものを集めた結果としてできるため、その意味は後から人間が解釈する必要があります。たとえば、以下は単語をクラスタリングした結果ですが、各クラスタが何を表しているかは人間が解釈する必要があります。

```
['シャッター通り', '多様化', '車社会', '観光産業', 'かげり']
['実視等級', '天文単位', 'プロミネンス', '矮星', 'アルゴ座']
['沖田総司', '武勇伝', '宮本武蔵', '神宮司', '明智', '弁慶', '護廷十三隊', '伊賀忍者']
['広瀬神社', '神明社', '西光寺', '如意寺', '吉田神社', '宇都宮二荒山神社', '稲荷山', '峰山', ➡
'小社', '鞍馬寺']
['院内交渉団体', '新党さきがけ', '維新の会', '議員団', '山岡賢次', '郵政造反組', 'みどりの風', ➡
'改進党', '新民党', '公明党']
['京都駅', '大和西大寺駅', '宇都宮駅', '向ヶ丘遊園駅', '市内電車', '津駅', '呉線', '永福町', ➡
'十三駅', '八戸駅']
['22.6%', '62%', '9.7%', '78%', '21.5%', '20.6%', '21.3%', '35.1%', '20.8%', '4.4%']
...
```

上では単語をクラスタリングして似た単語をまとめましたが、クラスタリングの応用例の一つとしてマーケティングに使われることがあります。どういうことをするかというと、まず購買情報を使って、顧客を購買傾向が似ているクラスタに分割します。その結果、たとえば弁当や惣菜をよく買うグループがいることがわかったら、そのグループに対して、弁当のクーポン情報をメールで送るといったことを行います。

2-4- 2 次元削減

次元削減（dimensionality reduction）とは**データを低次元に圧縮する処理**のことを指します。次元とはざっくり言うと**変数の数**のことで、たとえば、[1,2,3]というデータの次元数は3です。機械学習、特に自然言語処理では数万次元のデータを扱うこともあります。高次元のデータをそのまま処理するとメモリに載らなかったり計算時間が長かったりと、性能が低下する等の問題が起きることがあります。次元削減はそのような状況に対処するために使うことができます。

次元削減を行うことで、高次元データを可視化し、分析することが可能になります。一般的に、機械学習では数10〜100次元のデータを頻繁に使います。このような高次元データはそのままでは可視化することができません。2次元あるいは3次元に次元削減を行うことで、人間にもわかるようにデータを可視化することができます。**図2-4-2**は次元削減による単語の可視化のイメージです。こうして可視化することで近い意味の単語が空間的にも近くに存在することがわかります。

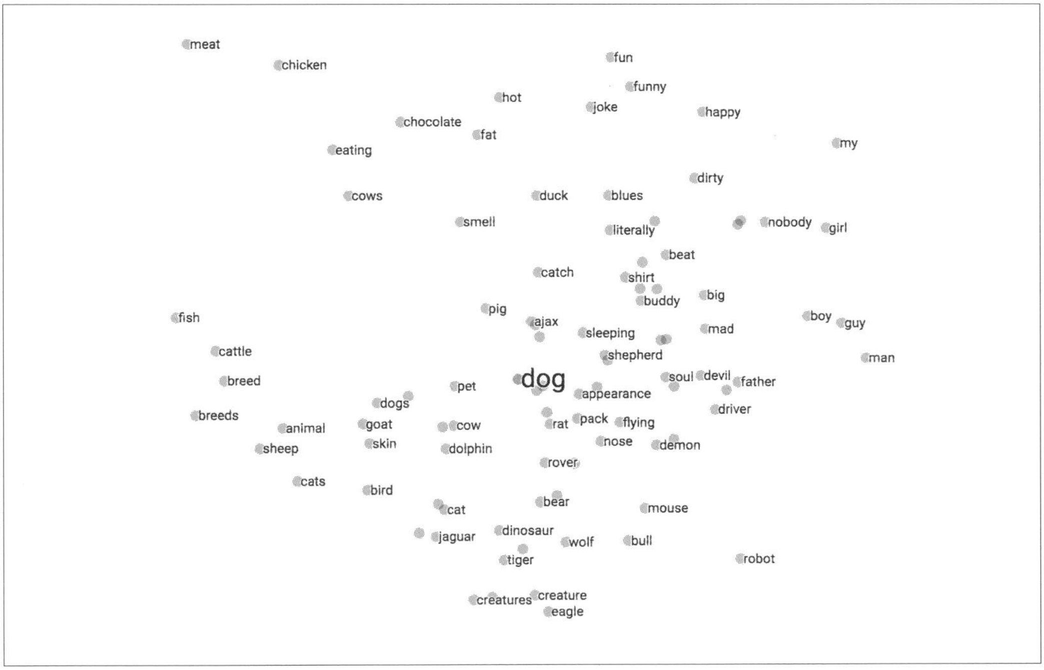

図2-4-2 「Embedding projector」（http://projector.tensorflow.org）で単語を2次元で可視化したところ

Chapter 8では単語分散表現について説明しますが、これは高次元で表現された単語を、次元削減して得られた表現と考えることができます。

Chapter 2-5

強化学習

強化学習（Reinforcement Learning）は、**行動**により報酬が得られる環境を与えて、環境中の各状態でどの行動を取るべきかを学習する方法です。教師あり学習とは異なり、ある**状態**でどの行動を取るべきかは教えられません。代わりに、行動をとった結果に対する報酬（Reward）を与えることで、どの行動を取るべきなのかを学習させます。

強化学習が使われる例としてはゲームがあります。たとえば、迷路のゴールに達することが目的のゲームがあるとします。このとき、状態としては迷路の各位置、行動としては上下左右のどこに動くかの4つがあります。そして、ゴールにつながる行動を取れれば高い報酬を与え、落とし穴に落ちる行動を取れば低い報酬を与えます。このように報酬を与えることで、各位置でどの行動を取るべきなのかを学習させます。

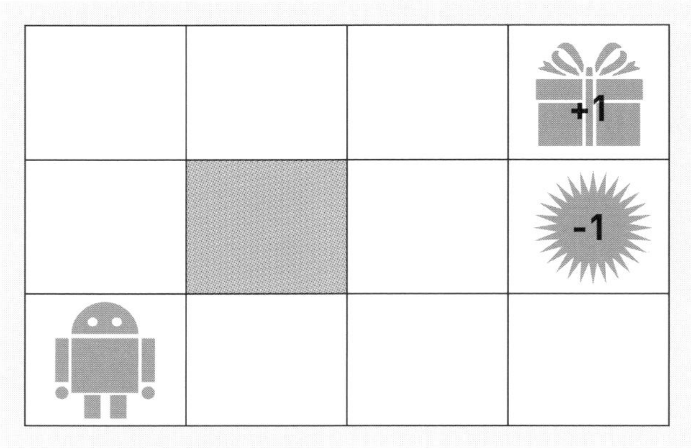

図2-5-1　強化学習で迷路を解く

強化学習が使われている有名なアプリケーションとしては、Alpha Goがあります。Alpha Goは碁をプレイする強化学習のプログラムで、人間のトッププレイヤーに圧勝したことでも知られています。また、自然言語処理では、対話システムに強化学習が使われることがあります。対話システムの場合は、ユーザの発話やシステムの発話履歴を**状態**として、返すべき応答を学習させるようなことが行われます。なお、本書では強化学習についてはこれ以上は取り上げません。

Chapter 2-6

機械学習パイプライン

機械学習システムを構築する際には、全体をデータの準備、モデル構築、デプロイといったタスクに分けて構築するということがよく行われています。サイクルとしてはまずデータを**前処理**したあと、データから**特徴エンジニアリング**を行います。その後、**モデルの学習**と**評価**を行い、評価結果に応じて前処理や学習を再び行うという流れになっています。図2-6-1のように示すことができます。

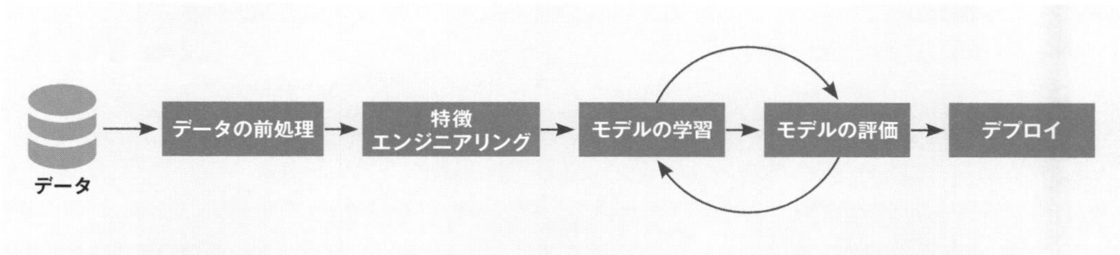

図2-6-1　機械学習のパイプライン

前処理とは、機械学習モデルが学習しやすくなるように生データに手を加えることです。生データはそのままではうまく学習できないことが多いので**前処理**を行います。たとえば、HTMLからJavaScriptのコードやHTMLタグを取り除くのは前処理の一種です。前処理については本書のChapter 4で主に扱います。

特徴エンジニアリングとは、生データあるいは前処理済みのデータから、モデルの学習に有用な情報を抽出することです。たとえば、自然言語処理で扱う文字列のようなデータから、直接モデルを学習させるのは難しいため、モデルの学習に有用な情報を抽出し、モデルに入力できる形式に変換します。詳細については本書のChapter 5で主に扱います。

学習とは、用意したデータを使ってモデルを学習させることです。一口にモデルと言っても機械学習には様々なモデルがあります。それらのモデルからどれを使うのかを選択し、学習用のデータを使って学習させます。モデルの学習は本書のChapter 6で詳しく扱います。

評価とは、学習したモデルの汎化性能がどのくらいか測ることを指します。単にモデルを学習しただけではそのモデルがどのくらい良いのかわかりません。そのため、学習に使ったデータとは別のデータを使って、モデルの性能を評価します。モデルの評価方法は各章で扱います。

Chapter 2-7
開発環境の構築

本章の最後に、本書で使うプログラミング環境を構築します。本書ではプログラミング言語Pythonを用いて様々なコードを書いていきます。Pythonを使う理由は、機械学習を行うための様々なパッケージが充実しているため、コードを少し書くだけで高度な機械学習アルゴリズムを利用できるからです。

Pythonは大きく分けるとPython 2.XとPython 3.Xの2つのメジャーバージョンがありますが、本書ではPython 3.X系を使います。Python 2.X系はサポートが2020年で終わることもあり、今後、新規に使われることが少なくなっていくのは間違いありません。今から始める場合はPython 3.X系を使いましょう。

Pythonのインストールは公式サイト（https://www.python.org/）からインストーラをダウンロードして実行することでも

できますが、本書ではMinicondaを使います。Minicondaを使うことで、プロジェクトごとの環境作成や、パッケージのインストールを簡単に行うことができます。

2-7- 1 Minicondaのインストール

ではMinicondaをインストールしましょう。まずはMinicondaのサイト（https://conda.io/miniconda.html）をブラウザで開きます。サイトを開いたら、お使いのOSに合ったインストーラを選択してダウンロードします。このとき必ずPython3.X系のインストーラをダウンロードしてください。

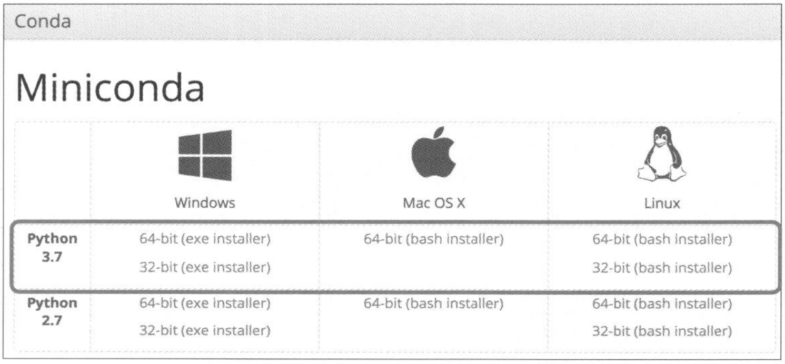

Conda
Miniconda
Windows
Mac OS X
Linux
Python 3.7
64-bit (exe installer)
32-bit (exe installer)
64-bit (bash installer)
64-bit (bash installer)
32-bit (bash installer)
Python 2.7
64-bit (exe installer)
32-bit (exe installer)
64-bit (bash installer)
64-bit (bash installer)
32-bit (bash installer)

図2-7-1　Minicondaのダウンロード

インストール方法はWindowsとMac/Linuxで違うのでそれぞれのOSでの方法を説明します。

2-7- 1-1 Windowsでのインストール

まずはダウンロードしたexeファイルを起動し、画面の案内に沿って進めていきます。

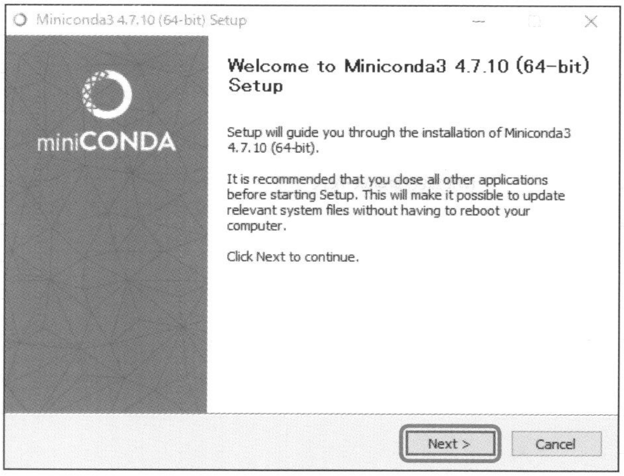

図2-7-2　exeファイルの起動

Minicondaのインストール場所は、こだわりが無ければデフォルトのままにしておきましょう。

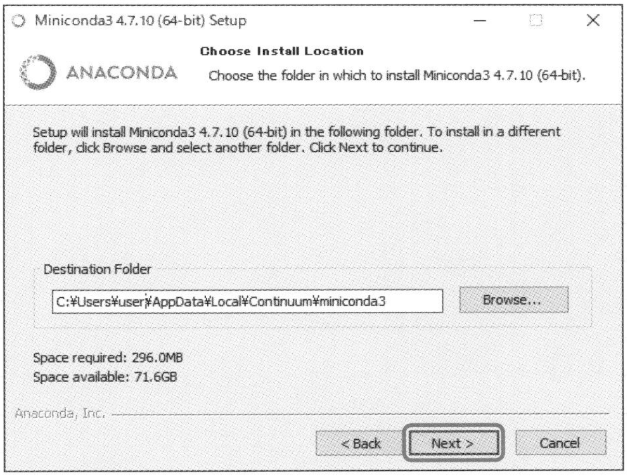

図2-7-3　インストール場所の選択

「Add Anaconda to my PATH environment variable」と「Register Anaconda as my default Python 3.7」にチェックを入れて「Install」を選択します。インストールが完了したら「Finish」を選択してウィンドウを閉じます。最後の画面のチェックボックスのチェックは外しておきましょう。

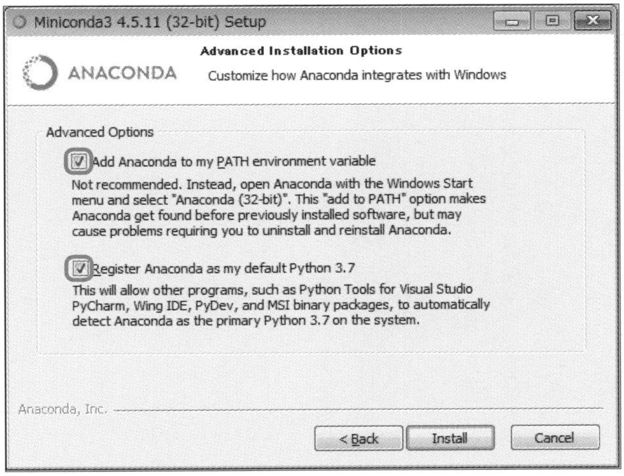

図2-7-4　Installを選択

終わったら、インストールができたか確認します。Windowsのスタートメニューから「Anaconda Prompt」を選択して起動します。

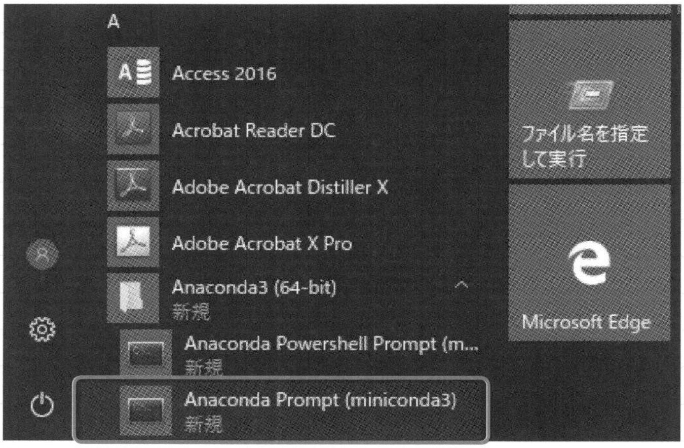
A
Access 2016
Acrobat Reader DC
Adobe Acrobat Distiller X
Adobe Acrobat X Pro
Anaconda3 (64-bit)
新規
Anaconda Powershell Prompt (m...
新規
Anaconda Prompt (miniconda3)
新規
ファイル名を指定して実行
Microsoft Edge

図2-7-5　Anaconda Promptの起動

Anaconda Promptが起動したら、condaコマンドが使えるか確認します。「conda list」と入力し、conda環境内のパッケージ一覧を表示してみましょう。

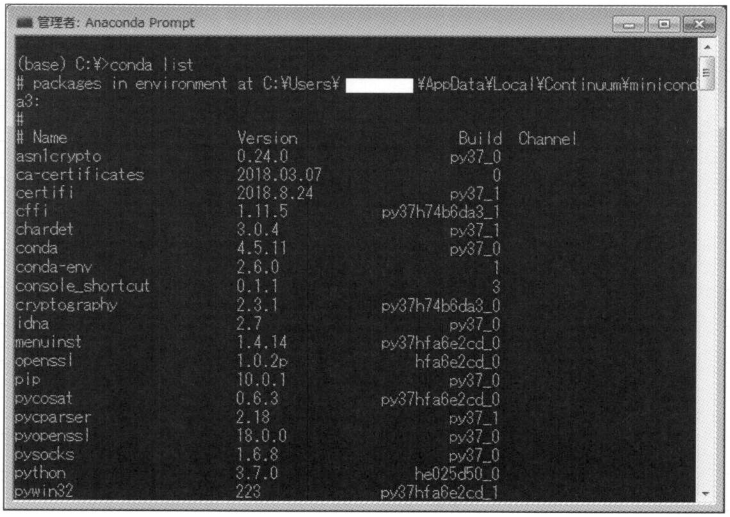
管理者: Anaconda Prompt
(base) C:¥>conda list
packages in environment at C:¥Users¥[redacted]¥AppData¥Local¥Continuum¥miniconda3:
#
Name Version Build Channel
asn1crypto 0.24.0 py37_0
ca-certificates 2018.03.07 0
certifi 2018.8.24 py37_1
cffi 1.11.5 py37h74b6da3_1
chardet 3.0.4 py37_1
conda 4.5.11 py37_0
conda-env 2.6.0 1
console_shortcut 0.1.1 3
cryptography 2.3.1 py37h74b6da3_0
idna 2.7 py37_0
menuinst 1.4.14 py37hfa6e2cd_0
openssl 1.0.2p hfa6e2cd_0
pip 10.0.1 py37_0
pycosat 0.6.3 py37hfa6e2cd_0
pycparser 2.18 py37_1
pyopenssl 18.0.0 py37_0
pysocks 1.6.8 py37_0
python 3.7.0 he025d50_0
pywin32 223 py37hfa6e2cd_1

図2-7-6　パッケージ一覧の表示

表示できれば正しくインストールされています。「2-7-2 仮想環境の構築」に進んでください。

2-7-1-2 macOSでのインストール

macOSの場合は、シェルスクリプトを実行するためにターミナルを立ち上げます。ターミナルを立ち上げたら、cdコマンドを用いてMinicondaのシェルスクリプトをダウンロードした場所に移動します。以下では、~/Downloadsに移動していますが、他の場所に保存した場合はその場所を指定してください。

ターミナル

```
> cd ~/Downloads
```

次に、シェルスクリプトを実行してインストーラを起動します。下記ではMac版をインストールしていますが、Linux版の場合は「MacOSX」のところが「Linux」になっています。

ターミナル

```
> bash Miniconda3-latest-MacOSX-x86_64.sh
```

シェルスクリプトを実行すると、ライセンスが表示され同意するか否かを尋ねられます。同意する場合はyesを入力して[Enter]キーを押してください。ちなみに、同意しないとインストールできません。

ターミナル

```
Do you accept the license terms? [yes|no]
[no] >>> yes
```

次に、Minicondaをインストールする場所を尋ねられます。デフォルトの場所で問題なければ[Enter]キーを押してください。Pythonといくつかのパッケージのインストールが始まります。しばらく待ちましょう。

インストールが完了すると、最後にインストールしたMinicondaにパスを通すか否かを尋ねられます。このパスを通すことで、ターミナルから「conda」などのMinicondaのコマンドを使うことができるようになります。デフォルトでは`.bash_profile`にパスを書き込みますが、Bashを使っていない場合は適宜シェルの設定ファイルにパスを追加してください。ここではパスを通す設定をしています。

ターミナル

```
Do you wish the installer to prepend the Miniconda3 install location
to PATH in your /Users/hironsan/.bash_profile ? [yes|no]
[yes] >>> yes
```

Minicondaのインストールができたので、仮想環境の構築を行いましょう。

2-7-2 仮想環境の構築

仮想環境(virtual environment)とは、他の実行環境とは独立した実行環境のことです。仮想環境は独立した実行環境なので、あるプロジェクトで使った仮想環境が他のプロジェクトの仮想環境に影響を与えないというメリットがあります。その他にも、仮想環境ごとにPythonのバージョンを切り替えてテストに使うといったことにも使われます。

Minicondaには仮想環境を構築するための機能が含まれています。仮想環境を構築したり、パッケージをインストールしたりするためにはcondaコマンドを使います。実際にcondaコマンドを使って仮想環境を構築してみましょう。以下のコマンドを実行することでnlpbook(エヌ エル ピー ブック)という名前の仮想環境を構築することができます。

ターミナル

```
> conda create -n nlpbook
```

仮想環境は構築しただけでは使うことはできません。作成した環境を使うために、以下のようにしてターミナルでconda activateコマンドを実行しましょう。そうすることで、構築した仮想環境を使うことができるようになります。ターミナルのプロンプトに構築した仮想環境の名前（nlpbook）が表示されることが確認できます。

ターミナル

```
> conda activate nlpbook
(nlpbook) >
```

この状態でpython（macOSではpython3）と入力してPythonインタプリタを立ち上げると、構築した仮想環境を使ってPythonコードを実行することができます。

POINT

macOSでは、pythonと入力すると、標準でインストールされているPython2.xが起動されます。本書はPython3での動作を前提としていますので、Pythonインタプリタを起動する際には必ず「python3」と入力してください。

ターミナル

```
 (nlpbook) > python
Python 3.7.0 (default, Jun 28 2018, 07:39:16)
[Clang 4.0.1 (tags/RELEASE_401/final)] :: Anaconda, Inc. on darwin
Type "help", "copyright", "credits" or "license" for more information.
>>>
```

簡単なプログラムを入力してみましょう。「>>>」に続けて以下のように入力して「Enter」キーを押します。

Pythonインタプリタ

```
>>> print('Hello world!')
Hello world!
>>>
```

立ち上げたインタプリタから抜けるには、インタプリタ上でexit()関数を実行するか、[Ctrl（control）＋D] キーを押します。

Pythonインタプリタ

```
>>> exit() ――― または [Ctrl (control) + D]
(nlpbook) >
```

また、仮想環境から抜けるには以下のようにしてターミナルでconda deactivateコマンドを実行します。

ターミナル

```
(nlpbook) > conda deactivate
>
```

なお、conda createコマンドで作成した仮想環境はconda deactivateコマンドを使って仮想環境から抜けても消えることはありません。したがって、作成済みの仮想環境を使いたい場合は、毎回conda createコマンドで仮想環境を作成するのではなく、conda activateコマンドを使って仮想環境に入りましょう。

2-7-3 パッケージのインストール

続いて、本書で主に用いる機械学習パッケージの紹介とインストールを行います。機械学習のアルゴリズムは自分で書くこともできますが、よく使われるアルゴリズムを使う場合は既存のパッケージを使うと楽です。本書では主に以下の2つのパッケージを用いて、機械学習モデルの構築と学習を行っていきます。

- scikit-learn
- Keras (TensorFlow)

さきに、本書で主に使うパッケージについて紹介します。インストールは最後に行います。

scikit-learnはオープンソースの機械学習パッケージです。様々な分類や回帰、クラスタリングアルゴリズムが組み込まれており、簡単に使い始めることができます。モデルの定義と学習は以下のようにして書くことができます。

scikit-learnで機械学習を行う例

```
from sklearn.linear_model import LogisticRegression

clf = LogisticRegression()
clf.fit(x_train, y_train)
```

上記のコードは、scikit-learnに組み込まれているロジスティック回帰 (LogisticRegressionモデル) を使って学習を行うコードです。ロジスティック回帰について詳しくはChapter 6で説明します。scikit-learnでは、モデルの学習は基本的にはfitメソッドを使って行います。

Kerasはニューラルネットワークを書くためのPythonパッケージです。昔は独立したパッケージとしてTensorFlowやTheano、CNTKといったフレームワークをバックエンドにして動かすことができましたが、現在はTensorFlowに組み込まれています。アイデアを可能な限り迅速に実装することに焦点が当てられているフレームワークです。

Kerasにはニューラルネットワークを構築する際によく使われる機能が最初から組み込まれています。したがって、ユーザは以下のようにブロックを組み合わせるようにして、ニューラルネットワークを構築することができます。

Kerasでニューラルネットワークを構築する例

```
from tensorflow.keras.models import Sequential
from tensorflow.keras.layers import Dense

model = Sequential()
model.add(Dense(units=64, activation='relu', input_dim=100))
model.add(Dense(units=10, activation='softmax'))
model.compile(loss='categorical_crossentropy',
              optimizer='sgd',
              metrics=['accuracy'])
model.fit(x_train, y_train, epochs=5, batch_size=32)
```

Kerasもscikit-learnと同じように基本的にはモデルのfitメソッドを使って学習を行います。それ以外にもfit_generatorメソッドなどの学習用のメソッドが組み込まれています。こちらについては後ほど紹介します。

ではパッケージをインストールしましょう。scikit-learnとTensorFlowをインストールするのですが、それ以外にもh5pyというパッケージをインストールします。これはKerasで作成したモデルを保存する際に使います。また、TensorFlowには1系と2系があるのですが、ここでは2系をインストールします。

condaでのパッケージのインストールは以下のようにconda installを使って行うことができます。ちなみに、conda installでインストールできないパッケージは、Pythonでパッケージをインストールするのに一般的に使われているpip installを使ってインストールすることができます。

ターミナル

```
(nlpbook) > conda install scikit-learn tensorflow h5py
...
Downloading and Extracting Packages
six-1.11.0          | 21 KB    | ##################################### | 100%
markdown-3.0.1      | 107 KB   | ##################################### | 100%
pip-10.0.1          | 1.8 MB   | ##################################### | 100%
werkzeug-0.14.1     | 423 KB   | ##################################### | 100%
grpcio-1.12.1       | 1.5 MB   | ##################################### | 100%
scikit-learn-0.20.0 | 5.4 MB   | ##################################### | 100%
...
```

インストールが完了したら、以下のようにPythonのインタプリタを起動して、インストールしたパッケージをインポートできることを確認しましょう。エラーが出なければ問題ありません。

ターミナル

```
(nlpbook) > python
>>> import sklearn
>>> import h5py
>>> import tensorflow
```

2-7-4 エディタのインストール

最後に、エディタのインストールを行っておきましょう。Pythonのイタプリタを使ってプログラムを1行ずつ実行することができますが、長いプログラムを実行するには適していません。長いプログラムを記述する場合はエディタを使いましょう。

エディタには様々なものがあり、好みで選んでよいですが、ここではPyCharmを紹介します。PyCharmはJetBrainsというチェコの会社が開発しているソフトウェアで、Windows、macOS、Linuxに対応しています。有料のProfessional Editionと、無料のCommunity Editionがありますが、本書の内容ならCommunity Editionで十分実行できます。

公式サイト(https://www.jetbrains.com/pycharm/)を開き、トップ画面の「DOWNLOAD」をクリックします。

図2-7-7　PyCharmの公式サイト

次の画面の上部でOSの種類を選び、「Community」の「DOWNLOAD」をクリックします。

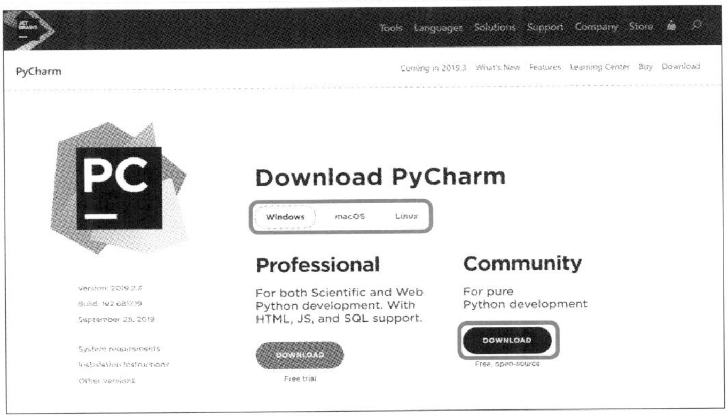

図2-7-8　「Download」をクリック

2-7- 4-1 Windowsでのインストール

ダウンロードしたインストーラをダブルクリックして起動し、画面の案内に沿って進めます。

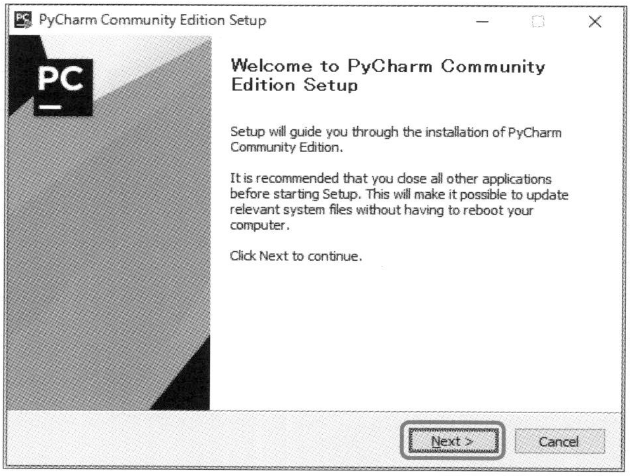

図2-7-9　インストーラを起動

特に必要がなければインストール先は初期設定のままで構いません。「Installation Options」の画面で「Create Associations」の「.py」にチェックを入れて進めます。

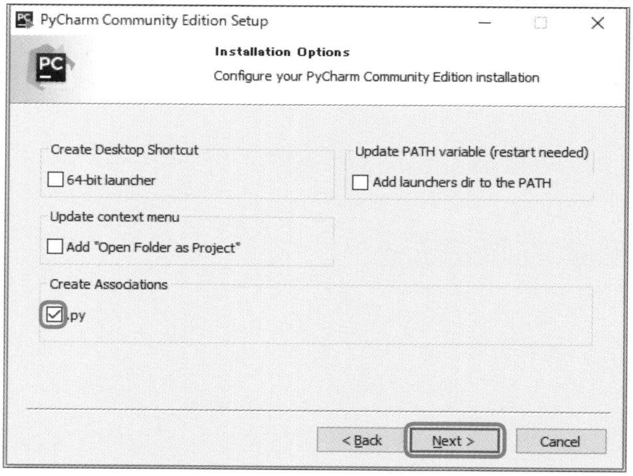

図2-7-10　「.py」にチェックを入れる

インストールが終了したら、プログラムメニューから「JetBrains → JetBrains PyCharm Community Edition」をクリックして起動します。

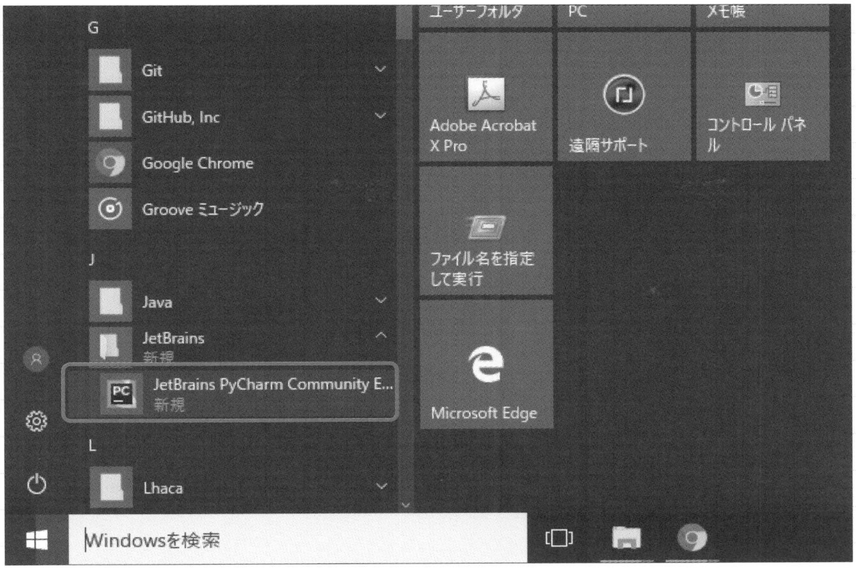

図2-7-11　PyCharmを起動

2-7- 4-2 macOSでのインストール

ダウンロードしたインストーラをダブルクリックして起動します。

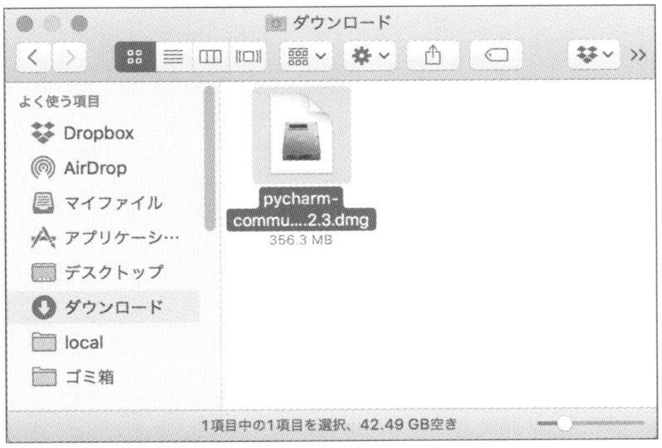

図2-7-12　インストーラを起動

画面の指示に従って、「PyCharm CE.app」を「Application」にドラッグします。

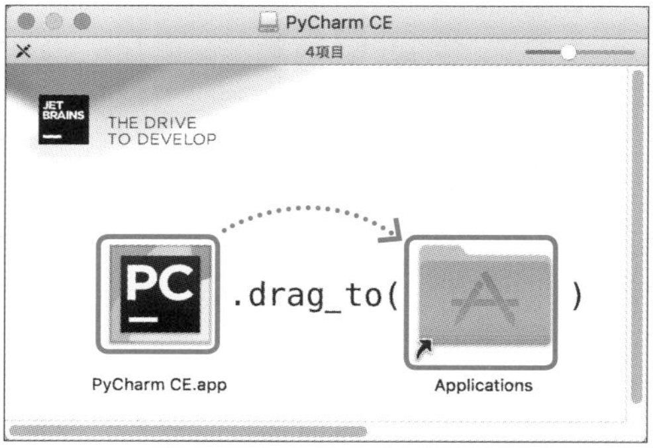

図2-7-13　「Application」にドラッグ

「アプリケーション」フォルダに「PyCharm CE.app」がコピーされたら、これをダブルクリックして起動します。

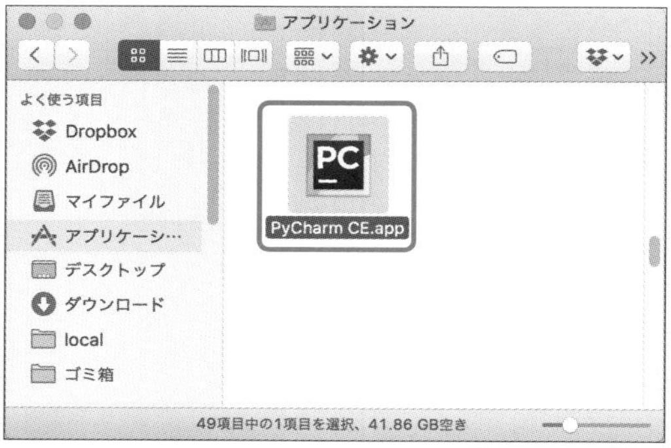

図2-7-14　PyCharmを起動

2-7-4-3 プロジェクトの作成とプログラムの実行

起動したら、最初に設定を引き継ぐかどうかのウィンドウが出るので、「Do not import settings」を選択して「OK」をクリックします。

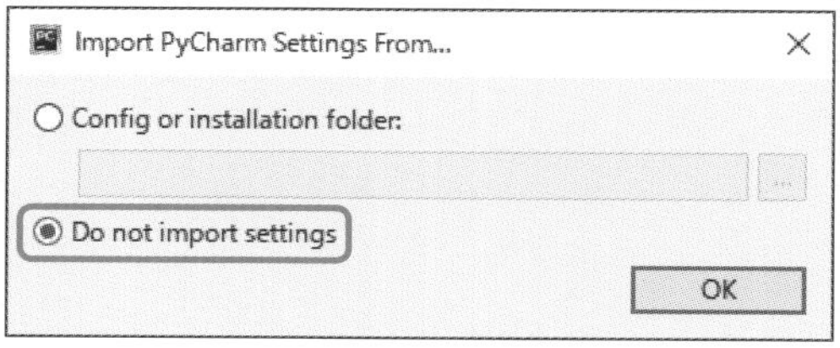

図2-7-15　「Do not import settings」を選択

プライバシーポリシーの画面が出るので、読んだらチェックを入れて進めます。そうすると、PyCharmの起動画面が表示されます。

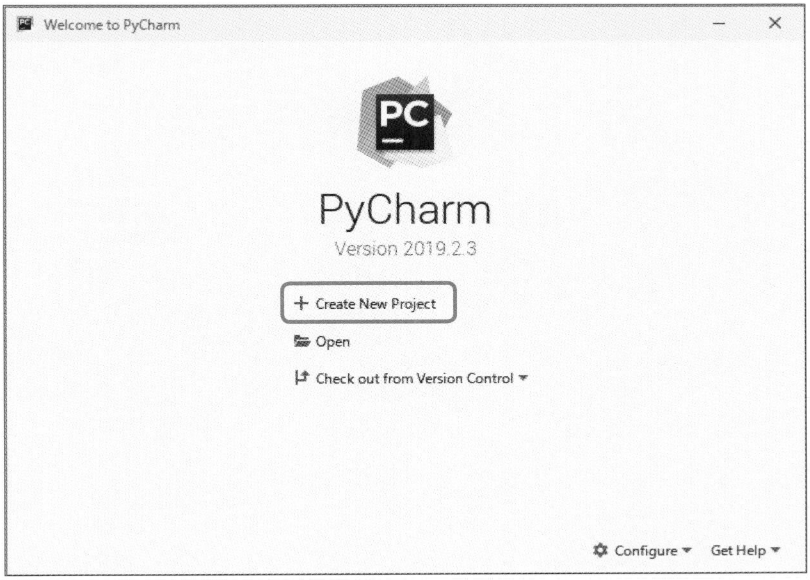

図2-7-16　PyCharmの起動画面

PyCharmでは、プログラムファイルを**「プロジェクト」**という単位で保存しています。プロジェクトの下にディレクトリを作成できるので、各章ごとにディレクトリを作成し、その中にプログラムを書いていくと良いでしょう。まだプロジェクトを1つも作っていない状態なので、ここでは「Create New Project」をクリックします。

「New Project」の画面では、「Location」でプロジェクトをどこに作成するかを指定します。プロジェクトごとにフォルダを作成して指定するとわかりやすくなります。

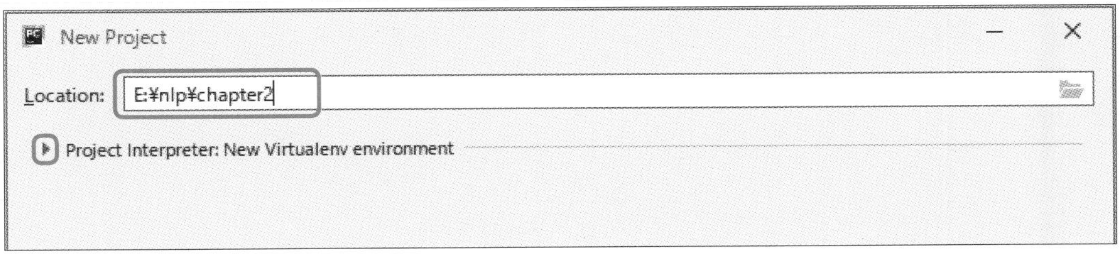

図2-7-17　「Location」を指定

続いて、「Project Interpreter」をクリックして、使用するインタプリタを指定します。ここでは「2-7-2」で作成した仮想環境を指定してみましょう。「Existing interpreter」にチェックを入れ、「Interpreter」の右端の「...」をクリックします。

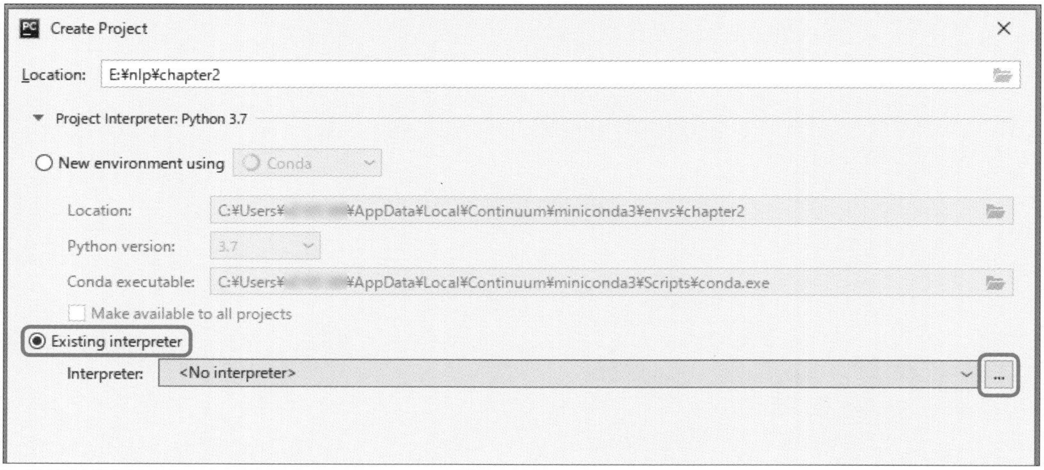

図2-7-18　「Interpreter」の右端の「...」をクリック

画面左側で「Conda Environment」を選び、「Interpreter」の右端の「...」をクリックし、作成済みの仮想環境の場所を指定します。

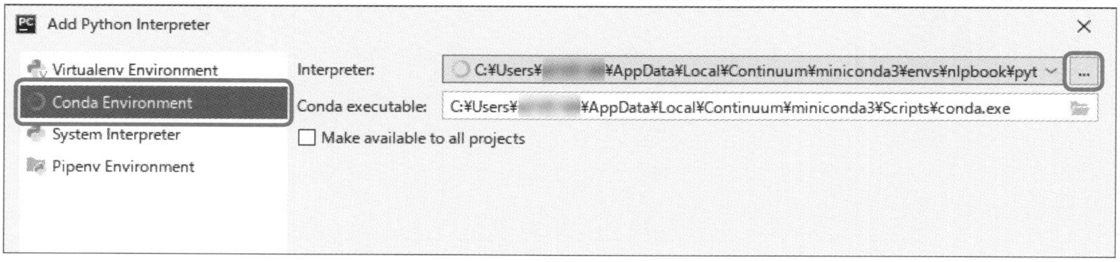

図2-7-19　仮想環境の場所を選択

POINT

作成済みの仮想環境の場所を確認するには、「Anaconda Prompt」を起動して、「conda env list」コマンドを実行します。すると、以下のように作成済みの仮想環境一覧とそのパスが表示されますので、ここで表示されているパスに、Windowsなら「¥python.exe」を追加して入力します。macOSの場合は「/bin/python」を付け加えればOKです。もし、「python.exe」や「/bin/python」が存在していない場合は、「2-7-3」を読んで、仮想環境にパッケージのインストールをしてください。

ターミナル

```
> conda env list
# conda environments:
#
base         C:¥Users¥user¥Appdata¥Local¥Continuum¥miniconda3
nlpbook      C:¥Users¥user¥Appdata¥Local¥Continuum¥miniconda3¥envs¥nlpbook
```

「Conda executable」は自動で入力されるので、そのまま「OK」を押します。「New Project」の画面に戻ったら、「Create」ボタンをクリックします。

プロジェクトが作成されたら、メニューから「File → New」を選択し、「Python File」をクリックします。小さなダイアログが表示されるので、ファイルの名前を入力して、[Enter] キーを押します。ここでは「example.py」としました。このファイルはプロジェクト作成時に「Location」に指定したフォルダに作成されます。

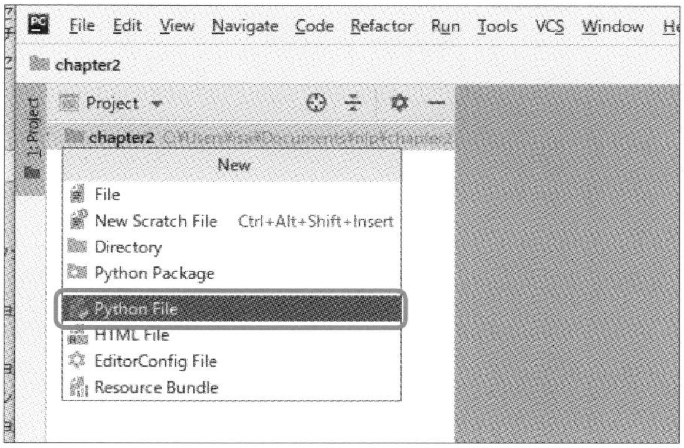

図2-7-20 「File → New」を選択し、「Python File」をクリック

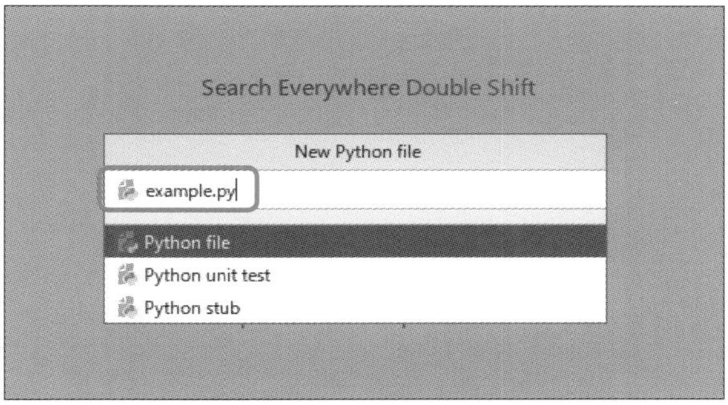

図2-7-21 ファイル名を入力して [Enter] キーを押す

ここでは試しに、「2-7-2」で実行したのと同じ簡単なプログラムを書いてみましょう。以下のように書いて、「File → Save All」を選択します。

example.py

```
print('Hello world!')
```

そうしたら、「Run → Run」を選択して、プログラムを実行します。画面の下側に実行結果が表示されます。

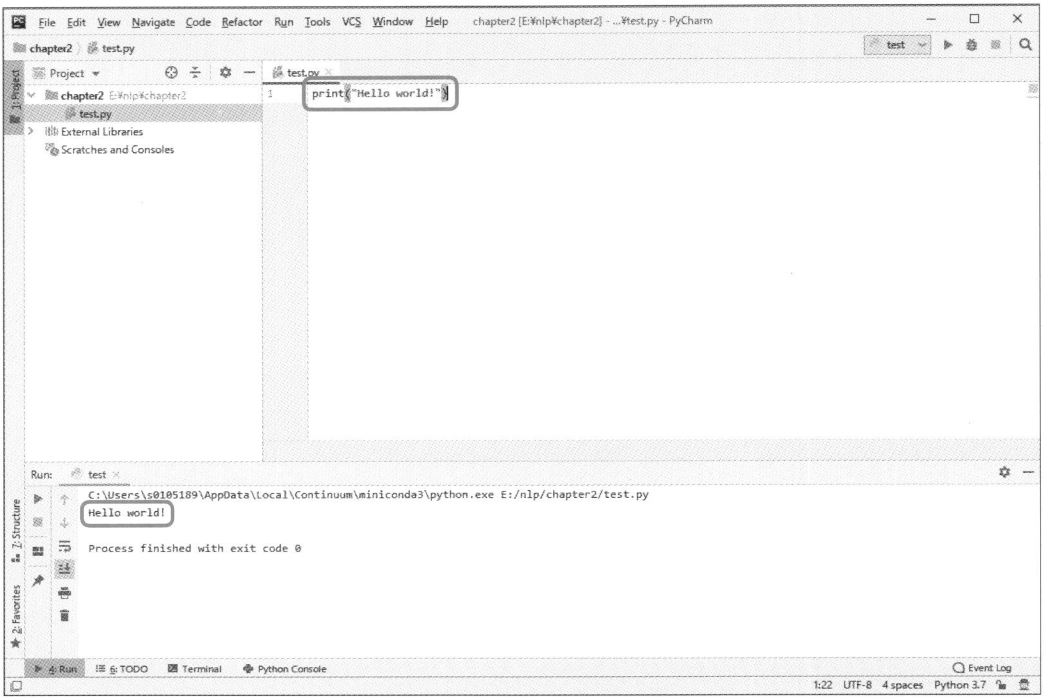

図2-7-22 「Run → Runで実行する

今回は短いプログラムを実行しましたが、プログラムが長くなってくると、このようなエディタで書いていく方が効率的です。本書でも、エディタを利用したほうがよい場合はプログラムコードの見出しにファイル名がついていますので、適宜使い分けましょう。

Chapter 2-8 まとめ

本章では機械学習の基礎的な内容について解説をしました。まず、機械学習とはどのようなものなのか、また機械学習の種類について説明しました。その次に、機械学習システムを構築する際のパイプラインについて説明し、最後に本書で用いる環境を構築しました。

次のChapter 3では自然言語処理におけるコーパスとその読み込みについて扱います。

Chapter 3

コーパス

本章では、機械学習を用いた自然言語処理には欠かせない要素であるコーパスについて紹介します。コーパスとは、自然言語で記述あるいは口述され、コンピュータ上に格納されたデータのことです。コーパスには様々な種類があり、一般に公開されているものも多くあります。

次に、簡単な例を用いながら、ファイルを読み込むためのプログラムの書き方を学習します。ファイルには様々な形式がありますので、それに合わせたプログラムを紹介し、また大量のファイルを一気に読み込む方法も紹介します。

最後にWeb上からデータを取得する方法について紹介します。現在では様々なデータが公開されていますが、自分の使いたいデータそのものが公開されていることは稀です。そのため、データを取得しラベルを付ける方法について紹介します。

Chapter 3-1 本章の概要

本章では、機械学習を用いた自然言語処理には欠かせない要素である**コーパス**について紹介します。はじめにコーパスとは何かについて説明します。次にコーパスの読み込み方法について紹介します。最後にWeb上からデータを収集してコーパスを作成する方法について紹介します。

まとめると、以下のトピックについて順番に解説します。

- コーパスとは?
- コーパスの読み込み
- コーパスの作成

Chapter 3-2 コーパスとは?

コーパス(corpus)とは、**自然言語で記述あるいは口述され、コンピュータ上に格納されたデータ**のことです。

コーパスには様々な種類がありますが、大きく2つに分けるとすれば、**「ラベル付きコーパス」**と**「ラベルなしコーパス」**に分けられます。ラベル付きコーパスは、テキストに対して何らかの**教師データ**(P.014参照)がついているコーパスです。それに対して、ラベルなしコーパスは教師データが付いていないコーパスです。以下はラベル付きコーパスの例です。

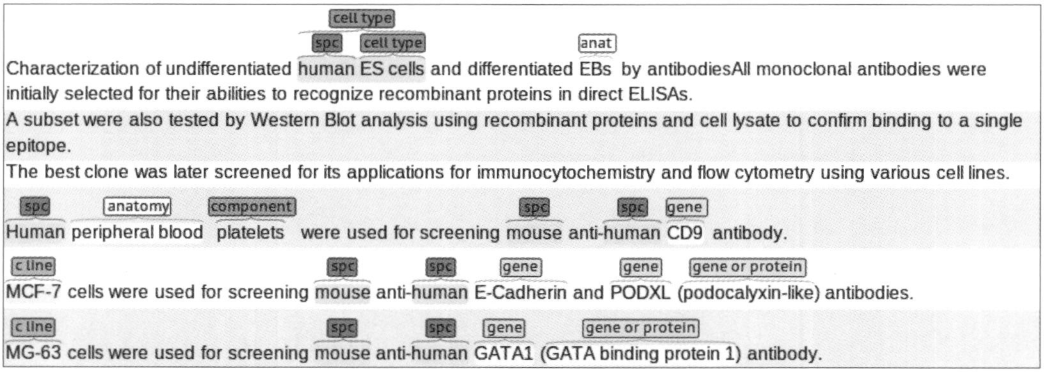

図3-2-1 「brat rapid annotation tool」で作ったラベル付きコーパスの例(http://brat.nlplab.orgより)

コーパスは自然言語処理の研究・開発を行う上で欠かせません。たとえば、最近の自然言語処理では機械学習が使われますが、機械学習でモデルを学習させる際にはラベル付きコーパスを必要とします。また、Chapter 5で説明する特徴エンジニアリングではコーパス中の生データと向き合う必要があります。

そんな自然言語処理に欠かせないコーパスですが、最近は多くのコーパスがWeb上に公開されており、研究・開発に使うことができます。たとえば、テキスト分類のコーパスとしては20 Newsgroups※1やIMDb※2があります。固有表現認識のコーパスとしてはCoNLL-2003※3があり、質問応答のコーパスとしてはSQuAD※4やMS MARCO※5があります。ここに挙げたのはほんの一部であり、その他にも多くのコーパスを利用することができます。

Chapter 3-3

コーパスの読み込み

本節では様々なフォーマットのファイルをPythonで読み込む方法について紹介します。具体的には、以下に挙げるフォーマットの**ファイルを読み込む方法**について紹介します。多くのコーパスはこれらのフォーマットで配布されているため、本節の内容を理解するとファイルの読み込みに苦労することが少なくなるはずです。

- CSV
- TSV
- JSON

また、ファイルの読み込み方法に加えて、**ディレクトリの走査方法**についても紹介します。なぜディレクトリの走査方法を紹介するのかというと、現実にはコーパスが一つのファイルに格納されているとは限らないからです。そのため、ディレクトリを走査してファイルリストを取得し、各ファイルを読み込む方法を紹介します。

3-3-1 ファイル読み書きの基礎

まずはPythonにおける**ファイルの読み書き**の基礎について紹介します。実際に読み込むためのファイルとして、以下の内容が書き込まれたテキストファイルをエディタで用意してください。名前は`example.txt`として、文字コードはUTF-8で保存しましょう。

※1 http://qwone.com/~jason/20Newsgroups/
※2 https://ai.stanford.edu/~amaas/data/sentiment/
※3 https://www.clips.uantwerpen.be/conll2003/ner/
※4 https://rajpurkar.github.io/SQuAD-explorer/
※5 http://www.msmarco.org/

example.txt

```
1    こんにちは。
2    ファイル読み込み練習中。
3    Awesome!
```

次に、ターミナル上でcdコマンドを使って、example.txtを保存したディレクトリに移動します。ターミナル上で、現在いる位置を「**カレントディレクトリ**」と言います。

たとえば、現在いる場所（カレントディレクトリ）と同じ階層のdataディレクトリにファイルを保存した場合は、以下のようにして移動します。

ターミナル

```
> cd data/
```

ディレクトリに移動したら、Chapter2のP.027で作成した方法で仮想環境に入ります。

ターミナル

```
> conda activate nlpbook
(nlpbook) >
```

続いて「python」コマンドでPythonインタプリタを起動しておきましょう。

ターミナル

```
(nlpbook) > python
>>>
```

Pythonではファイルの読み書きにopen関数を使います。一般的に、open関数では、引数として、ファイル名、モード、ファイルエンコーディングを指定してファイルを開きます。以下のようにファイル名としてexample.txt、モードとしてr、エンコーディングとしてutf-8を指定してopen関数を呼び出すと、ファイルを操作するためのオブジェクトを返してきます。

Pythonインタプリタ

```
>>> f = open('example.txt', 'r', encoding='utf-8')
>>> f
<_io.TextIOWrapper name='example.txt' mode='r' encoding='UTF-8'>
```

最初の引数はファイル名を表す文字列であり、2番目の引数は**モード**と呼ばれファイルの使用方法を表しています。モードがとり得る値として、よく使われるのがrとwとaの3つです。rはファイルの読み込み、wはファイルの書き込み、aは追記を意味しています。デフォルトではrが設定されています。

ファイルの中身を読み込むためには、ファイルオブジェクトのreadメソッドを使います。readメソッドを呼び出すことで、ファイルの中身全体を読み込み、返り値として返してきます。一度呼び出すと、次に呼んだときには**空文字列**を返すことに注意してください。また、ファイルを使い終わったらcloseを呼び出して閉じます。

Pythonインタプリタ

```
>>> f.read()
'こんにちは。¥nファイル読み込みの練習中¥nAwesome!¥n'
>>> f.read()
''
>>> f.close()
```

ちなみに、readを実行したときに、以下のようなUnicodeDecodeErrorというエラーが発生した場合はファイルエンコーディングがUTF-8になっていない可能性があります。以下はEUC-JP形式で保存したファイル（本書のサンプルファイルとして用意しています）に対して、encoding='utf-8'を指定して読み込んでみた例です。こういう場合は、open関数のencodingをeuc-jpと指定するかファイルエンコーディングをUTF-8に変更しましょう。

Pythonインタプリタ

```
>>> f = open('example-euc.txt', 'r', encoding='utf-8')
>>> f.read()
Traceback (most recent call last):
  File "<stdin>", line 1, in <module>
  File "/Users/hironsan/miniconda3/lib/python3.7/codecs.py", line 322, in decode
    (result, consumed) = self._buffer_decode(data, self.errors, final)
UnicodeDecodeError: 'utf-8' codec can't decode byte 0xa4 in position 0: invalid start byte
```

ファイルを一行ずつ読み込みたい場合は、readlineメソッドを使います。ファイルの終端まで達すると、readlineメソッドもreadメソッドと同様に空文字列を返します。

Pythonインタプリタ

```
>>> f = open('example.txt', 'r', encoding='utf-8')
>>> f.readline()
'こんにちは。¥n'
>>> f.readline()
'ファイル読み込みの練習中¥n'
>>> f.readline()
'Awesome!¥n'
>>> f.readline()
''
>>> f.close()
```

また、ファイルオブジェクトをfor文で回すことで、ファイルから一行ずつ読み込むことができます。これは実際によく使われるテクニックであり、readでファイル全体を一度に読み出した後に行で分割する方法より使われています。

Pythonインタプリタ

```
>>> f = open('example.txt', 'r', encoding='utf-8')
>>> for line in f:
...     print(line, end='')
...
```

```
こんにちは。
ファイル読み込みの練習中
Awesome!
>>> f.close()
```

ファイルを扱うときに必須レベルで使われる構文としてwithがあります。withを使うことで、ファイルを読み込み終わった後にファイルを自動で閉じてくれます。したがって、明示的にcloseメソッドを呼び出す必要がなくなります。こうすることで、closeの呼び忘れを防ぐことができます。

Pythonインタプリタ

```
>>> with open('example.txt', 'r', encoding='utf-8') as f:
...     text = f.read() ―――――― f.closeしなくて良い
```

ファイルに書き込みを行うにはwriteメソッドを使います。writeメソッドの引数には文字列を指定することができます。ファイルに書き込みを行う際には、ファイルを開く際のモードをwにするのを忘れないでください。

Pythonインタプリタ

```
>>> with open('contents.txt', 'w', encoding='utf-8') as f:
...     f.write('Hello write method!')
```

contents.txtをエディタで開くと以下のように表示されるはずです。

contents.txt

```
Hello write method!
```

以上でPythonにおけるファイル読み書きの基礎は完了です。以降では、自然言語処理でよく使われるデータ形式のファイルを読み込む方法について紹介します。

3-3-2 CSVとTSVの読み込み

CSV (comma-separated values) は、値が**カンマで区切られた**ファイルの形式です。一行を半角文字の「,」で区切り、複数の項目に分割します。たいていの場合、拡張子は.csvで表されます。Excelなどの表計算ソフトに格納されたデータはCSVとして書き出すことができます。

CSVファイルの読み込みは、データ分析用パッケージである**Pandas**を使って行うことができます。PandasにはCSVファイルを読み込むための関数が用意されているため、その関数を使えば簡単にファイルを読み込むことができます。ちなみに、Pythonには組み込みのモジュールとしてcsvモジュールがあります。このcsvモジュールを使っても読み込めるのですが、Pandasでの方法に比べると少々面倒です。

本節でもPandasを使ってCSVファイルを読み込んでみましょう。そのために、まずはcondaを使ってPandasをインストールします。

ターミナル

```
> conda install pandas
```

次に読み込むファイルをエディタで作成しましょう。example.csvという名前のファイルを作成し、以下の内容を入力してUTF-8で保存します。ファイルは2列（name, grade）からなり、先頭行はヘッダーを表しています。

example.csv

```
name,grade
高橋,B
佐藤,C
田中,A
```

以下はPythonのインタプリタで実行します。CSVファイルを読み込むために、まずはPandasをインポートします。Pandasをインポートする際はasを使ってpdという名前をつけるのが慣習となっています。ここでもその慣習に従ってインポートします。インポートしたら、read_csvメソッドを使ってファイルを読み込んでみましょう。

Pythonインタプリタ

```
>>> import pandas as pd
>>> pd.read_csv('example.csv', encoding='utf-8')
  name grade
0   高橋     B
1   佐藤     C
2   田中     A
```

CSVファイルをPandasで読み込むメリットとして、Pandasのさまざまな便利機能が使える点が挙げられます。たとえば、特定の列を指定して抽出したい場合は、以下のように列名を指定するだけです。

Pythonインタプリタ

```
>>> df = pd.read_csv('example.csv', encoding='utf-8')
>>> df['grade']
0    B
1    C
2    A
```

では、以下のようなヘッダーが存在しないファイル（example1.csv）を読み込んだらどうなるのでしょうか？

example1.csv

```
高橋,B
佐藤,C
田中,A
```

結果は以下のようになります。read_csvのデフォルト引数では一行目をヘッダーとして認識するため、「高橋」と「B」がヘッダーになってしまいました。

Pythonインタプリタ

```
>>> pd.read_csv('example1.csv', encoding='utf-8')
   高橋  B
0  佐藤  C
1  田中  A
```

この状況を回避するためには、read_csvの引数であるheaderにNoneを指定します。header=Noneを指定することで、このファイルにはヘッダーが存在しないということを伝えることができます。

Pythonインタプリタ

```
>>> pd.read_csv('example1.csv', header=None, encoding='utf-8')
    0  1
0  高橋  B
1  佐藤  C
2  田中  A
```

ただ、このままだと列名が連番となりわかりやすいとは言えません。そのような場合は、ヘッダーに名前を付けるためにnamesという引数を使います。そうすることで、ヘッダーに名前を付けて扱えるようになります。

Pythonインタプリタ

```
>>> pd.read_csv('example1.csv', names=('name', 'grade'), header=None, encoding='utf-8')
  name grade
0   高橋     B
1   佐藤     C
2   田中     A
```

Pandasのread_csvには様々な引数を渡せます。詳細は公式ドキュメント※6を参照してください。次はTSVファイルを読み込んでみましょう。

TSV (tab-separated values) は、値が**タブで区切られた**ファイルの形式です。一行を半角文字のタブ「\t」で区切り、複数の項目に分割します。拡張子は.tsvで表されます。

では、読み込むファイルをエディタで作成しましょう。example.tsvという名前のファイルを作成し、以下の内容を入力してUTF-8で保存します。空白に見えるところは一つのタブ文字が入っています。内容は先ほどのCSVファイルと同じです。

example.tsv

```
name	grade
高橋	B
佐藤	C
田中	A
```

※6 https://pandas.pydata.org/pandas-docs/stable/generated/pandas.read_csv.html

PandasでTSV形式のファイルを読み込む場合、read_csvメソッドのsep引数にタブ文字（\t）を指定すれば読み込めます。また、read_csvでsepを指定する代わりに、read_tableを使っても読み込むことができます。

Pythonインタプリタ

```
>>> pd.read_csv('example.tsv', encoding='utf-8', sep='\t')
  name grade
0   高橋     B
1   佐藤     C
2   田中     A
>>> pd.read_table('example.tsv', encoding='utf-8')
  name grade
0   高橋     B
1   佐藤     C
2   田中     A
```

read_tableもread_csvと同じように様々な引数を渡せます。詳細はhttps://pandas.pydata.org/pandas-docs/stable/generated/pandas.read_table.htmlを参照してください。次はJSONファイルの読み込み方法について説明します。

3-3-3 JSONの読み込み

JSON（JavaScript Object Notation）は、**構造化されたデータをテキスト形式で表現する**ためのフォーマットの一つです。CSVやTSVと比べて、より複雑な構造を持つデータを表現しやすいのが特徴です。拡張子は.jsonで表されます。

Pandasではread_jsonを使うことでJSONファイルを読み込むことができます。まず読み込むファイルをエディタで作成しましょう。example.jsonという名前のファイルを作成し、以下の内容を入力してUTF-8で保存します。ファイルは3つの要素からなり、各要素はキーと値の対応から構成されます。

example.json

```
[
    {
        "name": "高橋",
        "grade": "B"
    },
    {
        "name": "佐藤",
        "grade": "C"
    },
    {
        "name": "田中",
        "grade": "A"
    }
]
```

ファイルを用意できたらread_jsonメソッドを使って読み込んでみましょう。

Pythonインタプリタ

```
>>> pd.read_json('example.json', encoding='utf-8')
  grade name
0     B   高橋
1     C   佐藤
2     A   田中
```

最後にJSON Linesを紹介しましょう。JSON Linesは**改行で区切られたJSONファイル**であり、各行がJSON形式で表現されています。各行がJSON形式になっているので、一行ずつデータを処理する場合に便利な形式です。拡張子は.jsonlで表されます。

JSON Linesの読み込みもread_jsonを使うことでできます。次に読み込むファイルをエディタで作成しましょう。example.jsonlという名前のファイルを作成し、以下の内容を入力してUTF-8で保存します。先ほどのJSONファイルの各要素を一行ずつ書き込んだ形式になっています。

example.jsonl

```
{"name": "高橋", "grade": "B"}
{"name": "佐藤", "grade": "C"}
{"name": "田中", "grade": "A"}
```

ファイルを用意できたらread_jsonメソッドを使って読み込んでみましょう。JSON Lines形式のファイルを読み込むには、read_jsonメソッドのlines引数にlines=Trueを設定する必要があります。そうすると以下のように読み込むことができます。

Pythonインタプリタ

```
>>> pd.read_json('example.jsonl', lines=True, encoding='utf-8')
  grade name
0     B   高橋
1     C   佐藤
2     A   田中
```

read_jsonの詳細については公式ドキュメント(https://pandas.pydata.org/pandas-docs/stable/generated/pandas.read_json.html)を参照してください。

以上でファイルの読み込みは終わりです。次はディレクトリの走査方法について確認しましょう。

3-3-4 ディレクトリの走査

ディレクトリ内にある大量のファイルを読み込みたいという状況はよくあります。たとえば、ダウンロードしたデータセットに大量のファイルが含まれているという状況です。そのような場合はディレクトリを走査して、1つずつファイルを読み込む必要があります。

本節では、ディレクトリ内にあるファイルの一覧を取得する方法を紹介します。ファイルの一覧さえ取得できれば、あとはopen関数やPandasの関数を使ってファイルを読み込んで操作することができます。

Pythonにはディレクトリ内にあるファイル一覧を取得する方法がいくつかあります。ここでは、Python3.4で導入されたpathlibモジュールを使った方法について紹介します。ちなみに、pathlib以外だとosやglobといったモジュールを使うことで一覧を取得することができます。

なお、本節では以下のようなディレクトリ構成になっているとします。

```
dir1
├──── dir2
│     ├──── example_4.txt
│     └──── example_5.txt
├──── example_1.txt
├──── example_2.txt
└──── example_3.txt
```

pathlibでファイルの一覧を取得するのは簡単です。ディレクトリを指定してPathオブジェクトを作成し、ファイル名の条件を指定して取得するだけです。試しにdir1直下のファイルを取得してみましょう。

Pythonインタプリタ

```
>>> from pathlib import Path
>>> p = Path('dir1')
>>> list(p.glob('*'))
[windowsPath('dir1/dir2'), windowsPath('dir1/example_1.txt'), windowsPath('dir1/example_2.txt'), ➡
windowsPath('dir1/example_3.txt')]
```

Pathオブジェクトのglobメソッドにファイル名のパターンを指定することでファイルの一覧を取得することができます。上の例ではアスタリスク(*)を指定したので、dir1直下のすべてのファイルを取得しました。なお、出力結果に含まれるwindowsPathというのはWindowsにおけるファイルシステムのパスを表すクラスです。ちなみに、上のコードをmacOSで実行するとWindowsPathがPosixPathになります。これは非Windowsにおけるパスを表します。

ではdir1直下のテキストファイルだけ取得したい場合はどうすればよいのでしょうか？ 以下のようにglobメソッドにテキストファイルのパターンを指定することで取得できます。

Pythonインタプリタ

```
>>> list(p.glob('*.txt'))
[windowsPath('dir1/example_1.txt'), windowsPath('dir1/example_2.txt'), windowsPath('dir1/example_3.➡
txt')]
```

では今度はdir1直下だけでなくdir2以下のテキストファイルを取得するにはどうすればいいのでしょうか？ その場合はディレクトリを「再帰的に検索する」ようにすれば、ディレクトリの中も検索できます。再帰的な検索をするにはglobメソッドに**パターンを指定します。

Pythonインタプリタ

```
>>> list(p.glob('**/*.txt'))
[windowsPath('dir1/example_1.txt'), windowsPath('dir1/example_2.txt'), windowsPath('dir1/example_3.➡
txt'), windowsPath('dir1/dir2/example_4.txt'), windowsPath('dir1/dir2/example_5.txt')]
```

あとは得られたファイル一覧をopenやread_csvで読み込めば使うことができます。

Chapter 3-4

コーパスの作成

Chapter3-2で、自然言語処理に使うことのできるコーパスがWeb上に公開されているという話をしました。しかし、実際には自分の解きたい問題にずばりマッチしたコーパスがあることは稀で、自分でコーパスを作成する必要が生じます。本節ではその一つの方法として、**クローラ**を使ってWeb上からデータを収集する方法とラベル付けをするためのツールである**アノテーションツール**について紹介します。

このあたりのデータを収集する話は、詳しく書くと本が一冊書ける分量になってしまいます。本書はデータの収集方法を解説するのがメインテーマではないため、その触りだけ紹介します。今回は公開されているWeb APIを使って小さなコーパスを作成します。具体的には以下の手順を踏みます。

- APIキーの取得
- コードの実装

3-4-1 プロジェクト構成

実装を始める前に、プロジェクト構成について説明しておきます。本節では以下のプロジェクト構成で実装を進めていきます。

```
├── data
│   ├── dataset.jsonl
│   └── raw_data.json
└── corpus_maker.py
```

「data」ディレクトリの中にはクローリングとスクレイピングの結果を格納します。今回の場合は「raw_data.json」にクローリングの結果、「dataset.jsonl」にスクレイピングした結果を保存します。また「corpus_maker.py」にはクローリングとスクレイピング用の関数を書いていきます。

3-4- 2 APIキーの取得

今回はぐるなびの応援口コミAPIを使ってお店のレビューとその評価を取得して保存することにします。応援口コミAPIは、ぐるなび店舗ページの応援口コミタブに掲載されている口コミ情報などを取得することができるAPIです。応援口コミAPIを使うことで、たとえば、レビュー文として「シチュー…おいしいです。」、評価として「3」を取得できます。このようなデータを取得できれば、テキストから評価を予測するモデルを構築することができます。

レビュー文の例

```
{
  "comment": "シチューも洋食屋の昔馴染みの味付けで、とってもおいしいです。",
  "total_score": "3.0"
}
```

ぐるなびの応援口コミAPIを使うには、**APIキー**を取得する必要があります。以下のぐるなびWebサービスのページに移動し「新規アカウント発行」を選択します。

●https://api.gnavi.co.jp/api/

図3-4-1　ぐるなびWebサービスページ

その後、表示されたフォームに必要な情報を入力します。ここで、利用用途は「試しに利用」を選択してください。情報の入力が終わったら、規約に同意します。

図3-4-2　フォームへの入力

規約に同意すると、フォームに入力したメールアドレス宛にユーザ登録手続きのメールが届きます。その手続を完了させると、登録したメール宛に以下のようにアクセスキーが届きます。このアクセスキーは外部にもれないように管理する必要があります。

【ぐるなびAPI】ユーザー登録手続き完了
R
reminder-gws@gnavi.co.jp
2020/01/18 (土) 11:55
自分
様
ぐるなびWebサービスをご利用いただきありがとうございます。
ぐるなびWebサービスのユーザー登録が完了しました。
アクセスキーは
になります。
利用期限はマイページからご確認ください。
https://ssl.gnavi.co.jp/api/mypage/
アクセスキーのご利用方法に関しましてはご利用マニュアルを
ご確認ください。
ぐるなびWebサービスご利用マニュアル
https://api.gnavi.co.jp/api/manual/

図3-4-3　APIキーの取得

これでAPIを利用するための準備が整いました。次はコードを実装していきましょう。

3-4-3 コードの実装

クローラを作成する前に**クローリング（crawling）**と**スクレイピング（scraping）**について確認しておきましょう。クローリングというのは、プログラムを使ってWeb上から情報を取得する処理のことを指します。スクレイピングはクローリングで取得した情報から指定した情報を取得する処理のことを指します。データ収集ではこの2つを組み合わせてデータを作成します。

応援口コミAPIからデータを取得するには**APIにパラメータを渡して呼び出す**必要があります。呼び出すURLとしてはhttps://api.gnavi.co.jp/PhotoSearchAPI/v3/、必須なパラメータとしてkeyid（APIキー）や検索ワード（場所、メニュー名等）を渡してデータを取得します。その他に渡せるパラメータについては公式ドキュメント※7を確認してください。

PythonからAPIにパラメータを渡して呼び出すために、まずは必要なパッケージをインストールしましょう。今回インストールするパッケージはrequestsです。requestsはHTTPリクエストを行うためのパッケージです。これを使うことで、指定したURLにパラメータとともにリクエストを投げることができます。condaを使って以下のようにインストールしましょう。

ターミナル

```
> conda install requests
```

インストールしたら試しに使ってみましょう。requestsのgetメソッドにURLとパラメータを与えて、APIからデータを取得します。Pythonインタプリタを起動して以下のコードを書いていきます。urlには応援口コミAPIのURL、パラメータにはAPIキーを表すkeyidとメニューの名前を表すmenu_nameを指定します。keyidの中身にはご自身が取得したAPIキーを

※7　https://api.gnavi.co.jp/api/manual/photosearch/

入れます。

Pythonインタプリタ

```
>>> import requests
>>> url = 'https://api.gnavi.co.jp/PhotoSearchAPI/v3/'
>>> params = {'keyid': 'YOUR API KEY', 'menu_name': 'ラーメン'}
>>> response = requests.get(url, params=params)
>>> response.json()
{'response': {'@attributes': {'api_version': 'v3'}, 'total_hit_count': 5072,
...
```

YOUR API KEYを変更

取得したレスポンスの構造について説明しておきましょう。レスポンスのjsonメソッドを呼び出すことで、取得したデータをPythonのディクショナリとして得ることができます。必要な部分を抜粋した構造は以下のようになっています。得られたディクショナリは入れ子構造をしており、必要なレビュー文と評価は「response -> 数字 -> photo」の下にcommentとtotal_scoreという名前で格納されています。レスポンスの詳細については公式ドキュメント※7を確認してください。

取得したレスポンスの構造(一部を抜粋)

```
{'response': {'0': {'photo': {...
                        'comment': '超こってりラーメンががうまい。なんか特許があるらしい。',
                        'total_score': '3.0',
                        ...}},
```

requestsを使ってデータを取得する方法を理解したところで、実際にクローリングとスクレイピングをしてみましょう。「corpus_maker.py」に以下のコードを書いていきます。

corpus_maker.py

```
import json
import requests

def fetch_data(**params):
    url = 'https://api.gnavi.co.jp/PhotoSearchAPI/v3/'
    response = requests.get(url, params=params)
    return response.json()

def extract_data(response):
    for key in response['response'].keys():
        if not key.isdigit():
            continue
        d = response['response'][key]['photo']
        if d.get('comment') and d.get('total_score'):
            comment = d['comment']
            score = d['total_score']
            data = {
                'comment': comment,
                'score': score
            }
            yield data

def save_as_json(save_file, record):
    with open(save_file, mode='a') as f:
```

```
            f.write(json.dumps(record) + '\n')

    def main():
        # 定数の設定
        raw_data = 'data/raw_data.json'
        save_file = 'data/dataset.jsonl'
        keyid = 'YOUR API Key' ――――― YOUR API Keyを変更

        # データの取得と保存
        response = fetch_data(
            keyid=keyid,
            area='新宿',
            hit_per_page=50,
            offset_page=1
        )
        save_as_json(raw_data, response)

        # 必要な情報の抽出と保存
        records = extract_data(response)
        for record in records:
            save_as_json(save_file, record)

    if __name__ == '__main__':
        main()
```

コードを書き終えたら実行してみましょう。先に「data」ディレクトリを作成してから実行してください。上のコードでは新宿近辺のお店に対する口コミを取得しています。実行はすぐに終わると思いますが、うまく行かない場合はkeyidが適切に設定されているかを確認しましょう。実行が完了すると、「data」ディレクトリの中に「raw_data.json」と「dataset.jsonl」が作成されていることを確認できます。

ターミナル

```
> python corpus_maker.py
```

簡単にポイントを解説します。

まず行っているのは、fetch_data関数を使ってデータを取得する操作です。パラメータを指定してfetch_data関数を呼び出すことで、指定したパラメータに合致した情報をAPIから取得しています。取得したデータはjsonメソッドを呼び出してPythonのディクショナリに変換しています。その後、データを一旦保存しています。今回は行っていませんが、正常に取得したデータを保存しておくと、この後で行う抽出に失敗した場合にデータの取得からやり直さずに済むというメリットがあります。

corpus_maker.py

```
def fetch_data(**params):
    url = 'https://api.gnavi.co.jp/PhotoSearchAPI/v3/'
    response = requests.get(url, params=params)
    return response.json()
```

次に、extract_data関数を使って必要なデータを抽出しています。先にも述べたように、必要なレビュー文と評価は「response -> 数字 -> photo」の下にcommentとtotal_scoreという名前で格納されています。そのため、まずisdigitメソッドを使ってresponseの後が数字か否かを判断し、その後で情報を取得しています。この際、空のレビュー文を取得しないようにするため、条件分岐を挟んでいます。

corpus_maker.py

```
def extract_data(response):
    for key in response['response'].keys():
        if not key.isdigit():
            continue
        d = response['response'][key]['photo']
        if d.get('comment') and d.get('total_score'):
            comment = d['comment']
            score = d['total_score']
            data = {
                'comment': comment,
                'score': score
            }
            yield data
```

以上でクローリングとスクレイピングの方法について簡単にですが紹介しました。

今回紹介した方法ではクローリングにrequestsを使いましたが、ScrapyというPythonパッケージを使って作ることもできます。Scrapyはコードを少し書くだけでクローリングやスクレイピングを行うことができるPythonパッケージです。クローリングに必要な機能はあらかじめ用意されているので、簡単にクローラを作成することができます。詳細についてはScrapyの公式サイト※8を参照してください。

3-4-4 アノテーションツール

本章の最後に、アノテーション（Annotation）ツールについて紹介します。

アノテーションツールとは、**データにラベルを付けるためのツール**です。ラベル付けの対象には、テキストや画像、動画などのデータがあります。これらのデータに対して、たとえばテキストのジャンルが何かといった情報や画像に写っているオブジェクトが何かといった情報を付与します。

アノテーションツールを使うことで、データに対して効率的にラベル付けを行うことができます。多くのアノテーションツールには、多人数でのラベル付けをサポートする機能があったり、アノテーションしたデータを使って自動でラベル付けするための機能がサポートされていたりします。

※8 https://scrapy.org

以下ではいくつかのアノテーションツールを紹介します。本書は自然言語処理について扱っているので、テキスト用のアノテーションツールについて紹介します。アノテーションツールには、オープンソースとして提供されているものと、サービスとして提供されているものがあるため、その両方について簡単に紹介します。

表3-1-1　アノテーションツールの機能比較

	brat	doccano	prodigy	tagtog	LightTag
テキスト分類	×	○	△	○	○
系列ラベリング	○	○	○	○	○
系列変換	×	○	×	×	×
関係	○	×	△	○	×

テキストに対してアノテーションを行えるツールとして、**brat**があります。bratはオープンソースのアノテーションツールであり、無料で使うことができます。機能としては、Chapter 10で紹介する系列ラベリングタスク（例：固有表現認識、品詞タグ付けなど）のラベル付けや関係認識用のラベルを付けることができます。詳細については、http://brat.nlplab.orgを参照してください。

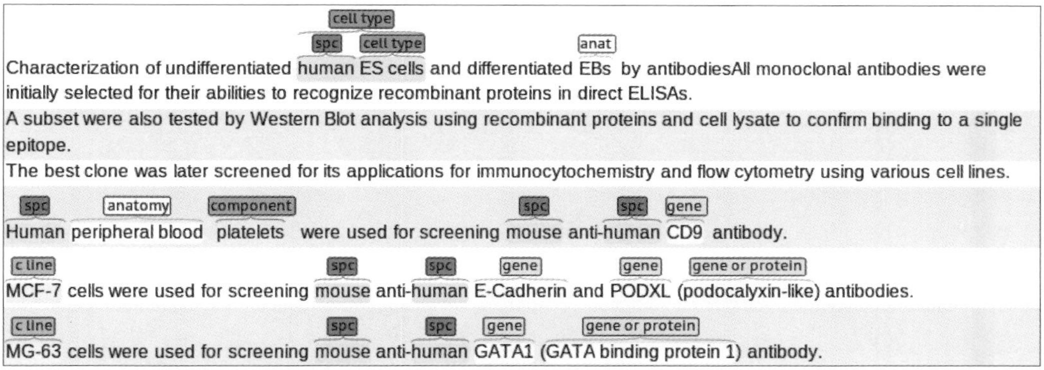

図3-4-4　bratのアノテーション画面（http://brat.nlplab.orgより）

brat以外のテキスト用アノテーションツールとして、**doccano**があります。doccanoもbratと同様、オープンソースのツールなので、無料で使うことができます。機能としては、系列ラベリングやテキスト分類、系列変換用のアノテーションをサポートしています。詳細については、github上の公式ドキュメント※9を参照してください。

※9　https://github.com/doccano/doccano

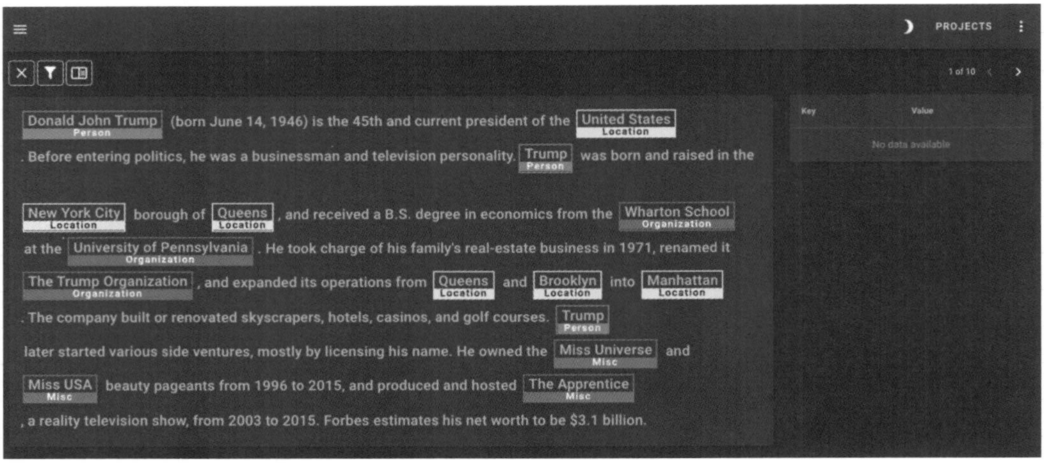

図3-4-5　doccanoのアノテーション画面

その他、テキストにアノテーションを行うためのサービスとして、以下のようなサービスがあります。

- prodigy（https://prodi.gy）
- tagtog（https://www.tagtog.net）
- LightTag（https://www.lighttag.io）

サービスとして提供されているアノテーションツールを使うことで、セットアップが不要になったり、テキスト以外のアノテーションもサポートされているというメリットがあります。その一方、使用には課金が必要なため、使用する際はメリット・デメリットを考えて導入する必要があります。

Chapter 3-5

まとめ

本章では、自然言語処理の研究・開発には欠かせないコーパスについて説明しました。はじめに、コーパスとは何か、なぜ必要なのかについて説明し、次に、様々な形式のファイルを読み込む方法について説明しました。最後にWeb上のデータを収集する方法とアノテーションツールについて説明しました。

次章では、自然言語処理では欠かせないテキストの前処理について説明します。

Chapter 4

テキストの前処理

本章では自然言語処理における前処理について説明します。自然言語処理で扱うテキストは、人間にとっては処理するのは難しくありませんが、機械にとっては処理するのが難しいです。そのため、前処理で扱いやすい形に変換します。

はじめにいろいろな種類の前処理について、簡単な実装を交えながら説明します。テキストの簡単なクリーニングから単語分割、正規化、ストップワードの除去、単語のID化など、自然言語処理ならではの前処理を学習します。

その後、レビューのデータセットを使って前処理の実践を行います。前処理の前後で結果にどのような違いが出るのかを確認します。

Chapter 4-1

本章の概要

本章のコードはColaboratory上に用意してあります。以下のリンク先から実行できます。
https://bit.ly/2RXJl0T

自然言語処理に前処理は不可欠です。自然言語処理で扱うテキストは非構造化データです。そのため、人間には処理できても機械では処理するのが難しいのです。特にWebテキストの中にはHTMLタグやJavaScriptのコードといった分析する際にノイズとなる情報が含まれています。このようなノイズは、前処理によって取り除かなければ期待する結果は得られません。

本章では自然言語処理における前処理について説明します。説明順序としては、はじめに前処理の種類を説明します。そして、各前処理については、1.どんな処理なのか、2.なぜその処理をするのか、3.実装方法という観点から説明します。なお、実装方法については省略している場合もあります。最後に、テキスト分類を例に前処理を実践します。

Chapter 4-2

前処理の種類と実装

本節では以下に示す6つの前処理について紹介します。各前処理について、1.どんな処理なのか、2.なぜその処理をするのか、3.実装方法という観点から説明します。

- テキストのクリーニング
- 単語分割
- 単語の正規化
- スワップワードの除去
- 単語のID化
- パディング

4-2-1 テキストのクリーニング

テキストのクリーニングでは、テキスト中に含まれるノイズを除去します。除去されるノイズとして、JavaScriptのコードやHTMLタグを挙げられます。これらのノイズを除去することで、ノイズがタスクの結果に及ぼす悪影響を抑えることができます。以下のようなイメージです。

この記事をご覧になっている方は
<span color = "red">Word2vec</span>
についてご存じかもしれません。
ノイズ除去
この記事をご覧になっている方は
Word2vec
についてご存じかもしれません。

図4-2-1　テキストのクリーニングのイメージ

PythonでHTMLタグを除去するにはBeautiful Soup※1やlxml※2のようなクリーニングを行うのに便利なパッケージを使います。以下ではBeautiful Soupを使って実際にHTMLタグを除去してみましょう。

Chaper3でBeautiful Soupをインストールしていない場合は、Anaconda Promptを起動して（P.026参照）、condaコマンドでBeautiful Soupをインストールします。

ターミナル

```
> conda install beautifulsoup4
```

次に、Pythonインタプリタを起動して（P.028参照）、ノイズを除去する対象の文字列を定義します。以下に定義した文字列は非常に簡単なHTML文書になっています。やりたいのは、この文書からHTMLタグを除去して「これはExampleです。」という文字列を抽出することです。

Pythonインタプリタ

```
>>> html = """
... <html>
...   <body>
...     これは<a href="http://example.com">Example</a>です。
...   </body>
... </html>"""
```

次に、BeautifulSoupを使ってHTMLタグを除去する関数を定義します。まずは関数に与えたHTML文字列をもとにBeautifulSoupオブジェクトを作成します。作成したらタグを除去できるメソッドであるget_textを呼びます。以下で定義したclean_html関数はHTML文字列を与えるとタグを除去して返してくれる関数です。

Pythonインタプリタ

```
>>> from bs4 import BeautifulSoup
>>>
>>> def clean_html(html, strip=False):
...     soup = BeautifulSoup(html, 'html.parser')
...     text = soup.get_text(strip=strip)
```

※1　https://www.crummy.com/software/BeautifulSoup/bs4/doc/
※2　http://lxml.de/

```
...     return text
...
>>>
```

タグを除去する関数を定義できたので呼び出してみましょう。clean_htmlを呼び出すと以下のような結果が得られます。タグが除去された文字列を抽出できていることが確認できます。

Pythonインタプリタ

```
>>> clean_html(html)
'¥n¥n¥n    これはExampleです。¥n  ¥n'
```

ただ、上記の結果では改行文字（¥n）が含まれています。これを除去するには、clean_htmlのstrip引数にTrueを設定します。そうすることで、以下のように改行文字が除去された結果を得ることができます。

Pythonインタプリタ

```
>>> clean_html(html, strip=True)
'これはExampleです。'
```

JavaScriptやHTMLタグの除去はよく行われるのですが、実際にはデータに応じて除去したいノイズは変わります。そのような場合は**正規表現（Regular Expression）**を使ってノイズを除去することができます。

Pythonで正規表現を扱うには組み込みのreモジュールを使います。reモジュールを使って実際にノイズを除去してみましょう。以下のようなテキストからハッシュタグ（#Python）を除去してみます。

Pythonインタプリタ

```
>>> text = '今度からMkDocsでドキュメント書こう。 #Python'
```

まずは、ハッシュタグを除去できる正規表現のパターンについて仮説を立てます。今回の場合は、ハッシュ記号に英語の小文字か大文字が一文字以上続く場合はハッシュタグであるという仮説を立てることができます。

パターンについての仮説を立てたら、正規表現を使ってパターンにマッチする部分を除去する関数を定義します。マッチした部分を除去するためにはre.sub関数を使います。この関数では第一引数に指定したパターンにマッチするテキストを、第二引数に指定した文字列で置き換えます。対象のテキストは第三引数に指定します。今回はパターンとして「ハッシュ記号のあとに続く一文字以上の文字列」を指定し、マッチした部分を空文字''で置き換えています。

Pythonインタプリタ

```
>>> import re
>>> def clean_hashtag(text):
...     cleaned_text = re.sub(r'#[a-zA-Z]+', '', text)
...     return cleaned_text
...
>>>
```

ここで、re.sub関数の第一引数に指定している文字列のプレフィックスとしてrを指定していることに注意してください。Pythonではr またはRをプレフィックスとして付加した文字列のことを**生文字列(raw string)**と呼びます。この生文字列中ではバックスラッシュに特別な意味を持たせない効果があります。たとえば、改行記号が含まれる文字列を生文字列として扱うと改行がされなくなります。

Pythonインタプリタ

```
>>> print('He¥nllo')
He
llo
>>> print(r'He¥nllo')
He¥nllo
```

ハッシュタグを除去する関数を定義できたので呼び出してみましょう。関数を呼び出すと以下のような結果が得られます。ハッシュタグが除去されていることが確認できます。

Pythonインタプリタ

```
>>> clean_hashtag(text)
'今度からMkDocsでドキュメント書こう。 '
```

では以下のように、文中でハッシュタグを使っているテキストに対してclean_hashtag関数を適用するとどうなるでしょう。

Pythonインタプリタ

```
>>> text = '機械学習やるなら #python がいいよね。 #jupyter'
>>> clean_hashtag(text)
'機械学習やるなら　がいいよね。 '
```

この場合、ハッシュタグを除去したことで文の意味がわからなくなってしまいました。どうやら単純にハッシュタグを消すとだめなようです。この様な場合はどうすればいいでしょうか？ たとえば、文末のハッシュタグは除去するけど、文中の場合はハッシュ記号だけ除去するというような仮説を立てて関数を書き換えてみましょう。

Pythonインタプリタ

```
>>> def clean_hashtag(text):
...     cleaned_text = re.sub(r' #[a-zA-Z]+$', '', text)
...     cleaned_text = re.sub(r' #([a-zA-Z]+) ', r'\1', cleaned_text)
...     return cleaned_text
...
>>>
```

書き換えた関数を適用すると、以下の結果が得られます。

Pythonインタプリタ

```
>>> clean_hashtag(text)
'機械学習やるならpythonがいいよね。'
```

なかなか良さそうですね。では嬉しくなってハッシュタグをたくさん追加した場合はどうなるでしょう。

Pythonインタプリタ

```
>>> text = '機械学習やるなら #python がいいよね。 #jupyter #pycon #scipy'
>>> clean_hashtag(text)
'機械学習やるならpythonがいいよね。jupyter#pycon'
```

上の結果を見ると、どうやら文末にハッシュタグが連続する場合を考慮できていなかったようです。ハッシュタグが連続する場合を考慮してclean_hashtag関数を書き換えてみましょう。以下のように書くことができます。

Pythonインタプリタ

```
>>> def clean_hashtag(text):
...     cleaned_text = re.sub(r'( #[a-zA-Z]+)+$', '', text)
...     cleaned_text = re.sub(r' #([a-zA-Z]+) ', r'\1', cleaned_text)
...     return cleaned_text
...
>>>
```

clean_hashtagを実行した結果は以下のようになります。

Pythonインタプリタ

```
>>> clean_hashtag(text)
'機械学習やるならpythonがいいよね。 '
```

このように、テキストのクリーニング処理はなかなか一筋縄にはいきません。まだまだ漏れがあるでしょう。真面目にやると非常に時間がかかる部分です。様々なケースに付いて考えつつ、効果の薄いパターンについては切り捨てるといった判断が必要になります。

今回使ったre.sub関数以外にもPythonでは様々な正規表現の機能を使うことができます。使える機能についてはPythonの公式ドキュメント※3を参照してください。

また、正規表現を書く際にはリアルタイムにパターンマッチを確認しながら行うと、作業が捗ります。そのようなことをできるオンラインエディタとして「Regex101」※4があります。以下は「Regex101」を使って正規表現のパターンマッチを確認している例です。下のパターンは神社名を抽出するために使っています。

※3 https://docs.python.org/3/library/re.html
※4 https://regex101.com/

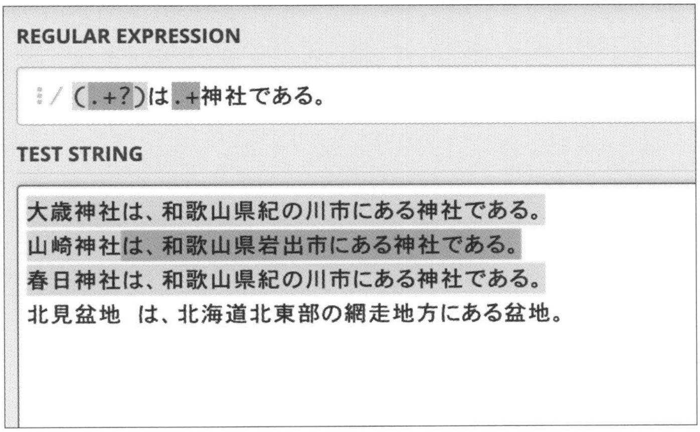
REGULAR EXPRESSION
/ (.+?)は.+神社である。
TEST STRING
大歳神社は、和歌山県紀の川市にある神社である。
山崎神社は、和歌山県岩出市にある神社である。
春日神社は、和歌山県紀の川市にある神社である。
北見盆地　は、北海道北東部の網走地方にある盆地。

図4-2-2　「Regex101」を使った、正規表現によるパターンマッチ

4-2- 2 単語分割

自然言語処理をする際によく行われる処理として、**テキストを単語に分割する処理**があります。テキストを単語に分割する理由は、多くの自然言語処理システムでは**入力を単語レベルで扱うから**です。日本語では主に**形態素解析器**を用いて単語への分割を行います。

イメージとしては以下のように分割します。この際、語彙数を減らすために単語を原形にすることもあります。

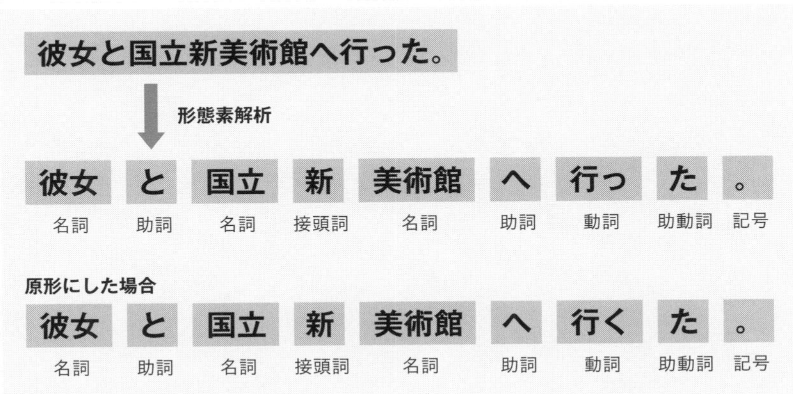
彼女と国立新美術館へ行った。
形態素解析
彼女 と 国立 新 美術館 へ 行っ た 。
名詞 助詞 名詞 接頭詞 名詞 助詞 動詞 助動詞 記号
原形にした場合
彼女 と 国立 新 美術館 へ 行く た 。
名詞 助詞 名詞 接頭詞 名詞 助詞 動詞 助動詞 記号

図4-2-3　形態素解析の例

形態素解析する際に問題となるのがデフォルトでは新語の解析に強くない点です。上の例を見ると「国立新美術館」を「国立」「新」「美術館」の3つに分割しています。このような結果になる原因として、解析に使っている辞書に「国立新美術館」が含まれていないことが挙げられます。特にWebには新語が多数含まれているのでこの問題はさらに深刻になります。

この問題は形態素解析器に辞書を追加することである程度解決することができます。辞書は自分で作成することもできますし、配布されている辞書を使うこともできます。たとえば、**NEologd**※5という辞書には、通常の辞書と比べて多くの新語が含まれています。そのため、NEologdを使用することで新語の解析に強くなります。以下はNEologdを使って解析した結果です。「国立新美術館」が1つの名詞として分割されています。

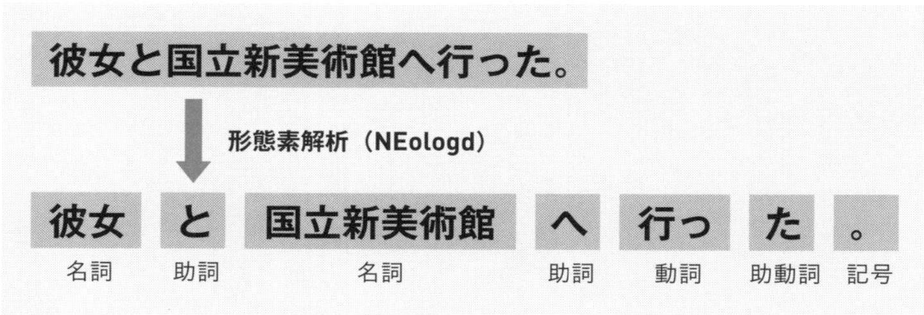

図4-2-4　NEologdを使った形態素解析の例

以上のようにして単語の分割をした後、その後の処理を行っていきます。

Pythonから使える主な形態素解析器としてはMeCab※6やJuman++※7、Janome※8を挙げられます。ここではJanomeを使って形態素解析をしてみましょう。まずはpipを使ってJanomeをインストールします。Janomeはcondaコマンドではインストールできないため、pipを使っています。

ターミナル

```
> pip install janome
```

インストールしたらTokenizerクラスをインポートしましょう。Tokenizerのtokenizeメソッドを使うことで形態素解析を行うことができます。以下では「彼女と国立新美術館へ行った。」というテキストを形態素解析しています。

Pythonインタプリタ

```
>>> from janome.tokenizer import Tokenizer
>>> text = '彼女と国立新美術館へ行った。'
>>> t = Tokenizer()
>>> for token in t.tokenize(text):
...     print(token)
...
```

解析結果は以下のように表示されます。左から表層形、品詞、品詞細分類1、品詞細分類2、品詞細分類3、活用形、活用型、原形、読み、発音の順番に表示されています。

※5　https://github.com/neologd/mecab-ipadic-neologd
※6　http://taku910.github.io/mecab/
※7　http://nlp.ist.i.kyoto-u.ac.jp/index.php?JUMAN++
※8　http://mocobeta.github.io/janome/

Pythonインタプリタ

```
彼女	名詞,代名詞,一般,*,*,*,彼女,カノジョ,カノジョ
と	助詞,格助詞,一般,*,*,*,と,ト,ト
国立	名詞,一般,*,*,*,*,国立,コクリツ,コクリツ
新	接頭詞,名詞接続,*,*,*,*,新,シン,シン
美術館	名詞,一般,*,*,*,*,美術館,ビジュツカン,ビジュツカン
へ	助詞,格助詞,一般,*,*,*,へ,ヘ,エ
行っ	動詞,自立,*,*,五段・カ行促音便,連用タ接続,行く,イッ,イッ
た	助動詞,*,*,*,特殊・タ,基本形,た,タ,タ
。	記号,句点,*,*,*,*,。,。,。
```

上の例ではテキストを単語に分割しただけでなく、品詞などの情報も得られましたが、多くの場合では単語分割だけで十分です。分割された単語だけ欲しい場合は、Tokenizerにwakati=Trueを設定することで単語のリストを得ることができます。

Pythonインタプリタ

```
>>> t = Tokenizer(wakati=True)
>>> t.tokenize(text)
['彼女', 'と', '国立', '新', '美術館', 'へ', '行っ', 'た', '。']
```

形態素解析結果から特定の品詞だけ抽出することもできます。その場合は、AnalyzerとPOSKeepFilterを使います。Analyzerは形態素解析の前処理や後処理を行えるクラスで、POSKeepFilterは指定した品詞を抽出するためのクラスです。Analyzerにフィルタを渡して初期化したら、analyzeメソッドを使ってテキストを解析します。

Pythonインタプリタ

```
>>> from janome.analyzer import Analyzer
>>> from janome.tokenfilter import POSKeepFilter
>>> # フィルタの定義
>>> token_filters = [POSKeepFilter('名詞')]
>>> a = Analyzer(token_filters=token_filters)
>>> for token in a.analyze(text):
...     print(token)
...
```

解析結果は以下のように表示されます。前の形態素解析結果と比較すると、名詞だけ抽出されていることを確認できます。

Pythonインタプリタ

```
彼女	名詞,代名詞,一般,*,*,*,彼女,カノジョ,カノジョ
国立	名詞,一般,*,*,*,*,国立,コクリツ,コクリツ
美術館	名詞,一般,*,*,*,*,美術館,ビジュツカン,ビジュツカン
```

Analyzerにはフィルタを複数渡すことができます。詳しい情報はJanomeの公式ページ[※9]を参照してください。

※9 http://mocobeta.github.io/janome/

単語分割の最後に、**辞書に単語を追加する方法**について紹介します。機械学習を使って自然言語処理をする際にはモデル作成に力を入れがちなのですが、実際には、辞書に単語を追加して単語分割を上手くできるようにするということも行われます。そのため、ここではJanomeにおける辞書への単語の追加方法について説明します。

Janomeではいくつかの形式の辞書を使うことができるのですが、ここでは以下のような形式で登録してみます。この形式の辞書は、前述のMeCabでも使うことができます。辞書はCSV形式で、たとえば以下のような内容が定義されています。

辞書に定義されている内容の例

```
東京スカイツリー,1288,1288,4569,名詞,固有名詞,一般,*,*,*,東京スカイツリー,トウキョウスカイツリー,➡
トウキョウスカイツリー
東武スカイツリーライン,1288,1288,4700,名詞,固有名詞,一般,*,*,*,東武スカイツリーライン,➡
トウブスカイツリーライン,トウブスカイツリーライン
とうきょうスカイツリー駅,1288,1288,4143,名詞,固有名詞,一般,*,*,*,とうきょうスカイツリー駅,➡
トウキョウスカイツリーエキ,トウキョウスカイツリーエキ
```

辞書の各行には、左から以下のような内容を登録します。ここで4つ目の項目として登場する**「コスト」**は**その単語がどれだけ出現しやすいか**を示しています。小さいほど出現しやすいという意味になるので、辞書に登録した単語が切り出せない場合は、コストを徐々に小さくしていくと切り出せる値が見つかります。その他の詳細な情報についてはMeCabのドキュメント[※10]を参照してください。

辞書の定義内容

```
表層形,左文脈ID,右文脈ID,コスト,品詞,品詞細分類1,品詞細分類2,品詞細分類3,活用型,活用形,原形,➡
読み,発音
```

では実際に辞書を作成して単語を追加してみましょう。以下の内容を書き込んだファイルをuserdic.csvとして保存します。このとき、文字エンコーディングはUTF-8にしておいてください。

userdic.csv

```
国立新美術館,1288,1288,100,名詞,固有名詞,一般,*,*,*,国立新美術館,コクリツシンビジュツカン,➡
コクリツシンビジュツカン
```

辞書を用意できたら、Janomeから読み込んで使用します。Janome で読み込むために、Tokenizerのudic引数にuserdic.csv、udic_enc引数にutf8を指定します。

Pythonインタプリタ

```
>>> from janome.tokenizer import Tokenizer
>>> t = Tokenizer(udic='userdic.csv', udic_enc='utf8')
```

辞書を読み込んだら解析してみましょう。

※10 http://taku910.github.io/mecab/dic.html

Pythonインタプリタ

```
>>> text = '彼女と国立新美術館へ行った。'
>>> for token in t.tokenize(text):
...     print(token)
...
彼女	名詞,代名詞,一般,*,*,*,彼女,カノジョ,カノジョ
と	助詞,並立助詞,*,*,*,*,と,ト,ト
国立新美術館	名詞,固有名詞,一般,*,*,*,国立新美術館,コクリツシンビジュツカン,コクリツシンビジュツカン
へ	助詞,格助詞,一般,*,*,*,へ,へ,エ
行っ	動詞,自立,*,*,五段・カ行促音便,連用タ接続,行く,イッ,イッ
た	助動詞,*,*,*,特殊・タ,基本形,た,タ,タ
。	記号,句点,*,*,*,*,。,。,。
```

解析結果を見ると、辞書に登録した「国立新美術館」が1単語として認識されていることがわかります。定義した辞書を使わない場合は「国立」「新」「美術館」の3単語に分割されていたので、単語を追加した効果であることがわかります。

4-2-3 単語の正規化

単語の正規化では、単語の文字種の統一、つづりや表記揺れの吸収といった、**単語を置き換える処理**をします。この処理を行うことで、全角の「ネコ」と半角の「ﾈｺ」やひらがなの「ねこ」を同じ単語として処理できるようになります。後続の処理における計算量やメモリ使用量の観点から見ても重要な処理です。

単語の正規化には様々な処理がありますが、この記事では以下の3つの処理を紹介します。

- 文字種の統一
- 数字の置き換え
- 辞書を用いた単語の統一

4-2-3-1 文字種の統一

文字種の統一ではアルファベットの大文字を小文字に変換する、半角文字を全角文字に変換するといった処理を行います。たとえば「Natural」の大文字部分を小文字に変換して「natural」にしたり、「ﾈｺ」を全角に変換して「ネコ」にします。このような処理をすることで、単語を文字種の区別なく同一の単語として扱えるようになります。

図4-2-5　文字種の統一

Pythonで**小文字化**の処理を行ってみましょう。小文字化を行うには文字列のlowerメソッドを呼び出します。

Pythonインタプリタ

```
>>> text = 'President Obama is speaking at the White House.'
>>> text.lower()
'president obama is speaking at the white house.'
```

ちなみに、upperメソッドを呼び出すことで、文字を**大文字化**することができ、titleメソッドを呼び出すことで、各単語の**先頭文字だけ大文字**にすることができます。

Pythonインタプリタ

```
>>> text.upper()
'PRESIDENT OBAMA IS SPEAKING AT THE WHITE HOUSE.'
>>> text.title()
'President Obama Is Speaking At The White House.'
```


4-2- 3-2 数字の置き換え

数字の置き換えでは、テキスト中に出現する数字を別の記号(たとえば0)に置き換えます。たとえば、あるテキスト中に「2017年1月1日」のような数字が含まれる文字列が出現したとしましょう。数字の置き換えではこの文字列中の数字を「0年0月0日」のように変換してしまいます。

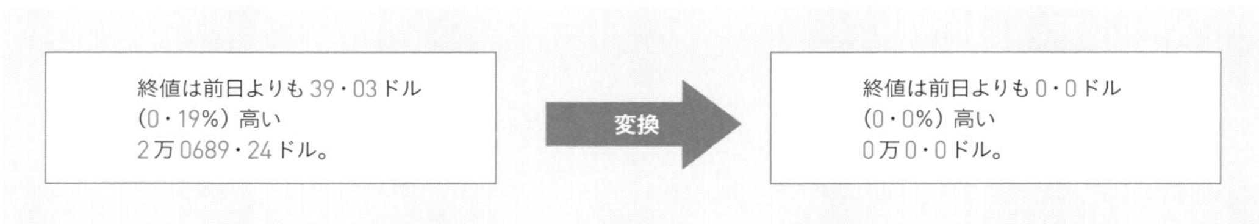

図4-2-6　数字の置き換え

数字の置き換えを行う理由は、数値表現が多様で出現頻度が高い割には自然言語処理のタスクに役に立たないことが多いからです。たとえば、ニュース記事を「スポーツ」や「政治」のようなカテゴリに分類するタスクを考えましょう。この時、記事中には多様な数字表現が出現するでしょうが、カテゴリの分類にはほとんど役に立たないと考えられます。そのため、数字を別の記号に置き換えて語彙数を減らしてしまいます。

Pythonでの実装は正規表現モジュールを使うことでできます。前にも使ったre.sub関数を使って数値を置き換えます。パターンとして一つ以上の連続した数値を表す「\d+」を指定しています。マッチしたパターンは0に置き換えています。

Pythonインタプリタ

```
>>> import re
>>> def normalize_number(text):
...     replaced_text = re.sub(r'\d+', '0', text)
...     return replaced_text
...
>>> text = '2万0689・24ドル'
>>> normalize_number(text)
'0万0・0ドル'
```

タスクによっては文字数が変化するのを避けたい場合があります。その場合は、パターンとして数字一文字を表す「\d」を使うと、文字数を変えずに数字を0に置き換えられます。

Pythonインタプリタ

```
>>> def normalize_number(text):
...     replaced_text = re.sub(r'\d', '0', text)
...     return replaced_text
...
>>> normalize_number(text)
'0万0000・00ドル'
```

4-2- 3-3 辞書を用いた単語の統一

辞書を用いた単語の統一では単語を代表的な表現に置き換えます。たとえば、「ソニー」と「Sony」という表記が入り混じった文章を扱う時に「ソニー」を「Sony」に置き換えます。これにより、これ以降の処理で2つの単語を同じ単語として扱えるようになります。置き換える際には文脈を考慮して置き換える必要があります。

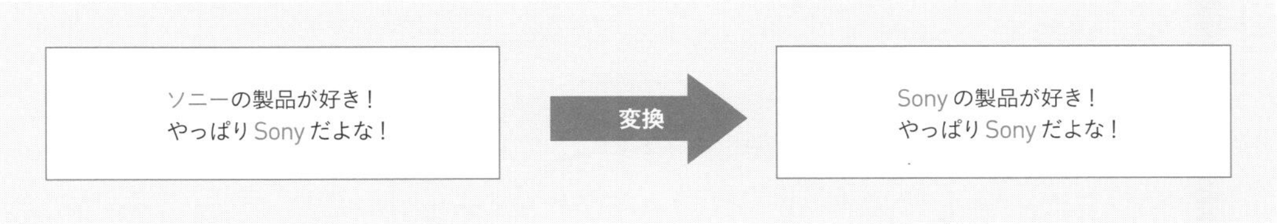

図4-2-7　用語の統一

単語正規化の世界は奥深くて、以上で説明した正規化以外にもつづりの揺れ吸収（colour → color）、省略語の処理（4eva → forever）、口語表現の代表化（っす → です）といった正規化もあります。基本的には、地道に自分の解きたいタスクに必要な処理をしていくことになりますが、完全に解決するのは難しいため、時には割り切ることも大事です。

4-2- 4 ストップワードの除去

ストップワードというのは自然言語処理をする際に、一般的で役に立たない等の理由で**処理対象外**とする単語のことです。たとえば、助詞や助動詞などの機能語（「は」「の」「です」「ます」など）が挙げられます。これらの単語は出現頻度が高い割に役に立たず、計算量や性能に悪影響を及ぼすため前処理で除去しておきます。

ストップワードの除去には様々な方式がありますが、以下では以下の2つの方式を紹介します。

- 辞書による方式
- 出現頻度による方式

4-2-4-1 辞書による方式

辞書による方式では、あらかじめストップワードを辞書に定義しておき、辞書内に含まれる単語をテキストから除去します。辞書は自分で作成してもいいのですが、すでに定義済みの辞書が存在しています。ここでは日本語のストップワード辞書の一つであるSlothlib※11の中身を見てみましょう。300語ほどの単語が一行ごとに定義されています。

Slothlibの中身

```
あそこ
あたり
あちら
あっち
あと
あな
あなた
あれ
いくつ
いつ
いま
いや
いろいろ
・・・
```

この辞書内に定義された単語をストップワードとして読み込み、使用します。具体的には、読み込んだストップワードが、単語に分割されたテキスト内に含まれていれば除去してしまいます。以下のようなイメージです。

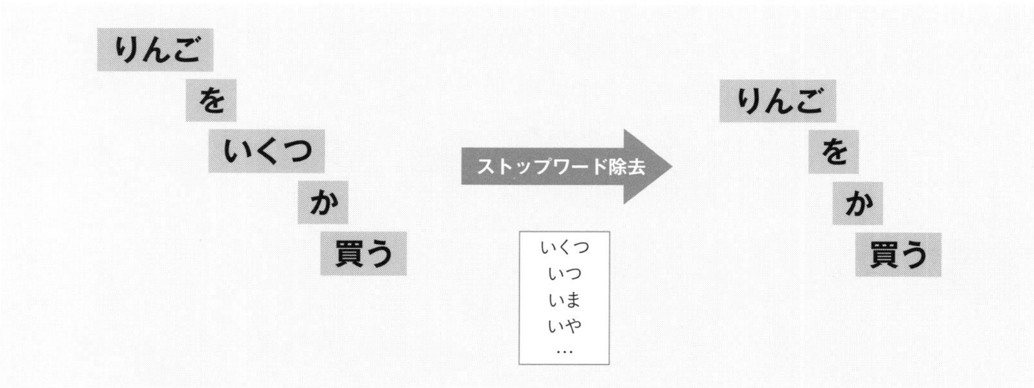

図4-2-8　ストップワード除去のイメージ

辞書による方法は素朴な方法で簡単ですが、いくつか欠点もあります。一つ目は辞書を作るためのコストがかかる点です。もう一つは、あるデータセットで有効な辞書が別のデータセットでは役に立たない場合がある点です。そのため、自分の対象としているデータセットによって辞書を作り変えなければならない場合があることに注意してください。

※11　ttp://svn.sourceforge.jp/svnroot/slothlib/CSharp/Version1/SlothLib/NLP/Filter/StopWord/word/Japanese.txt

定義済みのストップワードを使ってストップワードの除去をやってみましょう。今回は定義済みのストップワードとしてSlothLibの日本語データを使います。以下よりダウンロードして、本節用の作業用フォルダに保存してください。

- http://svn.sourceforge.jp/svnroot/slothlib/CSharp/Version1/SlothLib/NLP/Filter/StopWord/word/Japanese.txt

まずはダウンロードした辞書を読み込みます。open関数を使ってファイルを開いたあと、一行ずつ読み込んでいきましょう。一行ずつ読み込むと改行記号が残ってしまうため、stripメソッドを使って取り除いています。また、setメソッドを使ってリストを集合に変換しています。これはリストより集合の方が、検索が早いからです。

Pythonインタプリタ

```
>>> with open('Japanese.txt', 'r', encoding='utf-8') as f:
...     stopwords = [w.strip() for w in f]
...     stopwords = set(stopwords)
...
```

読み込めたらストップワードを除去する関数を定義しましょう。以下の関数には単語列とストップワードを与えることができます。単語列の中でストップワードに含まれるものがあれば除去します。

Pythonインタプリタ

```
>>> def remove_stopwords(words, stopwords):
...     words = [w for w in words if w not in stopwords]
...     return words
...
```

では実際にストップワードを取り除いてみましょう。せっかく形態素解析の方法を学んだので、Janomeで形態素解析をしてテキストを単語に分割するところからやってみましょう。結果は以下のようになりました。

Pythonインタプリタ

```
>>> from janome.tokenizer import Tokenizer
>>> t = Tokenizer(wakati=True)
>>> text = 'りんごをいくつか買う。'
>>> words = t.tokenize(text)
>>> words
['りんご', 'を', 'いくつ', 'か', '買う', '。']
>>> remove_stopwords(words, stopwords)
['りんご', 'を', 'か', '買う', '。']
```

4-2-4-2 出現頻度による方式

出現頻度による方式では、テキスト内の**単語頻度**をカウントし、**高頻度（時には低頻度）**の単語をテキストから除去します。高頻度の単語を除去するのは、それらの単語がテキスト中で占める割合が高い一方、役に立たないからです。以下の図はある英語の本の最も頻出する50単語の累計頻度をプロットしたものです。

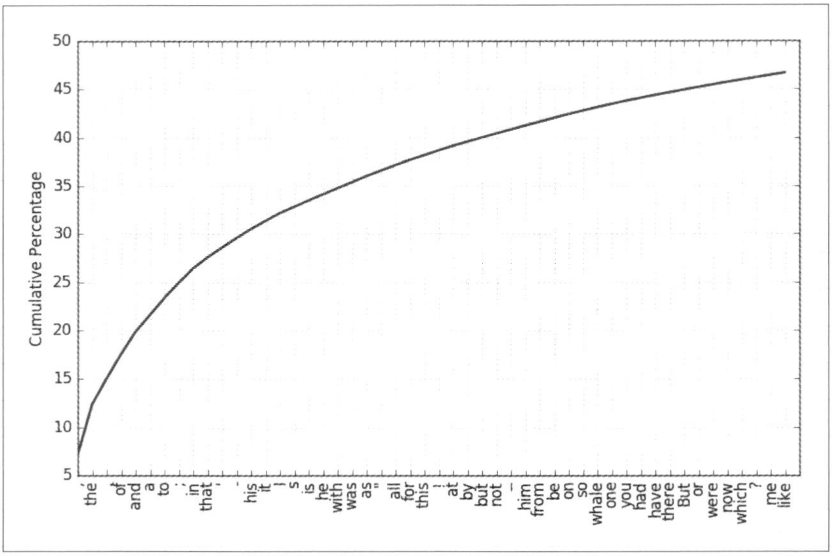

図4-2-9　ある英語の本での累積出現頻度

プロットされている50単語を見てみると、the や of、カンマのようなテキスト分類等に役に立たなさそうな単語がテキストの50%近くを占めていることがわかります。出現頻度による方式ではこれら高頻度語をストップワードとしてテキストから取り除きます。

では実際にテキスト中の出現頻度をもとにストップワードを作成してみましょう。今回は単語の出現頻度をカウントする対象のコーパスとしてja.text8※12を使います。このコーパスについては後の章で解説します。今回は以下のURLからダウンロードして、解凍後の「ja.text8」を作業用ディレクトリに配置してください。

●https://s3-ap-northeast-1.amazonaws.com/dev.tech-sketch.jp/chakki/public/ja.text8.zip

まずはダウンロードしたコーパスを読み込みます。open関数を使ってファイルを開いたあと、readで読み込みます。このコーパスは形態素解析済みで各単語が空白で区切られているので、Pythonのsplitメソッドを使って単語分割をします。

Pythonインタプリタ

```
>>> with open('ja.text8', 'r', encoding='utf-8') as f:
...     text = f.read()
...     words = text.split()
...
```

では次に各単語の出現頻度をカウントしましょう。頻度をカウントするために、Python組み込みのCounterクラスを使います。Counterクラスはリストを与えて初期化することで、各要素の頻度をカウントしてくれます。

※12　https://github.com/Hironsan/ja.text8

Pythonインタプリタ

```
>>> from collections import Counter
>>> Counter(['cat', 'dog', 'cat'])
Counter({'cat': 2, 'dog': 1})
```

読み込んだ単語をCounterクラスに与えて単語の出現頻度をカウントしてみましょう。出現頻度をカウントしたら、Counterのmost_common(n)メソッドを使うことで出現頻度上位n件の単語を取得することができます。以下は上位10件の単語を取得する例です。

Pythonインタプリタ

```
>>> fdist = Counter(words)
>>> fdist.most_common(n=10)
[('の', 828585), ('、', 785716), ('。', 532921), ('に', 527014), ('は', 488009), ➡
('を', 423115), ('た', 421908), ('が', 353221), ('で', 350821), ('て', 259995)]
```

あとは、得られた上位n件の単語をストップワードとみなし、先ほど定義したremove_stopwordsを使ってストップワードを除去するだけです。nの値を変えながらやってみてください。

4-2-5 単語のID化

単語のID化とは各単語にIDを割り振り、**単語をIDに置き換える処理**です。たとえば、['私', 'は', '元気']という文があるとします。このとき、各単語に対して{私: 2, は: 1, 元気: 3}のようにIDを割り当てた辞書を作ります。この辞書は**ボキャブラリ**とも呼ばれます。作成したら、このボキャブラリを使って文を[2, 1, 3]に変換します。これが単語のID化です。

単語をID化する理由は、ほとんどすべての機械学習アルゴリズムは入力として数字を想定しているためです。ここに「元気」のような文字列を与えてもアルゴリズムは動作しません。また、ID化することで、データの容量を圧縮できるというメリットもあります。

実際に単語をID化してみましょう。まずはボキャブラリを作成しますが、これは先ほどの出現頻度によるストップワード除去で作成した出現頻度の辞書を利用しましょう。そうすると、以下のように書くことができます。

Pythonインタプリタ

```
>>> UNK = '<UNK>'
>>> PAD = '<PAD>'
>>> vocab = {PAD: 0, UNK: 1}
>>> for word, _ in fdist.most_common():
...     vocab[word] = len(vocab)
...
```

ここで<UNK>と<PAD>はそれぞれ未知語とこの後説明するパディングを表す文字列です。実際にテキストを処理するときには作成したボキャブラリ内に存在しない単語が出現する場合もあるため、<UNK>を加えておくということです。

では作成した辞書を使って単語をID化してみましょう。以下のように書くことができます。

Pythonインタプリタ

```
>>> words = ['私', 'は', '元気']
>>> word_ids = [vocab.get(w, vocab[UNK]) for w in words]
>>> print(word_ids)
[1151, 6, 7901]
```

4-2-6 パディング

パディング(padding)とは詰め物という意味で、**入力にデータを加えて系列長を合わせる処理**のことです。ここで系列長というのは簡単に言うとデータの長さのことです。たとえば、['I', 'love', 'you']であれば系列長は3です。つまり、パディングでは['love']と['I', 'love', 'you']という2つの系列があったときに、['love', '<PAD>', '<PAD>']のようにデータを加えて系列長を3に合わせるのです。

パディングによって系列長を合わせる理由の一つには機械学習フレームワークの仕様が関係しています。たとえば、本書で用いるKerasでは入力の形状として等しい系列長が求められる場合があります。そういうわけで、パディングによって系列長を合わせるテクニックは広く使われています。

実際にID化された単語に対してパディングをしてみましょう。パディングはKerasの組み込み関数であるpad_sequencesを使って行うことができます。pad_sequencesでは、入力に単語IDの系列を与えると、系列長を合わせるようにパディングを行います。以下のように、系列以外の引数を指定しない場合、前詰めで0をパディングします。

Pythonインタプリタ

```
>>> from tensorflow.keras.preprocessing.sequence import pad_sequences
>>> sequences = [[1, 2], [3, 4, 5], [6, 7, 8, 9]]
>>> pad_sequences(sequences)
array([[0, 0, 1, 2],
       [0, 3, 4, 5],
       [6, 7, 8, 9]], dtype=int32)
```

POINT

1行目のimport文を入力したのち、「>>>」が表示されるまで少し時間がかかることがあります。これはTensorFlowをインポートしているためなので、そのままお待ちください。

後詰めでパディングをするにはpadding='post'を指定します。

Pythonインタプリタ

```
>>> pad_sequences(sequences, padding='post')
array([[1, 2, 0, 0],
       [3, 4, 5, 0],
       [6, 7, 8, 9]], dtype=int32)
```

系列長を指定することで、指定した長さに系列を切り詰めてくれます。以下はmaxlen=3を指定したことで、最大の系列長が3になるように系列を切り詰めています。

Pythonインタプリタ

```
>>> pad_sequences(sequences, maxlen=3)
array([[0, 1, 2],
       [3, 4, 5],
       [7, 8, 9]], dtype=int32)
```

truncating='post'を指定することで、後ろから切り詰めてくれます。

Pythonインタプリタ

```
>>> pad_sequences(sequences, maxlen=3, truncating='post')
array([[0, 1, 2],
       [3, 4, 5],
       [6, 7, 8]], dtype=int32)
```

デフォルトでは0でパディングを行いますが、value引数に値を指定することでパディングに使う値を指定することができます。以下はvalue=10を指定することでパディングの値を10で詰めています。

Pythonインタプリタ

```
>>> pad_sequences(sequences, value=10)
array([[10, 10,  1,  2],
       [10,  3,  4,  5],
       [ 6,  7,  8,  9]], dtype=int32)
```

パディングは本書の後半で使っていくので、そのときにわからなくなったらここに戻ってきて下さい。

Chapter 4-3 前処理の実践

これまでに様々な前処理を紹介してきました。ここではテキスト分類を例に前処理の効果について確かめてみましょう。方法としては、テキスト分類用のデータセットに異なる前処理を適用した後、機械学習モデルに学習させて、その分類性能を見ることにします。モデルの学習については後の章で詳しく説明するので、この章では**データセットの学習と評価**を行っている点だけを押さえておいてください。

使用する前処理の種類についても述べておきましょう。今回は以下の前処理をデータセットに適用します。

- 単語分割
- HTMLタグのクリーニング

●数字の正規化
●単語を原型に変換
●小文字化

4-3-1 プロジェクト構成

実装を始める前に、プロジェクト構成について説明しておきます。本節では以下のプロジェクト構成で実装を進めていきます。

```
├── data
│   └── amazon_reviews_multilingual_JP_v1_00.tsv
├── preprocessing.py
├── train.py
└── utils.py
```

「data」ディレクトリの中には使用するデータセットを格納しておきます。今回の場合は次の節で説明するAmazonの商品レビューを利用します。「preprocessing.py」には前処理用の関数を、「train.py」には学習用のコードを、「utils.py」にはデータ読込用の関数などを書いていきます。

4-3-2 データセットの準備

データセットの準備では、本節で使うコーパスのダウンロードを行い、その読み込みと前処理を行うためのコードを書いていきます。ここで関係するファイルは以下の3つです。

●data/amazon_reviews_multilingual_JP_v1_00.tsv
●preprocessing.py
●utils.py

まずはデータセットのダウンロードを行いましょう。今回は**Amazon Customer Reviews Dataset**※13を使います。このデータセットには商品のレビューテキストとその評価等が含まれているため、テキストから評価を予測するモデルを学習させるのに使うことができます。データセットはいくつかの言語で提供されていますが、今回は日本語のデータセットを使うので、以下のURLからダウンロードして、「data」ディレクトリに解凍しましょう。

●https://s3.amazonaws.com/amazon-reviews-pds/tsv/amazon_reviews_multilingual_JP_v1_00.tsv.gz

ダウンロードしたデータセットの形式はTSVとなっています。そのため、タブ区切りで情報が格納されています。格納されている情報には、顧客ID、製品ID、レビューIDなどに加えて、レビューテキスト、評価が含まれています。以下に、評価

※13 https://s3.amazonaws.com/amazon-reviews-pds/readme.html

とレビューテキストの一部を抜粋したものを載せました。評価はstar_rating列、テキストはreview_body列に格納されています。star_rating列には1から5の値が含まれています。その他の列については、公式ドキュメント※14を参照して下さい。

	star_rating	review_body
254264	1	私の原点です。最初から衝撃・・・TomSawyerの驚くべき陰湿感と抑揚。そして超絶テクニッ...
165812	1	スマホでいつでもKindleできるのは良いですね。でもうちのスマホは5インチで見づらいです。...
28738	1	孫が何カ月も悩んでやっと決めた商品でしたので、大変喜んでおります。 最後まで上手に...
213029	1	HMという事で購入…しかし… 安っぽく、薄っぺらいサウンドにがっかり、吹けば飛...
109960	1	バンドと言うよりはプロジェクトだと思う。フランス人ギタリスト、ステファン・フォルテがピンク・...
235760	1	本物の持つ偉大なパワーに納得させられる映画。まるで自分もフライング・フォートレスに乗ってい...
115243	1	「一気にスターダムに駆け上がったシンデレラガールなアイドルシンガー、美少女テイラー。」<br...
152991	1	曲数が多いので一曲一曲で言うと確かに、あまり質の高くない曲もある。 ただ曲順も悪く...
40113	1	Fiio E6には偽物のコピー品が出回っていることが確認されました。 Fiioの公...
164059	1	すごいとしか言いようのない映画。 宇宙人が地球にくるなら、地球人よ...

図4-3-1　Amazonレビューの一部

データセットを用意したら、読み込むための関数load_datasetを「utils.py」に書いていきます。今回読み込むデータセットはTSV形式なので、Pandasを使って読み込むことにします。データセットを読み込んだ後、いくつかの処理をし、最終的にテキストのリストと評価のリストを返します。そのためのコードは以下の通りです。

utils.py

```
import string
import pandas as pd

def filter_by_ascii_rate(text, threshold=0.9):
    ascii_letters = set(string.printable)
    rate = sum(c in ascii_letters for c in text) / len(text)
    return rate <= threshold

def load_dataset(filename, n=5000, state=6):
    df = pd.read_csv(filename, sep='\t')

    # extracts Japanese texts.
    is_jp = df.review_body.apply(filter_by_ascii_rate)
    df = df[is_jp]

    # sampling.
    df = df.sample(frac=1, random_state=state)  # shuffle
    grouped = df.groupby('star_rating')
    df = grouped.head(n=n)
    return df.review_body.values, df.star_rating.values
```

作成したload_dataset関数では、データセットを読み込んだ後、以下の2つの処理を行っています。

- データセットのフィルタリング
- データセットのサンプリング

※14　https://s3.amazonaws.com/amazon-reviews-pds/tsv/index.txt

最初に行っているのが**データセットのフィルタリング**です。ダウンロードしたデータセットのレビューはその大部分が日本語なのですが、ところどころに英語のレビューも混じっています。今回は日本語のレビューを分類したいので、ノイズとなる英語のレビューはなるべく取り除きます。そうすることで、モデルの学習に悪影響をなるべく与えないようにします。そのためのキモとなるのはコード中の以下の関数です。

utils.py

```
def filter_by_ascii_rate(text, threshold=0.9):
    ascii_letters = set(string.printable)
    rate = sum(c in ascii_letters for c in text) / len(text)
    return rate <= threshold
```


フィルタリングに使う`filter_by_ascii_rate`関数は、テキスト中で使われる英語のアルファベットの比率がしきい値を下回ったらTrueを返す関数です。要するに、テキスト中の文字の大部分が英語のアルファベットではないなら、そのテキストはおそらく日本語だろうと仮定しているわけです。この関数をレビューのテキストに適用することで、英文を取り除く効果を期待できます。

最後に行っているのがデータセットのサンプリングです。今回使うデータセットはデータ件数が25万件ほどあり、そのまま使うと学習時間が非常に長くなります。そこで、その一部をサンプリングしてデータ量を減らしています。また、今回使うデータセットのラベルには偏りがあるため、偏りがなくなるようにサンプリングします。そのためのコードは以下の通りです。

utils.py

```
df = df.sample(frac=1, random_state=state)             # シャッフル
grouped = df.groupby('star_rating')                     # 各ラベルでグルーピング
df = grouped.head(n=n)                                  # 均等にn件サンプリング
```

サンプリングを行う際にはまずデータセットを`sample`メソッドでシャッフルしています。`sample`メソッド自体はデータセットからランダムにサンプリングするメソッドですが、取り出すデータセットの割合として100%(`frac=1`)を指定することでシャッフルに使うことができます。次に、groupbyメソッドでラベルごとにグループ化しています。最後に各グループから均等にn件を抽出しています。

データセットを読み込むための関数を書き終わったので、次はデータセットの前処理用の関数を「preprocessing.py」に書いていきます。ここで行う前処理は、数字の正規化、HTMLタグの除去、単語分割、単語の原型化です。以下のように、数字の正規化用の関数`normalize_number`、HTMLタグを取り除く関数`clean_html`、単語分割用の関数`tokenize`、原型を得る関数`tokenize_base_form`を書いていきます。

preprocessing.py

```
import re

from bs4 import BeautifulSoup
from janome.tokenizer import Tokenizer
t = Tokenizer()

def clean_html(html, strip=False):
```

```
    soup = BeautifulSoup(html, 'html.parser')
    text = soup.get_text(strip=strip)
    return text

def tokenize(text):
    return t.tokenize(text, wakati=True)

def tokenize_base_form(text):
    tokens = [token.base_form for token in t.tokenize(text)]
    return tokens

def normalize_number(text, reduce=False):
    if reduce:
        normalized_text = re.sub(r'\d+', '0', text)
    else:
        normalized_text = re.sub(r'\d', '0', text)
    return normalized_text
```


以上でデータセットを準備するために使う関数の定義は終わりました。次はモデルの学習と評価を行うための関数を書いていきます。

4-3-3 モデルの学習・評価用関数の定義

次にモデルの学習と評価を行うための関数を定義していきます。Chapter 2で軽く説明しましたが、モデルの学習では、用意したデータを使ってモデルを学習させます。ここでは、**レビューのテキスト**を入力、**レビューの星**を出力としてモデルを学習させます。評価とは、学習したモデルの汎化性能がどのくらいか測ることを指します。ここでは、学習したモデルにレビューのテキストを入力して、予測した星がどのくらい正解しているかを測ります。

では、モデルの学習と評価を行うためのtrain_and_eval関数を「utils.py」に定義しましょう。先に作成したファイルに追記します。入力には学習用データと評価用データを渡しています。モデルとしてはロジスティック回帰を使っていますが、この辺の詳細は後の章でしっかりと説明します。今は「データセットを渡したら学習してくれるもの」くらいに考えておいて下さい。

utils.py

```
from sklearn.feature_extraction.text import CountVectorizer
from sklearn.linear_model import LogisticRegression
from sklearn.metrics import accuracy_score

def train_and_eval(x_train, y_train, x_test, y_test,
                   lowercase=False, tokenize=None, preprocessor=None):
    vectorizer = CountVectorizer(lowercase=lowercase,
                                 tokenizer=tokenize,
                                 preprocessor=preprocessor)
    x_train_vec = vectorizer.fit_transform(x_train)
    x_test_vec = vectorizer.transform(x_test)
    clf = LogisticRegression(solver='liblinear')
    clf.fit(x_train_vec, y_train)
```

```
        y_pred = clf.predict(x_test_vec)
        score = accuracy_score(y_test, y_pred)
        print('{:.4f}'.format(score))
```


4-3- 4 モデルの学習と評価

ここまでで準備ができたので、データの前処理と前処理したデータを使ってモデルの学習・評価を行ってみましょう。以下のコードを「train.py」に書いて保存します。

train.py

```
from sklearn.model_selection import train_test_split

from preprocessing import clean_html, normalize_number, tokenize, tokenize_base_form
from utils import load_dataset, train_and_eval

def main():
    x, y = load_dataset('data/amazon_reviews_multilingual_JP_v1_00.tsv', n=1000)

    x_train, x_test, y_train, y_test = train_test_split(x, y,
                                                        test_size=0.2,
                                                        random_state=42)

    print('Tokenization only.')
    train_and_eval(x_train, y_train, x_test, y_test, tokenize=tokenize)

    print('Clean html.')
    train_and_eval(x_train, y_train, x_test, y_test, tokenize=tokenize, preprocessor=clean_html)

    print('Normalize number.')
    train_and_eval(x_train, y_train, x_test, y_test, tokenize=tokenize, preprocessor=normalize_number)

    print('Base form.')
    train_and_eval(x_train, y_train, x_test, y_test, tokenize=tokenize_base_form)

    print('Lower text.')
    train_and_eval(x_train, y_train, x_test, y_test, tokenize=tokenize, lowercase=True)

if __name__ == '__main__':
    main()
```

コードを書き終えたら実行してみましょう。参考までに筆者の手元のMacBook Proで学習させたところ、実行完了までに数十分かかりました。時間がかかっているのはJanomeによる形態素解析の部分なので、形態素解析器をMeCabに変更することで高速化できます。

ターミナル

```
> python train.py
Tokenization only.
0.4010
Clean html.
0.4020
Normalize number.
0.3940
Base form.
0.3930
Lower text.
0.3960
```

簡単にポイントを解説します。

データセットの前処理が終わったら、データセットを分割しています。今回は学習用とテスト用に分割しています。割合は学習用が80%、テスト用が20%です。この後、これらのデータセットを前処理して学習しています。

train.py

```
x_train, x_test, y_train, y_test = train_test_split(df.html, df.rating,
                                                    test_size=0.2,
                                                    random_state=42)
```

最初に行っているのは、Janomeを使って単語分割だけをした場合です。この場合の結果は「0.4010」となりました。

train.py

```
print('Tokenization only.')
train_and_eval(x_train, y_train, x_test, y_test, tokenizer=tokenize)
```

次に行っているのは、HTMLタグを除去した場合についてです。入力するデータに対してclean_html関数を適用してHTMLタグを取り除きます。評価結果は「0.4020」となり、若干の性能向上が見られました。

train.py

```
print('Clean html.')
train_and_eval(x_train, y_train, x_test, y_test, tokenize=tokenize, preprocessor=clean_html)
```

HTMLタグの除去後に行っているのは、数字の正規化です。入力するデータに対してnormalize_number関数を適用して数字を0に置き換えます。評価結果は「0.3940」となり、性能が低下してしまいました。低下した原因として、「動かなかったので星１つ！」のような予測したい数字がテキスト中に書かれているケースで、数字を置き換えてしまったために正しく予測できなくなったことが考えられます。

train.py

```
print('Normalize number.')
train_and_eval(x_train, y_train, x_test, y_test, tokenize=tokenize, preprocessor=normalize_number)
```

その次に行っているのは単語の原型化です。入力データに対して単純に単語分割をするのではなく、tokenize_base_form関数を使って、単語分割した上で原型に戻しています。評価結果は「0.3930」となり、通常の単語分割と比べて性能が低下してしまいました。原型に戻して単語数を削減するより、活用形の情報を活用したほうが良さそうです。

train.py

```
print('Base form.')
train_and_eval(x_train, y_train, x_test, y_test, tokenize=tokenize_base_form)
```

最後に、小文字化を行っています。結果は「0.3960」となり、性能が低下してしまいました。

train.py

```
print('Lower text.')
train_and_eval(x_train, y_train, x_test, y_test, tokenize=tokenize, lowercase=True)
```

今回の結果では効果がなかった前処理もありますが、必ずしも効果がないとは言えません。データセットの分割方法を変えたり、他のデータセットでは効果がある可能性は十分にあります。どの前処理を適用するかは、データを観察した上でその効果をもとに決める必要があります。

Chapter 4-4
まとめ

本章では、自然言語処理には欠かせないテキストの前処理について説明しました。前処理の種類と実装として、テキストのクリーニング、形態素解析、単語の正規化、ストップワードの除去について扱いました。最後に、学んだ前処理について文書分類を例に実践しました。これにより、前処理の効果について理解を深めました。

次章では、テキストの表現方法について説明します。

Chapter 5

特徴エンジニアリング

本章では、特徴エンジニアリングについて学びます。機械学習アルゴリズムの性能が高くなるような特徴（feature）を生データから作成するプロセスのことです。特徴エンジニアリングは機械学習を使ったシステムを作る際の基礎であり、ここで良い特徴を得られれば、良い性能を出すことができます。

本章ではいろいろな種類の特徴エンジニアリングについて、簡単な実装を交えながら説明します。名義尺度、順序尺度、間隔尺度、比例尺度などの特徴についての扱い方を学んでいきます。

また、機械学習でモデルにデータを与える際に必要となる、テキストのベクトル化についても、いくつかの方法を実装を交えながら学んでいきます。

後半では、実際にデータセットを用いて一連の流れを実装していきます。まずはテキストのベクトル化を行い、続いて特徴選択のプログラムを書いていきます。

Chapter 5-1

本章の概要

本章のコードはColaboratory上に用意してあります。以下のリンク先から実行できます。
http://bit.ly/37xN9wL

本章では、特徴エンジニアリングについて学びます。はじめに、特徴エンジニアリングとは何かについて説明します。次に、テキストからの特徴エンジニアリングについて学びます。そのあと、特徴量の尺度をそろえる方法について紹介し、最後に特徴選択の方法について説明します。

まとめると、以下のトピックについて解説します。

- 特徴エンジニアリングとは？
- テキストからの特徴エンジニアリング
- 特徴量のスケーリング
- 特徴選択

Chapter 5-2

特徴エンジニアリングとは？

特徴エンジニアリングとは、**機械学習アルゴリズムの性能が高くなるような特徴（feature）を生データから作成するプロセス**のことです。特徴は自然言語処理の分野では**素性（そせい）**と呼ばれることもあります。特徴エンジニアリングは機械学習を使ったシステムを作る際の基礎であり、ここで良い特徴を得られれば、良い性能を出すことができます。

特徴エンジニアリングについてデータセットを用いて説明してみましょう。以下は、タイタニック号の生存者情報を含むデータセットの一部です。データセットは複数の列から構成されており、年齢（Age）や性別（Sex）、料金（Fare）列などを含みます。また、NaNはデータが欠損していることを示しています。

	PassengerId	Survived	Pclass	Name	Sex	Age	SibSp	Parch	Ticket	Fare	Cabin	Embarked
0	1	0	3	Braund, Mr. Owen Harris	male	22.0	1	0	A/5 21171	7.2500	NaN	S
1	2	1	1	Cumings, Mrs. John Bradley (Florence Briggs Th...	female	38.0	1	0	PC 17599	71.2833	C85	C
2	3	1	3	Heikkinen, Miss. Laina	female	26.0	0	0	STON/O2. 3101282	7.9250	NaN	S
3	4	1	1	Futrelle, Mrs. Jacques Heath (Lily May Peel)	female	35.0	1	0	113803	53.1000	C123	S
4	5	0	3	Allen, Mr. William Henry	male	35.0	0	0	373450	8.0500	NaN	S

図5-2-1　データセットの例※1

※1　https://www.kaggle.com/c/titanicの「Titanic: Machine Learning from Disaster」より

上記のデータセットに対して特徴エンジニアリングを行うことで、機械学習アルゴリズムの予測性能を向上させられると考えられます。たとえば、乗客名から敬称（Mr. Mrs. Sir. など）を抽出して新たな特徴とすれば性能向上に役立つでしょう。なぜなら、社会的地位の高さや既婚者か否かといった情報は、救命ボートに乗る際に考慮されただろうと考えられるからです。

一口に特徴といっても、大きく分けると２種類あります。１つは**質的変数**、もう一つは**量的変数**です。質的変数は**名義尺度（nominal feature）**と**順序尺度（ordinal feature）**に分類することができ、量的変数は間隔尺度（interval）と比例尺度に分類できます。各尺度は以下の表のように整理することができます。

種類		特徴	例
質的変数	名義尺度	・順番に意味がない ・カテゴリー	・性別 ・天気（晴、曇、雨）
	順序尺度	・順番に意味がある ・間隔には意味がない	・服のサイズ（S、M、…） ・ランキング
量的変数	間隔尺度	・順番には意味がある ・間隔は等間隔で意味がある ・ゼロに相対的な意味がある	・温度 ・試験の成績
	比例尺度	・順番には意味がある ・間隔は等間隔で意味がある ・ゼロに絶対的な意味がある	・体重 ・身長

名義尺度は、物事を他と区別するために付けられる名前のことを指します。たとえば、Chapter 2の分類の例で取り上げたリンゴとオレンジというラベルは名義尺度の一つであり、性別（男と女）や色（青、赤、黄色など）も名義尺度です。名義尺度は次の順序尺度とは異なりラベル間に順序は存在しません。

順序尺度は、順序関係に意味のある尺度のことです。たとえば、３つのカテゴリ（大、中、小）はカテゴリ間に順序があるので順序尺度です。他の例として、服のサイズ（S、M、Lなど）や商品レビューなどに使われる５段階評価は順序が存在するので順序尺度です。ただし、次の間隔尺度と異なり、値の間の差に意味はありません。

間隔尺度は、順序関係に加えて値の間が等間隔であり、その差に意味のある尺度です。たとえば、試験の成績は通常１点単位の等間隔で測られるので間隔尺度です。他の例として、西暦や気温も間隔尺度の１つです。

比例尺度は、原点が定まっており、その比率に意味のある尺度のことです。たとえば、体重は「体重が50kgから1.2倍の60kgになった」と言えるので比例尺度です。一方、気温は「気温が1℃から５倍の5℃になった」とは言えないので比例尺度ではありません。

間隔尺度と比例尺度は非常に見分けづらいのですが、一つのコツとしては、「原点に意味があるかどうか」を考えることです。西暦や気温はその値が原点である０だったとしても、その西暦や温度が無いことは意味しません。一方で、身長や体重が０であるときは何もないときです。

では特徴の扱いについて理解を深めるために実際に手を動かしてみましょう。次節ではPandas、NumPy、scikit-learnを使って質的変数と量的変数に対する特徴エンジニアリングを行います。テキストの特徴エンジニアリングについては、その後で扱うことにします。

5-2-1 質的変数の処理

まずは**質的変数**に対する処理を行っていきましょう。処理としては以下の3つを行うことにします。

- 順序特徴量のマッピング
- 名義特徴量の変換

Pandasを使ってデータを定義しましょう。Anaconda Promptを起動し（P.026参照）、Pythonインタプリタを起動して（P.028参照）、試していきましょう。

Pythonインタプリタ

```
>>> import pandas as pd

>>> df = pd.DataFrame([
        ['Cola', 'S'],
        ['Cola', 'M'],
        ['Green Tea', 'L'],
        ['Milk', 'M'],
    ], columns=['drink', 'size'])
>>> df.head()
       drink size
0       Cola    S
1       Cola    M
2  Green Tea    L
3       Milk    M
```

上記では飲み物の名前とサイズの2列を定義しています。このうち、サイズはS < M < Lのように順序を定義できるため順序特徴量です。一方、飲み物の名前はCola < Milkのような順序は存在しないため名義特徴量です。

5-2-1-1 順序特徴量のマッピング

順序特徴量を機械学習アルゴリズムで扱えるように整数値に変換する方法を紹介します。ここでは、size列が順序特徴量であるため、その値を整数値に変換することになります。この変換は、以下のようにしてサイズの文字列と整数値を対応付けた辞書（size2int）とmapメソッドを使うことで行います。

Pythonインタプリタ

```
>>> size2int = {'S': 0, 'M': 1, 'L': 2}
>>> df['size'] = df['size'].map(size2int)
>>> df.head()
       drink  size
0       Cola     0
1       Cola     1
2  Green Tea     2
3       Milk     1
```

Pandasのmapメソッドでは与えた辞書を使って値を変換することができます。たとえば、size列のSという値に対しては、

size2intで「Sを0にする」という対応付けが定義されているので変換結果は0になります。他の値に対しても同様に変換を行っています。

今回はデータ数が少ないため、どのようなサイズがあるかは一目で判断できました。しかし、実際にはデータの行数は数万行になることも珍しくありません。そのようなときは、uniqueメソッドを使うことでどのような種類の値があるかを確認することができます。データを再度定義した後、size列に対してuniqueメソッドを呼ぶと以下のようになります。

Pythonインタプリタ

```
>>> df['size'].unique()
array(['S', 'M', 'L'], dtype=object)
```

最後に1つ注意点を述べておきます。一般的に順序特徴量を変換する辞書は自動で定義することはできません。この辞書を定義するにはある種の知識(飲み物のサイズでは「S」は「M」より小さい、など)が必要なことに注意してください。

5-2-1-2 名義特徴量の変換

次に、**名義特徴量**を機械学習アルゴリズムで扱えるように整数値に変換します。今回のデータではdrink列が名義特徴量であるため、その値を整数値に変換することになります。ここでは文字列を整数値に変換するためにscikit-learnのLabelEncoderを使ってみましょう。LabelEncoderでは文字列を離散値に変換する際に使うことができます。

Pythonインタプリタ

```
>>> from sklearn.preprocessing import LabelEncoder

>>> encoder = LabelEncoder()
>>> df['drinkLabel'] = encoder.fit_transform(df['drink'])
>>> df.head()
       drink  size  drinkLabel
0       Cola     0           0
1       Cola     1           0
2  Green Tea     2           1
3       Milk     1           2
```

実行結果を見ると以下のような変換が行われていることがわかります。

- Cola → 0
- Green Tea → 1
- Milk → 2

しかし、残念ながらこの変換は正しくありません。「よし、順序特徴量と同じように整数値に変換できた。これで機械学習のモデルで学習できるぞ!」というのはよくある間違いです。

ここで何が問題なのかというと、このままでは飲み物の名前が順序として解釈されてしまう点です。たとえば、Colaは0なのでMilkの2より小さいという解釈をされてしまいます。もちろん、この比較にはなんの意味もありません。

この問題に対処するために使われるのが、**one-hotエンコーディング(one-hot encoding)**です。one-hotエンコーディングでは、名義特徴量の列に含まれる一意な値ごとに列(ダミー変数、dummy variables, dummy features)を作成します。そして、元の列の値が作成した列に属するなら1、属さないなら0を入れます。

説明だけだとわかりにくいかもしれませんが、やっていることは簡単です。たとえば、今回のデータの場合、`drink`列の一意な要素は`Cola`、`Green Tea`、`Milk`の3つでした。これらの値ごとに列(ダミー変数)を作成します。そして、各列の値として0か1のいずれかを格納します。以下のようなイメージで変換できます。

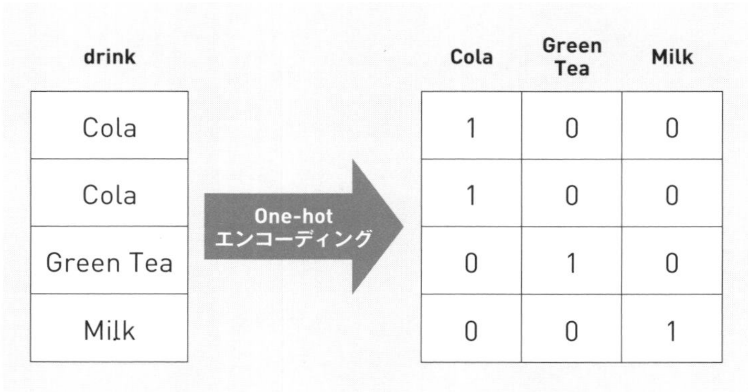

図5-2-2　ダミー変数

Pythonでone-hotエンコーディングを使ってダミー変数を作成する場合に使えるのが、Pandasの`get_dummies`関数です。`get_dummies`関数を使うことで、文字列が含まれる列をone-hotエンコーディングすることができます。これで、名義特徴量を機械学習アルゴリズムで扱えるようになりました。

Pythonインタプリタ

```
>>> pd.get_dummies(df)
   size  drink_Cola  drink_Green Tea  drink_Milk
0     0           1                0           0
1     1           1                0           0
2     2           0                1           0
3     1           0                0           1
```

5-2- 2 量的変数の処理

次に**量的変数**の処理方法について説明します。処理としては以下の2つを紹介します。

- 2値化(Binarization)
- 丸め(Rounding)

まずは、Pandasを使ってデータを定義しましょう。ここでは小数点以下を含む4つのランダムな数値を定義しました。便宜上、列名として`Fare`(料金)を付けています。

Pythonインタプリタ

```
>>> import pandas as pd
>>> df = pd.DataFrame([
        [7.2500,],
        [71.2833,],
        [7.9250,],
        [53.1000,],
    ], columns=['Fare',])
>>> df['Fare']
0    7.2500
1   71.2833
2    7.9250
3   53.1000
```

5-2- 2-1 2値化

2値化は**特徴の値を0か1のどちらかに変換する処理**です。2値化は画像認識を行う際に処理の高速化を目的として行われることがあります。また、自然言語処理でも、単語の頻度を2値化して、単語が存在するか否かという情報に変換して扱う場合があります。

図5-2-3　画像の2値化※2

2値化のアルゴリズムは非常に簡単です。各特徴値があるしきい値を超えている場合は1、超えていなかったら0というように変換するだけです。Pandasでは各列に対して不等号を使った演算を行うことができます。たとえば、以下のように2値化のしきい値を10とした演算を行うことができます。

Pythonインタプリタ

```
>>> df['Fare'] > 10
0    False
1     True
2    False
3     True
```

※2　出典元：http://www.lenna.org/

この場合、結果が真理値（TrueまたはFalse）で表現されていますが、以下のようにastypeを使うことで整数値に変換することができます。

Pythonインタプリタ

```
>>> (df['Fare'] > 10).astype(int)
0    0
1    1
2    0
3    1
```

5-2-2-2 丸め

小数点を含む数値特徴を扱う場合、高精度の生の値は必要ない場合があります。そのため、このような高精度の値は整数に**丸める（rounding）**ことがあります。以下のようにして、Fare列を丸めてみましょう。

Pythonインタプリタ

```
>>> df['FareInt'] = df['Fare'].round().astype(int)
>>> df[['Fare', 'FareInt']].head()
      Fare  FareInt
0   7.2500        7
1  71.2833       71
2   7.9250        8
3  53.1000       53
```

結果を見ると、きちんと値を丸められていることが確認できます。ここでは、roundメソッドを使って値を丸めています。roundメソッドを呼ぶだけだと、整数にはなっていないため、astypeメソッドを呼んで整数に変換しています。

ここまでで特徴エンジニアリングについての理解を深めました。次節からはテキストに対する特徴エンジニアリングについて説明します。

5-3

Chapter 5-3 テキストのベクトル表現

機械学習では、モデルにデータを与える前に、データをモデルに理解できる形式に変換する必要があります。多くの場合、モデルへの入力はベクトルで与えることが想定されているので、**テキストをベクトルに変換**する必要があります。ベクトルというと難しく感じるかもしれませんが、[1,2,3]のような数値列と考えてください。

まず、テキストをベクトル化するには大きく分けて以下の2ステップからなります。

1. 単語分割
2. ベクトル化

単語分割については前処理の章における形態素解析の節で説明したので、ここではベクトル化について説明することにします。ベクトル化についても語順を考慮する方法としない方法に大きく分けることができます。ここでは以下の2つについて紹介します。

- N-gramベクトル
- シーケンスベクトル

5-3-1 N-gramベクトル

N-gramベクトルはテキストをn-gramによって表す手法です。ここでn-gramとは連続するn個のトークン（単語や文字など）のことです。たとえば、「the cat is out of the bag」という文をn-gramで表現してみます。$n=1$の場合は`['the', 'cat', 'is', 'out', 'of', the', 'bag']`、$n=2$の場合は`['the cat', 'cat is', 'is out', 'out of', 'of the', 'the bag']`のようにテキストを表現できます。特に$n=1$の場合を**ユニグラム（uni-gram）**、$n=2$の場合を**バイグラム（bi-gram）**と呼びます。

テキストをn-gramに分割したら、機械学習アルゴリズムが理解できるように数値のベクトルに変換する必要があります。そのためにはまず、各n-gramに対して重複のないように数値を割り当てます。これを**語彙（vocabulary）**と呼びます。たとえば、先ほどの文をユニグラムにしたものについては以下のような語彙を作ることができます。

語彙の例

```
Text: 'the cat is out of the bag'
Vocabulary: {'the': 0, 'cat': 1, 'is': 2,
             'out': 3, 'of': 4, 'bag': 5}
```

語彙を作成したら、テキストを**Bag-of-Ngrams（BoW）**と呼ばれる形式でベクトル表現にします。BoWの考え方は非常にシンプルです。テキストにn-gramが含まれているか否かだけを考え、その並び方は考慮しないモデルです。特にユニグラムの場合をBoWと呼びます。

BoWで表すベクトルにはいくつかのバリエーションがあります。ここでは、$n=1$の場合のBoWを対象に、以下のバリエーションについて紹介します。

- One-hotエンコーディング
- Countエンコーディング
- tf-idf

5-3-1-1 One-hotエンコーディング

One-hotエンコーディングでは、ある単語がテキストに存在するか否かでベクトルを作成します。たとえば、「the cat is out of the bag」という文をBoWで表現するとしましょう。ここで、語彙は全部で8単語で、{'are': 0, 'bag': 1, 'cat': 2, 'dogs': 3, 'is': 4, 'of': 5, 'out': 6, 'the': 7}のような割り当てになっていたとします。そうすると、文書は以下のように8次元のベクトルで表現することができます。

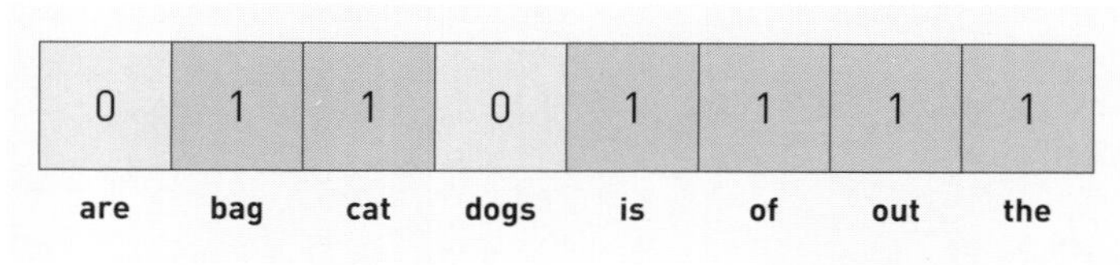

図5-3-1 One-hotエンコーディングの例

では実際にOne-hotエンコーディングでのBoWを実装してみましょう。BoWの実装は簡単なので自分で実装することもできますが、scikit-learnに実装されているCountVectorizerを使うとより簡単です。以下のようにして実現できます。

Pythonインタプリタ

```
>>> from sklearn.feature_extraction.text import CountVectorizer
>>> vectorizer = CountVectorizer(binary=True)
>>> docs = ['the cat is out of the bag', 'dogs are']
>>> bow = vectorizer.fit_transform(docs)
```

上記のコードでは、はじめにCountVectorizerのインスタンス（vectorizer）を作成したあと、fit_transformメソッドに文書集合を与えています。fit_transformメソッドでは、語彙を作成し、その語彙を使って文書をBoW表現に変換します。CountVectorizerに渡しているbinary=Trueによって頻度を考慮しないことを指定しています。

変換して得られたベクトルを表示してみましょう。ベクトル自体は、fit_transformメソッドを実行したことで得られているのですが、そのままでは表示できません。そこで、以下のようにtoarrayメソッドを呼んで形式を変換してから表示します。

Pythonインタプリタ

```
>>> bow.toarray()
array([[0, 1, 1, 0, 1, 1, 1, 1],
       [1, 0, 0, 1, 0, 0, 0, 0]], dtype=int64)
```

結果を見ると、the cat is out of the bagという文が[0, 1, 1, 0, 1, 1, 1, 1]に変換されていることがわかります。ただし、このままだと単語とインデックスの対応がわかりません。この対応は以下のようにしてCountVectorizerの属性であるvocabulary_を参照することで得られます。

Pythonインタプリタ

```
>>> vectorizer.vocabulary_
{'the': 7, 'cat': 2, 'is': 4, 'out': 6, 'of': 5, 'bag': 1, 'dogs': 3, 'are': 0}
```

fit_transformメソッドの内部では、まずvocabulary_に単語とインデックスの対応を作成した後、作成したvocabulary_を使って文書をBoW表現に変換しています。

5-3- 1-2 Countエンコーディング

Countエンコーディングでは、ある単語がテキストに存在するか否かだけでなく、その頻度を考慮してベクトルを作成します。つまり、頻度が高い単語を重視するようなベクトルができます。たとえば、先ほどと同じ語彙で同じ文をベクトル化すると、以下のように表現することができます。先ほどとの違いは、theの値（一番右）が頻度を考慮して2となっている点です。

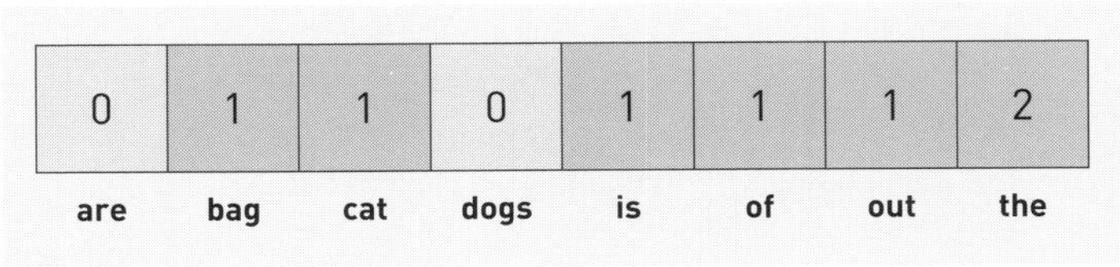

図5-3-2　Countエンコーディングの例

Countエンコーディングでの BoWを実装してみましょう。One-hotエンコーディングでの BoW実装と異なるのはCountVectorizerでbinary=Falseを渡している点だけです。以下のようにして書くことができます。

Pythonインタプリタ

```
>>> vectorizer = CountVectorizer(binary=False)
>>> docs = ['the cat is out of the bag', 'dogs are']
>>> bow = vectorizer.fit_transform(docs)
>>> bow.toarray()
array([[0, 1, 1, 0, 1, 1, 1, 2],
       [1, 0, 0, 1, 0, 0, 0, 0]], dtype=int64)
```

結果を見ると、theに対応する部分が2になっていることがわかります。

5-3- 1-3 tf-idf

Countエンコーディングの手法はシンプルなのですが欠点があります。それは、単語の出現回数のみによって単語に重み付けしていることです。出現回数のみによって重み付けすると、「the」のようにどのテキストでもよく出現する単語に大きな重みが割り当てられてしまいます。

tf-idfによるベクトル化はCountエンコーディング手法の欠点を軽減する手法です。tf-idfでは、単語の出現頻度tf（Term Frequency: 単語の出現頻度）をそのまま使うのではなく、**ある単語が出現する文書数の逆数idf（Inverse Document Frequency: 逆文書頻度）**をかけて単語の重みを表現します。式にすると以下のように表現することができます。

$$\text{tf-idf}(t,d) = \text{tf}(t,d) \times \text{idf}(t,d)$$

ここで$\mathrm{tf}(t,d)$は文書dにおける単語tの出現頻度を表しています。一方、$\mathrm{idf}(t,d)$は以下のように計算されます。ここで$\mathrm{df}(t)$は単語tが出現する文書数、Nは全文書数です。

$$\mathrm{idf}(t,d) = \log \frac{N}{1+\mathrm{df}(t)}$$

要するにtf-idfが何を表現しているのかというと、頻繁に出現する単語を重要とみなしつつ、多くの文書に出現する単語は重要ではないということです。たとえば、ある文書内で「the」の出現頻度は高いと考えられますが、同時に多くの文書に出現すると考えられます。そのため、その分を割り引いて重み付けするのです。以下はtf-idfを計算した結果です。さきほどと比べて「the」の重みが相対的に小さくなっていることを確認できます。

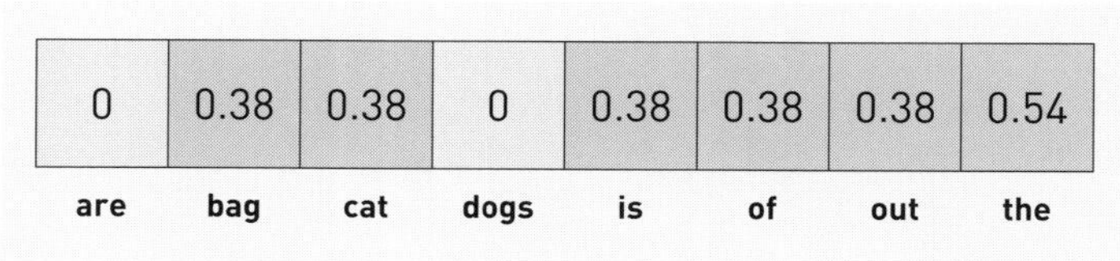

図5-3-3　tf-idfの例

では、Pythonでtf-idfを実装してみましょう。こちらも自分で実装するのは難しくありませんが、scikit-learnに実装されているTfidfVectorizerを使うことで簡単に構築できます。以下のように実装することができます。

Pythonインタプリタ

```
>>> from sklearn.feature_extraction.text import TfidfVectorizer
>>> vectorizer = TfidfVectorizer()
>>> docs = ['the cat is out of the bag', 'the dogs are']
>>> tfidf = vectorizer.fit_transform(docs)
```

tf-idfで重みづけたベクトルを表示してみましょう。toarrayメソッドを呼ぶことで表示することができるのですが、見やすくするためにPandasを使って表示しています。以下ではget_feature_namesで取得したボキャブラリの情報を列名として設定しています。先ほどのCountエンコーディングと比べて、1番目の文書のtheの重みが相対的に下がっていることを確認できます。

Pythonインタプリタ

```
>>> import pandas as pd
>>> vocab = vectorizer.get_feature_names()
>>> pd.DataFrame(tfidf.toarray(), columns=vocab).round(2)
    are   bag   cat  dogs    is    of   out   the
0  0.00  0.38  0.38  0.00  0.38  0.38  0.38  0.54
1  0.63  0.00  0.00  0.63  0.00  0.00  0.00  0.45
```

これまでに、scikit-learnを使ったBoWによるテキストのベクトル化について学びました。ただ、日本語のテキストを扱う場合は一つ注意点があります。日本語のように分かち書きされていない（空白で区切られていない）言語の場合、TfidfVectorizer等のベクトル化するためのクラスに分かち書きをするための関数を渡す必要があります。

TfidfVectorizerやCountVectorizerで日本語を扱えるようにしてみましょう。テキストの分かち書きについては前処理の章で述べたようにJanomeを使って行うことができます。まずは Janome を使ってテキストを分かち書きする関数を定義しましょう。

Pythonインタプリタ

```
>>> from janome.tokenizer import Tokenizer
>>> t = Tokenizer(wakati=True)
```

分かち書きの関数を定義できたら、CountVectorizerのtokenizerパラメータに関数を渡します。その後は、学習用データを使ってfit_transformをし、テスト用データに対してtransformを実行します。

Pythonインタプリタ

```
>>> vectorizer = CountVectorizer(tokenizer=t.tokenize)
>>> docs = ['猫の子子猫', '獅子の子子獅子']
>>> bow = vectorizer.fit_transform(docs)
```

あとはPandasを使って表示するだけです。日本語のテキストが単語に分割されて、その頻度が表示されていることを確認することができると思います。

Pythonインタプリタ

```
>>> vocab = vectorizer.get_feature_names()
>>> pd.DataFrame(bow.toarray(), columns=vocab)
   の  子  子猫  猫  獅子
0  1   1    1   1   0
1  1   2    0   0   2
```

5-3-1-4 おまけ：語順を考慮したテキスト表現

ここまではBoWによるテキストのベクトル化について説明しました。BoWはよく使われるのですが、その問題点として**語順の情報が失われている**点を挙げられます。自然言語処理のタスクでは語順を考慮することが重要な場合があるのです。

例として評価分析タスクを考えてみましょう。評価分析ではあるテキストが肯定的なことを言っているのか否定的なことを言っているのかを判断します。たとえば、「あそこのラーメンはうまい」であれば肯定的評価ですし、「うまい」が「まずい」になれば否定的評価です。

評価分析のようなタスクを解く際には、単に単語が含まれるか否かだけで判断するより、**隣接する単語をひとまとめ**にして判断した方が良いと考えられます。たとえば、「薄い携帯電話」と「薄いスープ」では同じ薄いという単語を使っていても評価は異なります。そのため、評価分析のようなタスクでは隣り合う数単語をまとめて扱うことで性能が向上することが知られています。

隣接する単語を使って判断するには、バイグラムによるテキスト表現を用いることでできます。バイグラムでテキストを表現するにはCountVectorizerのngram_rangeパラメータを設定します。このパラメータは隣接する何単語を考慮するかについての最小値と最大値を指定できます。(1, 2)と指定すればユニグラムとバイグラムを考慮し、(2, 2)と指定すればバイグラムだけを考慮します。

Pythonインタプリタ

```
>>> from sklearn.feature_extraction.text import CountVectorizer
>>> vectorizer = CountVectorizer(ngram_range=(2, 2))
>>> docs = ['the cat is out of the bag', 'dog are']
>>> bow = vectorizer.fit_transform(docs)
>>> vectorizer.vocabulary_
{'the cat': 6, 'cat is': 0, 'is out': 2,
 'out of': 4, 'of the': 3, 'the bag': 5, 'dog are': 1}
```

より離れた位置の単語を考慮する方法についてはChapter 9で紹介します。

Chapter 5-4 ベクトル表現の実践

これまでに様々なテキストの表現方法を紹介してきました。ここではテキスト分類を例に様々なベクトル表現について確かめてみましょう。方法としては、Chapter 4でも使ったレビューデータを機械学習モデルに学習させてその分類性能を見ることにします。

使用する表現方法の種類についても述べておきましょう。今回は以下の方法を使ってテキストをベクトル化します。

- One-hotエンコーディング
- Countエンコーディング
- tf-idf
- バイグラム

5-4-1 プロジェクト構成

実装を始める前に、プロジェクト構成について説明しておきます。本節では以下のプロジェクト構成で実装を進めていきます。

```
├── data
│   └── amazon_reviews_multilingual_JP_v1_00.tsv
├── preprocessing.py
├── train.py
└── utils.py
```

「data」ディレクトリの中には使用するデータセットを格納しておきます。今回も前と同じくレビューのデータセットを格納しておきます。「preprocessing.py」には前処理用の関数を、「train.py」には学習用のコードを、「utils.py」にはデータ読込用の関数などを書いていきます。

5-4- 2 データセットの準備

まずはデータセットを読み込むための関数load_datasetをutils.pyに書いていきます。これはChapter 4で定義したのとほぼ同じ関数ですが、1点だけ異なります。

utils.py

```
import string
import pandas as pd

def filter_by_ascii_rate(text, threshold=0.9):
    ascii_letters = set(string.printable)
    rate = sum(c in ascii_letters for c in text) / len(text)
    return rate <= threshold

def load_dataset(filename, n=5000, state=6):
    df = pd.read_csv(filename, sep='\t')

    # Converts multi-class to binary-class.
    mapping = {1: 0, 2: 0, 4: 1, 5: 1}
    df = df[df.star_rating != 3]
    df.star_rating = df.star_rating.map(mapping)

    # extracts Japanese texts.
    is_jp = df.review_body.apply(filter_by_ascii_rate)
    df = df[is_jp]

    # sampling.
    df = df.sample(frac=1, random_state=state)  # shuffle
    grouped = df.groupby('star_rating')
    df = grouped.head(n=n)
    return df.review_body.values, df.star_rating.values
```


Chapter 4で行っていない処理はラベルのマッピングです。ダウンロードしたデータセットには1から5のラベルが付いています。このラベルは5に近いほど高評価であることを示しています。Chapter 4で5クラスの分類を行うのは難しそうなことがわかったので、ここでは0と1の2クラスに変換しています。具体的には、1と2を0へ、4と5を1へ変換し、3のラベルが付いたデータは除去します。0であればネガティブ、1であればポジティブなレビューとみなすことができます。そのためのコードは以下の部分です。

utils.py

```
mapping = {1: 0, 2: 0, 4: 1, 5: 1}            # マッピングの定義
df = df[df.star_rating != 3]                  # 評価3のデータを除去
df.star_rating = df.star_rating.map(mapping)  # ラベルの変換
```

ラベルのマッピングのためには変換前と変換後のラベルを定義しておく必要があります。その定義をしているのが、コード中のmapping変数です。そして、定義した変数を使ってラベルの変換を行っているのがmapメソッドです。mapメソッドでは指定した列の値を引数に渡したマッピングを使って変換する処理をします。その他、3のラベルが付いたデータを除去していますが、これはラベルが3のデータはポジティブ/ネガティブがはっきりせず、学習させにくいためです。

データセットを読み込むための関数を書き終わったので、次はデータセットの前処理用の関数を「preprocessing.py」に書いていきます。今回はHTMLタグの除去と単語分割を行います。以下の関数を書いていきましょう。

preprocessing.py

```
from bs4 import BeautifulSoup
from janome.tokenizer import Tokenizer
t = Tokenizer(wakati=True)


def clean_html(html, strip=False):
    soup = BeautifulSoup(html, 'html.parser')
    text = soup.get_text(strip=strip)
    return text

def tokenize(text):
    return t.tokenize(text)
```

ここまではChapter 4と同じなのですぐに終わると思います。次はモデルの学習と評価を行うための関数を書いていきます。

5-4-3 モデルの学習・評価用関数の定義

では次に、モデルの学習と評価を行うためのtrain_and_eval関数を「utils.py」に定義していきます。入力には学習用データと評価用データ、およびテキストをベクトル化するためのvectorizerを渡しています。ここに渡すvectorizerを変えることで、One-hotエンコーディングやCountエンコーディング、tf-idfといった処理を切り替えられるようにしています。

utils.py

```
from sklearn.linear_model import LogisticRegression
from sklearn.metrics import accuracy_score

def train_and_eval(x_train, y_train, x_test, y_test, vectorizer):
    x_train_vec = vectorizer.fit_transform(x_train)
    x_test_vec = vectorizer.transform(x_test)
    clf = LogisticRegression(solver='liblinear')
    clf.fit(x_train_vec, y_train)
    y_pred = clf.predict(x_test_vec)
    score = accuracy_score(y_test, y_pred)
    print('{:.4f}'.format(score))
```

5-4-4 モデルの学習と評価

ここまでで準備ができたので、ベクトル表現の方法を変えながらモデルの学習・評価を行ってみましょう。以下のコードをtrain.pyに書いて保存します。

train.py

```python
from sklearn.feature_extraction.text import CountVectorizer, TfidfVectorizer
from sklearn.model_selection import train_test_split

from preprocessing import clean_html, tokenize
from utils import load_dataset, train_and_eval


def main():
    x, y = load_dataset('data/amazon_reviews_multilingual_JP_v1_00.tsv', n=5000)

    print('Tokenization')
    x = [clean_html(text, strip=True) for text in x]
    x = [' '.join(tokenize(text)) for text in x]
    x_train, x_test, y_train, y_test = train_test_split(x, y,
                                                        test_size=0.2,
                                                        random_state=42)

    print('Binary')
    vectorizer = CountVectorizer(binary=True)
    train_and_eval(x_train, y_train, x_test, y_test, vectorizer)

    print('Count')
    vectorizer = CountVectorizer(binary=False)
    train_and_eval(x_train, y_train, x_test, y_test, vectorizer)

    print('TF-IDF')
    vectorizer = TfidfVectorizer()
    train_and_eval(x_train, y_train, x_test, y_test, vectorizer)

    print('Bigram')
    vectorizer = TfidfVectorizer(ngram_range=(1, 2))
    train_and_eval(x_train, y_train, x_test, y_test, vectorizer)

if __name__ == '__main__':
    main()
```

コードを書き終えたら実行してみましょう。参考までに筆者の手元のMacBook Proで学習させたところ、実行完了までに10分程度かかりました。今回は、実行時間削減のために最初に単語分割を一度だけ行っています。

Pythonインタプリタ

```
> python train.py
Binary
0.8385
Count
0.8365
TF-IDF
0.8510
Bigram
0.8545
```

簡単にポイントを解説します。

最初に行っているのは、テキストをone-hotエンコーディングで表現した場合です。この場合の評価結果は「0.8385」になりました。

train.py

```
vectorizer = CountVectorizer(binary=True)
train_and_eval(x_train, y_train, x_test, y_test, vectorizer)
```

次に行っているのが、単語の出現頻度を考慮したcountエンコーディングでテキストを表現した場合です。結果は「0.8365」になり、出現頻度を考慮したことで性能が低下してしまいました。

train.py

```
vectorizer = CountVectorizer(binary=False)
train_and_eval(x_train, y_train, x_test, y_test, vectorizer)
```

次に、tf-idfを使ってテキストを表現しています。tf-idfの場合は結果は「0.8510」となり、性能の改善が見られました。

train.py

```
vectorizer = TfidfVectorizer()
train_and_eval(x_train, y_train, x_test, y_test, vectorizer)
```


最後に行っているのがバイグラムを使ったテキスト表現です。その評価結果は「0.8545」となり、ここまでで最高の結果となりました。今回使ったレビューデータに対してバイグラムを使うことは有効なようです。

train.py

```
vectorizer = TfidfVectorizer(ngram_range=(1, 2))
train_and_eval(x_train, y_train, x_test, y_test, vectorizer)
```

以上、様々なテキスト表現によるモデルの学習と評価でした。今回は試しませんでしたが、隣接3単語でテキストを表現するトライグラムを使うことも考えられます。ぜひ試してみてください。

Chapter 5-5

特徴量のスケーリング

特徴量のスケーリング（feature scaling）とは、**特徴量の尺度をそろえる処理**のことを指します。機械学習では通常、複数の特徴を使いますが、多くの場合それらのスケールは異なっています。たとえば、特徴として年齢と収入を含むデータがあるとします。その場合、年齢のスケールは0〜100程度ですが、収入のスケールは0〜数百万になるでしょう。このように特徴ごとに異なるスケールを特徴量のスケーリングによって変換します。

スケーリングを行う理由はモデルの学習に関係しています。実は多くの機械学習アルゴリズムでは、入力される特徴のスケールが合っていることを前提にしています。そのため、スケールの異なるデータを入力すると、学習が収束するのが遅くなったり、学習を妨げたりしてしまうのです。その結果として、学習したモデルの予測性能を劣化させることも起こりえます。したがって、スケーリングが行われるのです。

特徴量のスケーリングを行うためによく使われる手法として、**正規化**と**標準化**があります。正規化は特徴量をある範囲に収まるようにスケーリングする処理を指します。ある範囲としては、たいていの場合 [0, 1] が使われます。一方、標準化は特徴量を平均0、分散1に従うようにスケーリングする処理を指します。

5-5-1 正規化

よく使われる正規化の手法として、**min-maxスケーリング**があります。min-maxスケーリングでは、データxをある特徴量の列の最小値$\min(x)$と最大値$\max(x)$を使ってスケーリングします。スケーリングは以下の式に従って行われます。

$$x'_i = \frac{x_i - \min(x)}{\max(x) - \min(x)}$$

式だけだとわかりにくいため、以下の例をもとに考えてみましょう。

feature1	feature2
-1	2
-0.5	6
0	10
1	18

正規化

feature1'	feature2'
0	0
0.25	0.25
0.5	0.5
1	1

図5-5-1　特徴量の正規化

ここで、feature1列の最小値は-1、最大値は1です。したがって、feature1列は以下の式に従ってスケーリングされます。実際に値を入れて計算してみることで、上の例での値と一致することを確認してください。

$$x_i' = \frac{x_i - (-1)}{1 - (-1)} = \frac{x_i + 1}{2}$$

feature2列も同様にスケーリングすることができます。

Pythonでmin-maxスケーリングを行う際は、scikit-learnのMinMaxScalerを使用します。以下では、MinMaxScalerのfitメソッドにデータを与えてスケーリング方法を学習させた後、transformメソッドでスケーリングを行っています。

Pythonインタプリタ

```
>>> from sklearn.preprocessing import MinMaxScaler
>>>
>>> data = [[-1, 2], [-0.5, 6], [0, 10], [1, 18]]
>>> scaler = MinMaxScaler()
>>> scaler.fit(data)
>>> scaler.transform(data)
[[ 0.    0.  ]
 [ 0.25  0.25]
 [ 0.5   0.5 ]
 [ 1.    1.  ]]
```

5-5-2 標準化

特徴量の標準化では、ある特徴量の列の平均値μと標準偏差σを使ってデータをスケーリングします。標準化は以下の式に従って行われます。

$$x_i' = \frac{x_i - \mu}{\sigma}$$

こちらも式だけだとわかりにくいため、以下の例をもとに考えてみましょう。

feature1	feature2
0	10
0	15
1	20
1	25

標準化 →

feature1'	feature2'
-1	-1.34
-1	-0.45
1	0.45
1	1.34

図5-5-2　特徴量の標準化

ここで、feature1列の平均値は0.5、標準偏差は0.5です。したがって、feature1列は以下の式に従ってスケーリングされます。実際に値を入れて計算してみることで、上の例での値と一致することを確認してください。

$$x'_i = \frac{x_i - 0.5}{0.5}$$

Pythonで特徴量の標準化を行う際は、scikit-learnのStandardScalerを使用します。以下では、StandardScalerのfitメソッドにデータを与えてスケーリング方法を学習させた後、transformメソッドでスケーリングを行っています。

Pythonインタプリタ

```
>>> from sklearn.preprocessing import StandardScaler
>>>
>>> data = [[0, 10], [0, 15], [1, 20], [1, 25]]
>>> scaler = StandardScaler()
>>> scaler.fit(data)
>>> scaler.transform(data)
array([[-1.        , -1.34164079],
       [-1.        , -0.4472136 ],
       [ 1.        ,  0.4472136 ],
       [ 1.        ,  1.34164079]])
```

5-5-3 正規化と標準化の可視化

正規化と標準化をより深く理解するために、変換したデータを可視化した図を確認してみましょう。

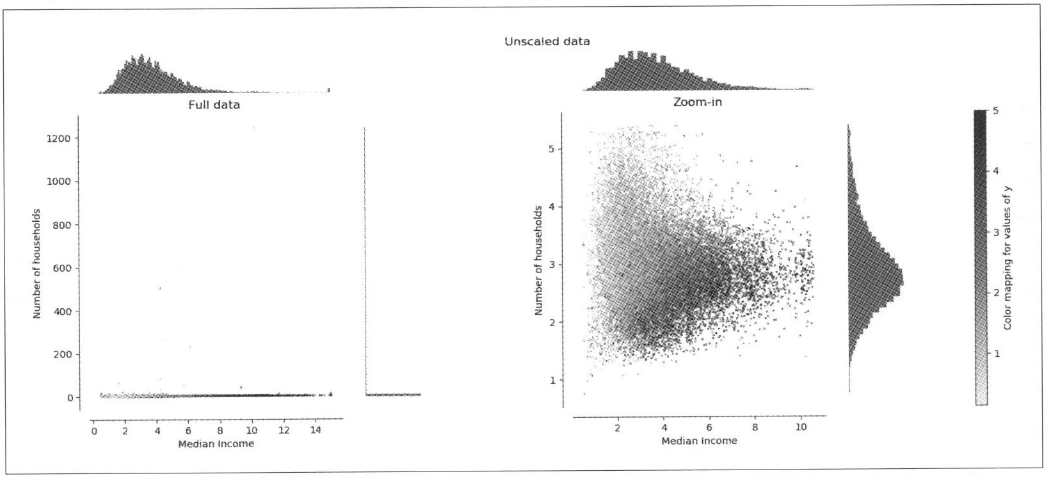

図5-5-3　California housing datasetの可視化※3

※3　https://scikit-learn.org/stable/auto_examples/preprocessing/plot_all_scaling.html#sphx-glr-auto-examples-preprocessing-plot-all-scaling-py

図5-5-3はCalifornia housing datasetと呼ばれる住宅価格に関するデータセットの特徴から2つ選んで可視化した図です。横軸に収入の中央値、縦軸に世帯数が表示されています。図の左側は外れ値を含めて表示、右側は外れ値を除いて表示しています。右の図を見ると、多くの場合、収入は0〜10、世帯数は0〜6の範囲に収まることがわかります。

まず、scikit-learnのMinMaxScalerを使ってmin-maxスケーリングをした結果を見てみましょう。図5-5-4が結果の図です。図5-5-3と同様に、左の図は外れ値を含めて表示、右の図は外れ値を除去して表示しています。左の図を見ると、スケーリングすることで、縦軸、横軸ともにすべてのデータが[0, 1]間に位置するように変換されていることがわかります。ただ、右側の図を見ると、min-maxスケーリングが外れ値の影響を大きく受けていることがわかります。縦軸を見ると、ほとんどのデータが[0, 0.005]という狭い範囲に圧縮されてしまっていることが確認できます。

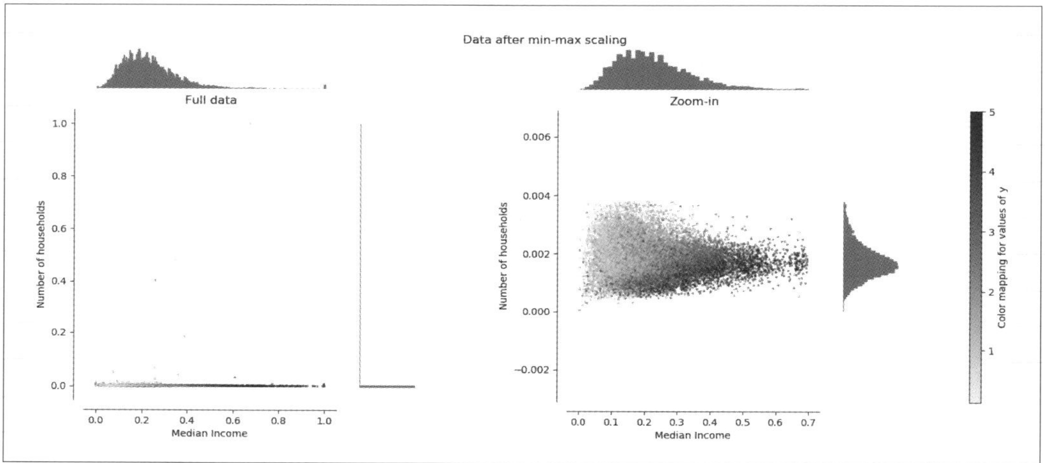

図5-5-4　min-maxスケーリングの可視化※4

次に、scikit-learnのStandardScalerによるスケーリング結果を見てみましょう。図5-5-5が結果の図です。図5-5-3と同様に、左の図は外れ値を含めて表示、右の図は外れ値を除去して表示しています。左側の図を見ると、min-maxスケーリングの場合と違い、各軸でスケーリングの範囲が異なることを確認できます。外れ値を除いた右側の図では、縦軸のデータのほとんどが[-0.2, 0.2]、横軸のデータは[-2, 4]に位置していることがわかります。この結果を見ると、min-maxスケーリングと比べるとスケールの差は小さくなっています。

※4　https://scikit-learn.org/stable/auto_examples/preprocessing/plot_all_scaling.html#sphx-glr-auto-examples-preprocessing-plot-all-scaling-py

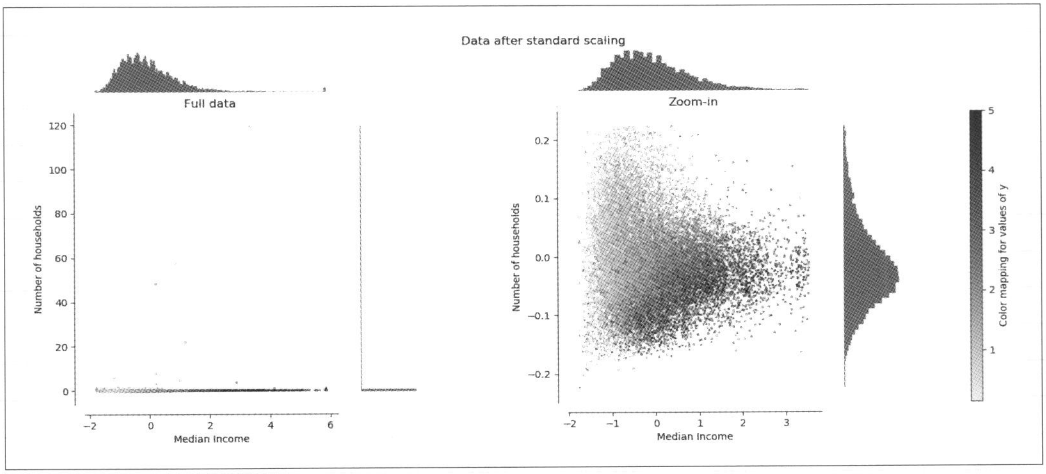

図5-5-5　StandardScalerによるスケーリングの可視化※5

このように、スケーリングの手法によって結果は異なります。min-maxスケーリングを行う場合は、異常に大きかったり小さかったりする外れ値が存在すると大きく影響を受けるので、そのような値が存在するか否かに注意する必要があります。一方で、StandardScalerによるスケーリングでは外れ値の影響は抑えられていますが、値が特定の範囲に収まるとは限りません。値がある範囲に収まっていることを前提とするアルゴリズムを使う場合はmin-maxスケーリングのような手法を使いましょう。

本書ではスケーリングの方法として2つの方法を紹介しましたが、他にも多くの手法が存在します。スケーリングを実際のタスクに使う場合は、他のスケーリング手法も考慮してみてください。

※5　https://scikit-learn.org/stable/auto_examples/preprocessing/plot_all_scaling.html#sphx-glr-auto-examples-preprocessing-plot-all-scaling-py

Chapter 5-6

特徴選択

5-6-1 特徴選択とは

特徴選択（feature selection）は、**特徴の集合からモデルの構築に使う特徴を選択するプロセス**です。機械学習に使われるデータには多数の特徴が含まれているわけですが、すべての特徴が有効なわけではありません。たとえば、文書をポジティブ/ネガティブに分類するときに「が」や「を」のような格助詞はあまり役に立たないでしょう。特徴選択ではこの様な役に立たない特徴を落とし、役に立つ特徴だけを自動的に選び出します。

特徴選択が行われる理由としては大きく分けて3つあります。

- モデルをシンプルにし、解釈性を上げる
- 学習時間を短くする
- 過学習を避ける

1番目の理由は、特徴選択をして不必要な特徴を落とせば、**どの特徴が重要なのか人間にとってわかりやすくなる**ということです。2番目は、学習時間が短くなればより少ない計算リソースで済みますし、**より大きなデータを扱える**ようになります。3番目の過学習については次のChapter 6で説明することにします。

特徴選択は手動で行うこともできますが、一般的には機械学習の文脈で特徴選択という場合は自動的に行う手法のことを指しています。そんな特徴選択手法には大きく分けて以下の3つの種類があります。

- フィルター法
- ラッパー法
- 組み込み法

フィルター法は、**各特徴と目的変数間の関係を考慮して特徴に重要度を与えてランク付けする**手法です。手順的には、各特徴と目的変数間がどれだけ関係するのかを計算した後、重要な特徴を上から選んで使うというやり方になります。

ラッパー法は、**特徴の部分集合を使って機械学習モデルを学習し、その性能を使って特徴に重要度を与えてランク付けする**手法です。一般的にフィルター法と比べて性能は高い傾向にありますが、モデルを何度も学習させるため計算量が多いという欠点があります。

組み込み法は、機械学習アルゴリズム自体に特徴選択の機能が組み込まれた手法です。

Chapter 5-7

特徴選択の実践

では実際に特徴選択を試してみましょう。ここでは、レビューデータに対して特徴選択した場合としていない場合の性能を比較してみます。特徴選択手法としてはフィルター法を使います。

5-7-1 プロジェクト構成

実装を始める前に、プロジェクト構成について説明しておきます。本節では以下のプロジェクト構成で実装を進めていきます。

```
├─── data
│     └─── amazon_reviews_multilingual_JP_v1_00.tsv
├─── feature_selection.py
├─── preprocessing.py
└─── utils.py
```

コードのほとんどの部分はベクトル表現の実践で使った関数を再利用して書きます。新しく用意するのは「feature_selection.py」だけです。ここに、特徴選択を使ったモデルの学習と評価のコードを書いていきます。

5-7-2 モデルの学習と評価

準備はほとんど終わっているので、モデルの学習と評価を行うためのコードだけ書いていきましょう。以下のコードを「feature_selection.py」に書いて保存します。

feature_selection.py

```python
from sklearn.feature_extraction.text import CountVectorizer
from sklearn.linear_model import LogisticRegression
from sklearn.feature_selection import SelectKBest, mutual_info_classif
from sklearn.metrics import accuracy_score
from sklearn.model_selection import train_test_split

from preprocessing import clean_html, tokenize
from utils import load_dataset


def main():
    print('Loading...')
    x, y = load_dataset('data/amazon_reviews_multilingual_JP_v1_00.tsv', n=5000)

```

5-7

```
    x = [clean_html(text, strip=True) for text in x]
    x_train, x_test, y_train, y_test = train_test_split(x, y,
                                                        test_size=0.2,
                                                        random_state=42)

    print('Vectorizing...')
    vectorizer = CountVectorizer(tokenizer=tokenize)
    x_train = vectorizer.fit_transform(x_train)
    x_test = vectorizer.transform(x_test)
    print(x_train.shape)
    print(x_test.shape)

    print('Selecting features...')
    selector = SelectKBest(k=7000, score_func=mutual_info_classif)
    selector.fit(x_train, y_train)
    x_train_new = selector.transform(x_train)
    x_test_new = selector.transform(x_test)
    print(x_train_new.shape)
    print(x_test_new.shape)

    print('Evaluating...')
    clf = LogisticRegression(solver='liblinear')
    clf.fit(x_train_new, y_train)
    y_pred = clf.predict(x_test_new)
    score = accuracy_score(y_test, y_pred)
    print('{:.4f}'.format(score))


if __name__ == '__main__':
    main()
```

コードを書き終えたら実行してみましょう。参考までに筆者の手元のMacBook Proで学習させたところ、実行完了までに10分程度かかりました。

Pythonインタプリタ

```
> python feature_selection.py
Loading...
Vectorizing...
(8000, 40980)
(2000, 40980)
Selecting features...
(8000, 7000)
(2000, 7000)
Evaluating...
0.8370
```

簡単にポイントを解説します。

データセットの分割後、CountVectorizerを用いてテキストのベクトル化を行っています。特徴選択する前の次元数を確認すると、40980であることがわかります。

feature_selection.py

```
vectorizer = CountVectorizer(tokenizer=tokenize)
x_train = vectorizer.fit_transform(x_train)
x_test = vectorizer.transform(x_test)
print(x_train.shape)
print(x_test.shape)
```

次に行っているのが特徴選択です。今回はフィルター法による特徴選択を使用します。そのために使っているのがSelectKBestです。SelectKBestでは、各特徴に関して、score_func引数に指定したスコア関数を使ってスコアを計算し、最も良いk個の特徴を選択します。今回はk=7000を指定しているので、7000個の特徴を選択しています。元の特徴数が約40000だったので、特徴数はおおよそ17%程度まで削減できています。

feature_selection.py

```
selector = SelectKBest(k=7000, score_func=mutual_info_classif)
selector.fit(x_train, y_train)
x_train_new = selector.transform(x_train)
x_test_new = selector.transform(x_test)
print(x_train_new.shape)
print(x_test_new.shape)
```


ちなみに今回はスコア関数として相互情報量(mutual information)を指定しています。相互情報量は、2つの確率変数間の相互の依存関係を表す尺度です。より詳しく説明するならば、一つの確率変数を観測したときに、他方の確率変数に関する情報をどれだけ得られるかをモデル化しています。離散確率変数XとYに関する相互情報量は以下の式で定義されます。

$$\mathrm{I(X;\ Y)} = \sum_{y\in Y}\sum_{x\in X} p_{(X,Y)}(x,y)\log\frac{p_{(X,Y)}(x,y)}{p_X(x)p_Y(y)}$$

相互情報量には様々な応用がありますが、その一つに今回のような特徴選択があります。特徴選択に用いる場合には、2変数の片方を**特徴**、もう片方を**教師データ**として相互情報量を計算します。この値をすべての特徴に対して計算し、あらかじめ決めたしきい値以上の特徴を選択します。理屈としては、**ある特徴と教師データの間の相互情報量が他の特徴より大きければ、その特徴は教師データを予測する際により役立つ**であろうから重要だという考え方を利用しています。

最後に特徴選択した結果を使って学習と評価をしています。その結果、評価結果は「0.8370」となりました。ベクトル表現の実践でCountVectorizerを使った際の性能が「0.8365」だったので、特徴数を大きく減らしつつ、性能を向上させることができました。特徴選択を行うことで必ずしも性能向上させられるとは限りませんが、試してみる価値はあるので上手に使っていきましょう。

feature_selection.py

```
clf = LogisticRegression(solver='liblinear')
clf.fit(x_train_new, y_train)
y_pred = clf.predict(x_test_new)
score = accuracy_score(y_test, y_pred)
print('{:.4f}'.format(score))
```

Chapter 5-8

まとめ

本章では特徴エンジニアリングについて説明しました。はじめに、特徴エンジニアリングとは何かについて説明し、次にテキストからの特徴抽出について説明しました。その後、特徴量の尺度をそろえる方法について紹介し、最後に特徴選択について説明しました。

次章では、機械学習アルゴリズムについて説明します。次章ではここまでで説明した内容をすべて使います。

Chapter 6

機械学習アルゴリズム

本章では基礎的な機械学習モデルと、機械学習で頻繁に用いる概念を紹介します。まずは機械学習モデルの一つであるロジスティック回帰の概念について数式を交えながら説明し、実装します。

続いて、機械学習モデルの汎化性能について紹介します。機械学習では未知のデータに対して正しく予測できることが重要です。その性能を低下させる原因となる過学習と検知するためのツールとして学習曲線を紹介します。また、過学習を抑えるテクニックとして正則化を紹介します。

最後に、モデルのハイパーパラメータを自動的に調整するプロセスであるハイパーパラメータチューニングについて学びます。チューニングをすることで性能向上が期待できるとともに、自動化することで作業を効率化できます。

Chapter 6-1
本章の概要

本章のコードはColaboratory上に用意してあります。以下のリンク先から実行できます。
http://bit.ly/2O16oqA

本章では基礎的な機械学習モデルと、機械学習で頻繁に用いる概念を紹介します。**ロジスティック回帰**を実際に構築して学習し、起きる問題とその分析方法、解決策を紹介します。具体的には**過学習・未学習**という概念を紹介し、その分析方法として学習曲線を描きます。そして、解決方法として**正則化**という概念を紹介します。また、実践的なテクニックとして**ハイパーパラメータチューニング**についても紹介します。

まとめると、以下のトピックについて解説します。

- ロジスティック回帰
- ロジスティック回帰によるテキスト分類
- 交差検証
- 学習曲線
- 正則化
- ハイパーパラメータチューニング

ではまずは、シンプルながら強力なモデルであるロジスティック回帰について紹介します。

Chapter 6-2
ロジスティック回帰

本節では機械学習モデルの一つである**ロジスティック回帰（Logistic regression）**の理論を紹介します。ロジスティック回帰は名前に「回帰」という単語が含まれていますが、**分類**のためのモデルであることに注意してください。シンプルながら強力なモデルなので紹介します。

本節ではロジスティック回帰の定義とその学習方法について紹介します。実際の学習は次節で取り組みましょう。

6-2- 1 分類問題の定式化

本節ではロジスティック回帰がどのようなモデルなのかについて説明します。Chapter 2でも紹介しましたが、まずはじめに、分類問題について簡単におさらいしておきましょう。その後、分類問題を数学的に定義します。分類問題にも種類がありますが、ここでは**2値分類**を例として取り上げます。

2値分類問題とは、**入力を2つの値0、1のどちらかに分類する**問題です。慣習的に0を負例（Negative class）、1を正例（Positive class）と呼びます。2値分類問題の例として、メールのスパムフィルタ、クレジットカードが不正利用されているか否か、画像を見て病気であるか否かを判断するといった問題を挙げることができます。

2値分類問題の例として、Chapter 2でも取り上げた、りんごとオレンジを分類する問題について考えてみましょう。前と同じように、各軸は果物の色と大きさを表すものとします。便宜上、x_1を色、x_2を大きさとしておきましょう。このような設定でデータを描画したのが以下のグラフです。

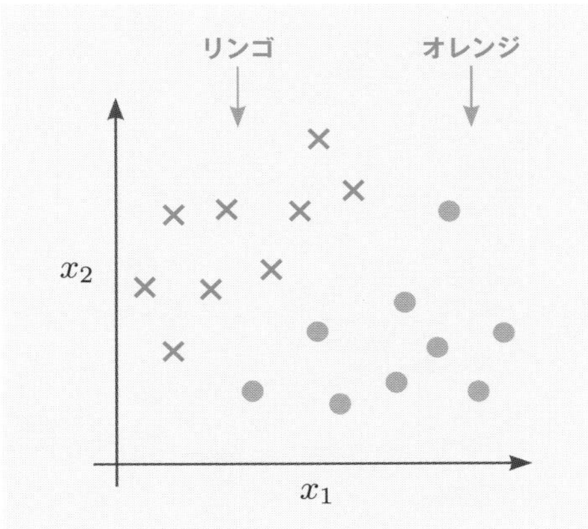

図6-2-1　りんごとオレンジをグラフで描画する

分類問題は線を引いて空間を切る問題と考えることができます。その際の切り方には色々と考えられますが、ここでは直線で切ることにします。一般的に、直線は$y = ax + b$で表されます。ここでaは直線の傾き、bは切片です。上記のグラフの場合、軸がx_1とx_2なので、直線は$x_2 = ax_1 + b$で表されます。

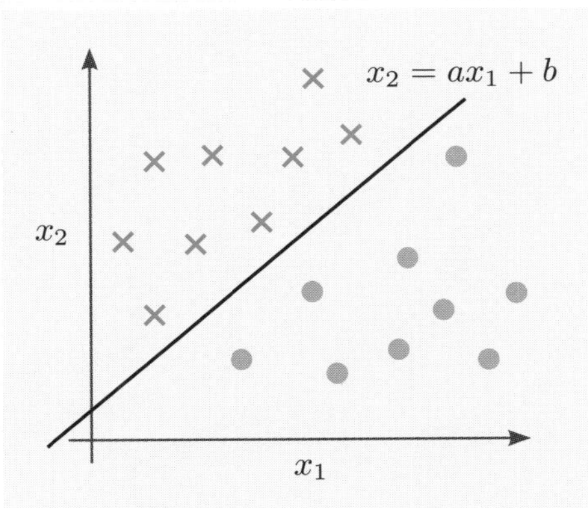

図6-2-2　直線でグラフを切る

直線$x_2 = ax_1 + b$で空間を切ることで2つの領域ができました。各領域はりんごとオレンジの領域であり、数式を使って表すことができます。直線より上の領域は$x_2 \geq ax_1 + b$、下の領域は$x_2 < ax_1 + b$で表すことができます。

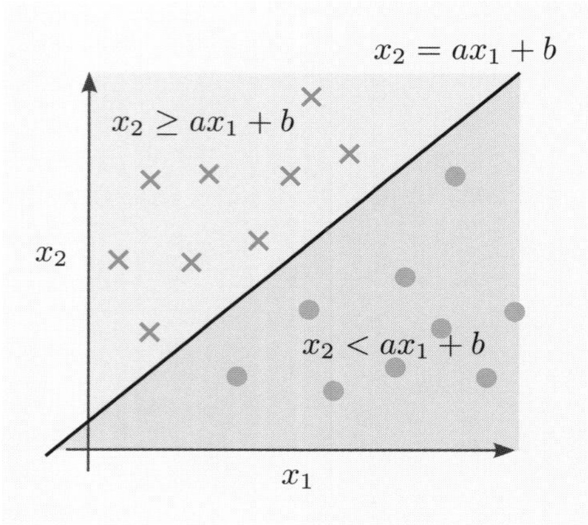

図6-2-3　りんごとオレンジの領域

2つの領域を数式化したことで、データを分類することができます。たとえば、データ(x_1, x_2)を式に当てはめて$x_2 \geq ax_1 + b$が成り立てばリンゴ、$x_2 < ax_1 + b$が成り立てばオレンジに分類するわけです。

イメージを付けるために、式に具体的な数字を当てはめて考えてみましょう。直線を$x_2 = 0.8x_1 + 2$、分類したいデータを$(4, 3)$とします。そうすると、$3 < 0.8 * 4 + 2 = 5.2$となるため、このデータをオレンジとして分類することができます。

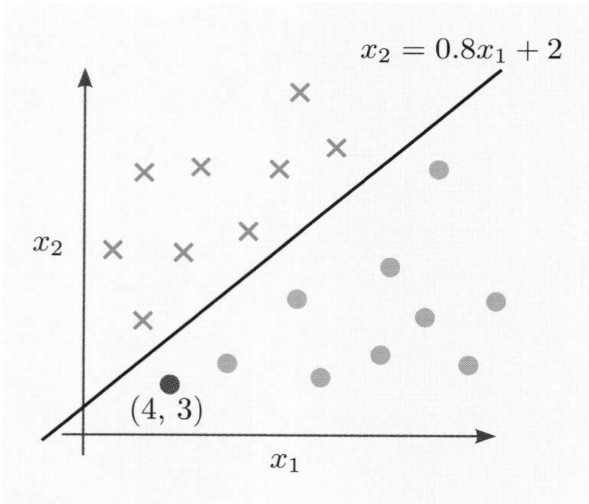

図6-2-4　データの分類

ここまでの話を定式化しておきましょう。そのために、リンゴに1、オレンジに0を割り当てておきます。分類結果を$\hat{y}$とすると、分類は以下のように定式化できます。

$$\hat{y} = \begin{cases} 1 & (x_2 - ax_1 - b \geq 0) \\ 0 & (x_2 - ax_1 - b < 0) \end{cases}$$

右辺の項を左辺に移項していることに注意してください。

上記の例の場合は変数がx_1とx_2の2つだけでしたが、これをn変数に一般化しておきましょう。一般化することで、特徴として糖度や水分量を足しても式で表すことができます。

先の式の条件部分を一般化すると$w_0 + w_1x_1 + w_2x_2 + \cdots + w_nx_n$という形になります。要するに、色や大きさ以外に、重さや水分量、糖度などを考慮した式の形ということになります。よりシンプルにベクトルの積として表現するために、$x_0 = 1$を導入すると、条件部分は以下のようなベクトルの積として表すことができます。

$$z = \begin{bmatrix} w_0 & w_1 & \ldots & w_n \end{bmatrix} \begin{bmatrix} x_0 \\ x_1 \\ \vdots \\ x_n \end{bmatrix} = \boldsymbol{w}^{\mathrm{T}}\boldsymbol{x}$$

こうすると、分類問題は以下のように定式化することができます。

$$\hat{y} = \begin{cases} 1 & (\boldsymbol{w}^{\mathrm{T}}\boldsymbol{x} \geq 0) \\ 0 & (\boldsymbol{w}^{\mathrm{T}}\boldsymbol{x} < 0) \end{cases}$$

6-2- 2 分類確率の導入

ここまでで分類を定式化してきましたが、実際には、単に分類するだけでなく、その確率を知りたい場合があります。たとえば、明日の天気を予測するときに、雨であるというだけでなく、それがどのくらいの**確率**なのかがわかると便利です。

確率を知りつつ分類を行うためにはそれを定式化する必要があります。それには、入力$\boldsymbol{x}$に対して出力がクラス1である確率を$P(y=1|\boldsymbol{x})$とし、この確率が0.5以上の値であればクラス1、そうでなければ0に分類すればいいでしょう。天気の例で言うと、$y=1$で雨が降ることを表すとすると、雨が降る確率が50%以上なら明日の天気は雨であるとするわけです。こうすれば、確率を使って以下のように分類を行うことができます。

$$\hat{y} = \begin{cases} 1 & (P(y=1|\boldsymbol{x}) \geq 0.5) \\ 0 & (P(y=1|\boldsymbol{x}) < 0.5) \end{cases}$$

確率を使った分類を行うためには現在のモデルを拡張する必要があります。$P(y=1|\boldsymbol{x})$が確率であるためにはいくつかの条件を満たす必要があるのですが、その一つに、$0 \leq P(y=1|\boldsymbol{x}) \leq 1$があります。要するに確率値は0から1の範囲に収まらなければならないということです。現在のモデルでは$\boldsymbol{w}^{\mathrm{T}}\boldsymbol{x}$の値を使って分類していますが、この値は0から1の範囲に収まるとは限らないので、モデルを拡張する必要があるのです。

現在のモデルを拡張するために、**シグモイド関数（sigmoid function）**を使うことができます。シグモイド関数は図6-2-5に示す形をした関数です。その形はなだらかに0から1まで変化するのが特徴です。$\boldsymbol{w}^{\mathrm{T}}\boldsymbol{x}$に対してシグモイド関数を適用することで、その値を0から1の範囲に収めることができます。したがって、その値を確率とみなすことで、確率を使った分類ができるようになります。

シグモイド関数は数式で表すと以下のような式になります。ここでeはネイピア数と呼ばれる定数であり、その値はおよそ$e = 2.718$です。それを踏まえてシグモイド関数の式を見ると、$\boldsymbol{w}^{\mathrm{T}}\boldsymbol{x}$が大きくなるほど、$e^{-\boldsymbol{w}^{\mathrm{T}}\boldsymbol{x}}$が小さくなるため、

$\phi(\boldsymbol{w}^{\mathrm{T}}\boldsymbol{x})$は1に近づくことがわかります。逆に$\boldsymbol{w}^{\mathrm{T}}\boldsymbol{x}$が小さくなるほど、$e^{-\boldsymbol{w}^{\mathrm{T}}\boldsymbol{x}}$は大きくなるため、$\phi(\boldsymbol{w}^{\mathrm{T}}\boldsymbol{x})$は0に近づきます。

$$\phi(\boldsymbol{w}^{\mathrm{T}}\boldsymbol{x}) = \frac{1}{1+e^{-\boldsymbol{w}^{\mathrm{T}}\boldsymbol{x}}}$$

実際にその形についてコードを書いて確認してみましょう。Anaconda Promptを起動（P.026参照）してください。

以下では、グラフの描画でmatplotlibを使うので、先にインストールしておきます。

ターミナル

```
> conda install matplotlib
```

インストールが終わったら、Pythonインタプリタを起動して（P.028参照）、試していきましょう。

以下のコードでは上の式を実装して描画しています。

Pythonインタプリタ

```
>>> import matplotlib.pylab as plt
>>> import numpy as np
>>> # xが入力、fがシグモイド関数の出力
>>> x = np.arange(-10, 10, 0.1)
>>> f = 1 / (1 + np.exp(-x))
>>> # 描画
>>> plt.grid()
>>> plt.plot(x, f)
>>> plt.xlabel('x')
>>> plt.ylabel('f(x)')
>>> plt.show()
```

plt.show()を実行することで以下のようなグラフが表示されます。これがシグモイド関数の形です。

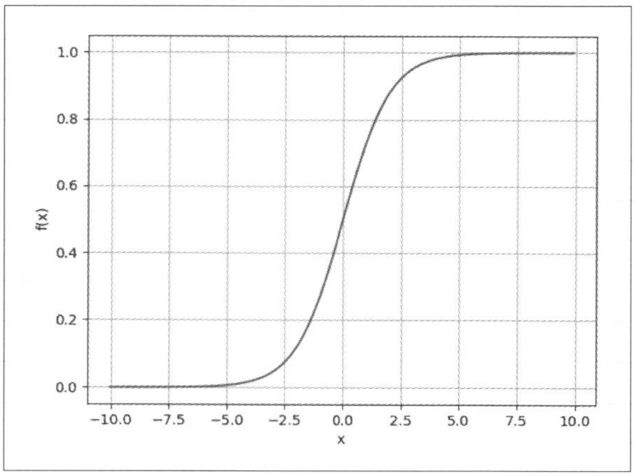

図6-2-5　シグモイド関数

では、さきほど定式化した分類の式を、シグモイド関数を用いて表現しましょう。そうすると以下のように定式化できます。

$$\hat{y} = \begin{cases} 1 & (\phi(\boldsymbol{w}^{\mathrm{T}}\boldsymbol{x}) \geq 0.5) \\ 0 & (\phi(\boldsymbol{w}^{\mathrm{T}}\boldsymbol{x}) < 0.5) \end{cases}$$

このようにして定式化された機械学習モデルのことを**ロジスティック回帰**と呼んでいます。

以上でロジスティック回帰を定式化することができました。次はロジスティック回帰の学習方法について説明します。

6-2- 3 ロジスティック回帰の学習

次にロジスティック回帰の学習方法について説明します。学習とは何かというと、データから最適な重み$\boldsymbol{w}$を決定することです。先の例でいうと、色や大きさを、それぞれどの程度重視するかを決めるということです。一般的に機械学習において、データからモデルの重みを学習する際に必要となる要素は大きく以下の2つに分けることができます。

- 損失関数
- オプティマイザ

以下ではそれぞれについて説明することで、学習についてのイメージを深めましょう。

6-2- 3-1 損失関数

損失関数（loss function）あるいは**コスト関数（cost function）**は、現在のモデルがどれくらい良いかを評価する関数です。たとえば、モデルがデタラメな予測をすれば損失関数の値は悪くなり、逆に正確な予測をすればその値は良くなります。このような損失関数を定義し、その値を良くすることを目指して重みを更新することで、モデルが正確な予測をできるようにする、これが機械学習のキモとなります。

損失関数がどのようなものなのか、例を使って考えてみましょう。ここでは損失関数を計算するために、モデルの予測値（`y_pred`）と正解値（`y_true`）を使います。たとえば、家賃を予測する問題の損失関数として、予測と正解の差の絶対値`abs(y_pred - y_true)`の和を使うなら、損失関数の値は以下のようになります。

モデルの予測	実際の値	損失関数の値
東京：200,000 大阪：120,000 愛知：100,000	東京：200,000 大阪：120,000 愛知：100,000	0
東京：220,000 大阪：120,000 愛知：100,000		20,000 （東京との差の絶対値）
東京：220,000 大阪：100,000 愛知：100,000		40,000 （東京と大阪の差の絶対値の和）

上の例では損失関数として差の絶対値の和を使いましたが、損失関数には様々な種類があります。差の絶対値のような簡単なものだけでなく複雑なものもあります。

ここでは損失関数の例として以下の2つについて紹介します。

- 平均二乗誤差
- クロスエントロピー

平均二乗誤差(MSE：Mean Squared Error)は、シンプルな損失関数です。平均二乗誤差の計算は、予測と正解との差の二乗和を、データセット全体で平均します。データが全部でn個あるとき、I番目のデータの正解を$y^{(i)}$、予測を$\hat{y}^{(i)}$とすると以下の式で計算することができます。考え方としては単純で、モデルの予測した値と正解の値が近いほど平均二乗誤差の値は小さくなります。

$$MSE = \frac{1}{n}\sum_{i=1}^{n}(y^{(i)} - \hat{y}^{(i)})^2$$

クロスエントロピー(cross entropy)も頻繁に使用される損失関数です。これは実際には正規尤度関数とまったく同じ公式ですが、対数が追加されています。実際のクラスが1の場合、関数の第二項が消え、実際のクラスが0の場合、第一項が消えます。以下のようにして、予測確率の対数と正解ラベルを乗算することになります。

$$-(y\log p + (1-y)\log(1-p))$$

クロスエントロピーの性質として、間違ったクラスに対して高い確率を予測するとその値が非常に大きくなる点を挙げられます。要するに、ものすごく自信があったのに間違えた場合は大きなペナルティになります。したがって、そうならないように学習を行うことになります。

以下のグラフは、正解ラベルが1の場合にクロスエントロピーがどうなるかを示しています。ラベル1の予測確率が0に近づく(ラベル0の予測確率が1に近づく)につれて、クロスエントロピーが急激に上昇することがわかります。つまり、正解がラベル1なのに高い確率でラベル0を予測すると大きなペナルティを与えられます。

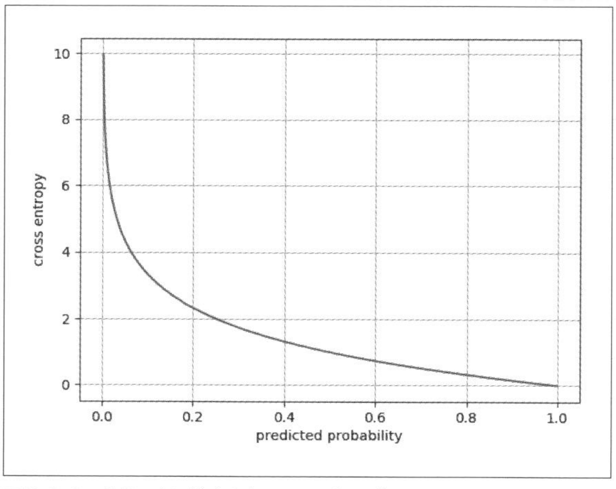

図6-2-6　クラス1に対するクロスエントロピー

損失関数に対する理解を深めたところで、ロジスティック回帰の損失関数を導出しておきましょう。損失関数を導出するために、以下の式で表される**尤度関数**を定義します。ここで、ϕはシグモイド関数、$z^{(i)}$はi番目の入力$\boldsymbol{x}^{(i)}$と重み$\boldsymbol{w}$の積$z^{(i)} = \boldsymbol{w}^{\mathrm{T}}\boldsymbol{x}^{(i)}$、$y^{(i)}$は$i$番目のデータの正解ラベルです。

$$
\begin{aligned}
L(\boldsymbol{w}) &= \prod_{i=1}^{n} P(y^{(i)}|\boldsymbol{x}^{(i)}; \boldsymbol{w}) \\
&= \prod_{i=1}^{n} \phi(z^{(i)})^{y^{(i)}}(1-\phi(z^{(i)}))^{1-y^{(i)}}
\end{aligned}
$$

なんだか急に話が難しくなりましたね。でも落ち着いて考えればわかるので安心してください。1番目の式の$P(y^{(i)}|\boldsymbol{x}^{(i)}; \boldsymbol{w})$の部分は、現在の重み$\boldsymbol{w}$に対して入力$\boldsymbol{x}^{(i)}$を与えたときに、出力として正解ラベル$y^{(i)}$が得られる確率を表しています。そして、$\prod_{i=1}^{n}$の部分では$n$個のデータに対する積を計算しています。ということは、この式の値は入力に対して正しいラベルの確率が高くなるように予測できれば、大きくなるわけです。

ここまでで正解ラベルの確率の積をかけることで尤度を計算できることはわかりましたが、ロジスティック回帰の場合はシグモイド関数から出力される値をかければよいのでしょうか？ 実はそれは正しくありません。なぜなら、ロジスティック回帰のシグモイド関数から出力される確率はラベルが1である確率を表しているからです。そのため、出力された確率をかけるだけでは正解ラベルが0のデータが含まれる場合に正しく尤度を計算できません。たとえば、$[0,\ 1,\ 1]$という正解ラベルに対してモデルが$[0.1,\ 1.0,\ 0.9]$の確率を出力した場合、尤度は$(1\text{-}0.1)\ \times\ 0.6\ \times\ 0.9 =\ 0.81$と計算したいはずです。なぜなら、正解ラベルが0の場合の確率は（1-0.1）だからです。

2番目の式では正解ラベルが0と1の場合それぞれについての確率を表現しています。$\phi(z^{(i)})$はラベルが1の確率、$(1-\phi(z^{(i)}))$はラベルが0の確率を表しています。注目すべきはこれらの肩に乗っている$y^{(i)}$と$1-y^{(i)}$です。もし正解ラベルが1の場合、2番目の式は$\phi(z^{(i)})^1(1-\phi(z^{(i)}))^0 = \phi(z^{(i)})$となります。これは正解ラベルが1の確率を表しています。逆に正解ラベルが0の場合、$\phi(z^{(i)})^0(1-\phi(z^{(i)}))^1 = 1-\phi(z^{(i)})$となります。これは正解ラベルが0の確率を表しています。このように2番目の式では正解ラベルの値を上手く使うことで、各ラベルの確率を表現しているのです。これにより、尤度関数の値を正しく計算することができます。

ここまで尤度関数についての説明をしてきましたが、実際には尤度関数をそのまま使うのではなく、その対数を取った対数尤度関数を使います。その理由は2つあります。

一つ目の理由は、尤度関数は確率の積の形をしているため、**アンダーフロー**が起きる可能性があるためです。アンダーフローというのは、計算結果が「0.000.........1」のように小さくなり過ぎて、コンピュータで表現できなくなることをいいます。確率の値は1以下であるため、その積はどんどん小さくなっていってしまい、表現できなくなるということです。

もう一つの理由は、あとで尤度関数を微分するのですが、そのときに計算をしやすくするためです。

理由がわかったところで対数尤度関数を書いてみましょう。対数尤度関数はさきほどの尤度関数に対して対数を取ることで導くことができます。$\log ab = \log a + \log b$、$\log a^b = b \log a$であることを利用すると以下のように書くことができます。

6-2

$$
\begin{aligned}
\log L(\boldsymbol{w}) &= \log \prod_{i=1}^{n} \phi(z^{(i)})^{y^{(i)}} (1-\phi(z^{(i)}))^{1-y^{(i)}} \\
&= \sum_{i=1}^{n} \log \phi(z^{(i)})^{y^{(i)}} (1-\phi(z^{(i)}))^{1-y^{(i)}} \\
&= \sum_{i=1}^{n} \left[\log \phi(z^{(i)})^{y^{(i)}} + \log(1-\phi(z^{(i)}))^{1-y^{(i)}} \right] \\
&= \sum_{i=1}^{n} \left[y^{(i)} \log \phi(z^{(i)}) + (1-y^{(i)}) \log(1-\phi(z^{(i)})) \right]
\end{aligned}
$$

最小化する形に書き直すと、ロジスティック回帰の損失関数は以下のように定義されます。

$$
\begin{aligned}
J(\boldsymbol{w}) &= -\log L(\boldsymbol{w}) \\
&= -\sum_{i=1}^{n} \left[y^{(i)} \log \phi(z^{(i)}) + (1-y^{(i)}) \log(1-\phi(z^{(i)})) \right]
\end{aligned}
$$

ここまでの話を整理しておきましょう。**損失関数**は、モデルがデータセットをどれだけうまくモデル化しているかを評価する関数でした。機械学習では、モデルに対して損失関数を定義し、その値を最小化することを目指して重みを更新します。その重みの更新を担当するのが、次に説明するオプティマイザです。

6-2- 3-2 オプティマイザ

オプティマイザ（optimizer）は、損失関数の値に応じてモデルの重みを更新するアルゴリズムのことです。学習中は損失関数の値を最小化することを目指して重みの更新を行うことは前に述べました。このうち、オプティマイザは重みをいつ、どの程度、どうやって更新するかという部分を担当するわけです。

オプティマイザと損失関数の関係について簡単に説明しておきましょう。機械学習では、なるべく良い予測をできるように重みを更新したいわけです。そのためには、重みを良い予測をできる方向へ動かす必要があります。この動かし方を決めるのがオプティマイザであり、良いか否かを判断するのに使われるのが損失関数というわけです。

重みの更新は、目隠しをして山を降りようとしている登山家に似ています。目隠しをしているのでどの方向に進むべきかはわかりません。登山家がわかるのは、斜面を下っているか登っているかだけです。その情報を使って下山するなら、下へ降りる方向へ進んでいけば下山できる可能性が高くなるでしょう。

図6-2-7　重みの更新は山を下るのに似ている※1

※1　出典：http://www.deepideas.net/deep-learning-from-scratch-iv-gradient-descent-and-backpropagation/

機械学習でも同様に、最初から最適な重みがどこにあるかを知ることは不可能です。なので、どの方向に進むのが最適なのかはわかりません。オプティマイザがわかるのは、**損失関数が小さくなるか否か**だけです。その情報を使うなら、損失関数が小さくなる方向に進んでいけば、最適な重みにたどり着く可能性が出てくるということです。

オプティマイザには多くの種類があるのですが、ここからは最も基礎的な**勾配降下法（Gradient Descent）**の考え方を紹介します。

勾配降下法は重みを更新するために使われるアルゴリズムで、多くの機械学習アルゴリズムの重みを最適化するのに使うことができます。仕組みとしては以下の通りです。

1. 損失関数の勾配を計算
2. 勾配に基づいて重みを更新
3. 損失関数の値が変化しなくなるまで1と2を繰り返す

ここで重要なのは勾配を理解することです。勾配というのは要するに**傾き**を表しています。つまり、重みがわずかに変化した時に損失関数がどうなるのかを計算しています。この傾きがわかることで、損失関数が小さくなる方向に進むことができるわけです。イメージを掴むためには以下の図が役に立ちます。

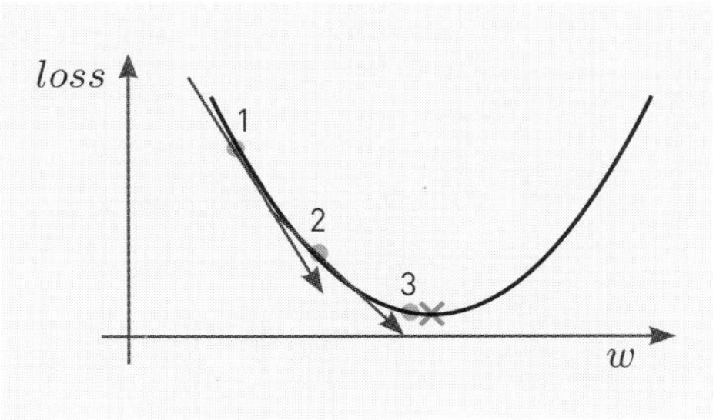

図6-2-8　一次元の勾配法

この図は重みwに対応した損失関数の値をプロットしています。ここでは最小値は緑のバツ印（X）で示しています。一般的に重みの値がいくつなら損失関数の値を最小にできるかはわからないため、重みの初期値はランダムな値を設定します。上の図では「1」のラベルが付いた点が初期値を示しています。この初期値から重みを更新する方法が勾配法です。

より詳しく説明すると、最初に、重みの初期値である「1」の点で勾配を計算します。図では矢印で示している線が勾配を表しています。勾配には向きの情報も含まれています。したがって、wの増加に対して勾配が正であれば、損失関数の値は増加することになります。逆にwの増加に対して負であれば減少します。

勾配が計算できれば、あとはそれに基づいて重みを更新します。その計算は以下のように行われます。

$$\boldsymbol{w}_{new} = \boldsymbol{w}_{old} - \alpha * \nabla J(\boldsymbol{w})$$

ここで、w_{new}は新しい重み、w_{old}は古い重み、$\nabla J(w)$は損失関数の勾配、αは学習率です。学習率は、重みをどれだけ更新するかを決定します。学習率が大きすぎると、損失関数の値が収束せず、逆に小さすぎると学習に時間がかかってしまいます。その様子は図6-3-4のように表せます。

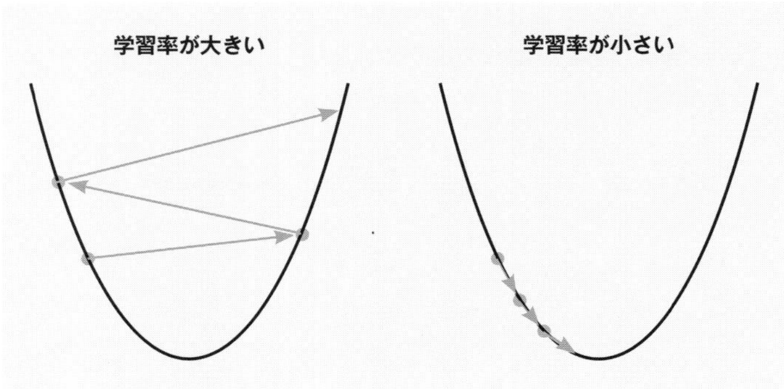

図6-2-9　学習率と損失関数

ここまでで勾配が計算できれば、勾配降下法を使って重みを更新できることがわかりました。では、ロジスティック回帰の場合に更新式がどうなるのかを導いてみましょう。そのためには、ロジスティック回帰の損失関数の勾配を求めます。勾配は損失関数を重みwの各値で微分することで得られます。その結果は以下のようになります。

$$\frac{\partial J(w)}{\partial w_j} = \sum_{i=1}^{n}(\phi(z^{(i)}) - y^{(i)})x_j^{(i)}$$

勾配をよく見ると、予測値$\phi(z^{(i)})$と正解ラベル$y^{(i)}$の差となっていることがわかります。この結果を勾配降下法の式に当てはめると、以下の更新式を得ることができます。

$$w_j = w_j - \alpha \sum_{i=1}^{n}(\phi(z^{(i)}) - y^{(i)})x_j^{(i)}$$

6-2-3-3 ロジスティック回帰による多クラス分類

今までは2値分類問題をベースに説明してきました。しかし、現実には2値分類問題以外の問題を解きたいことがあります。たとえば、天気を予測する問題では、予測するクラスは晴れ、曇、雨、雪などといったクラスがあります。病気の診断にしても、病気でないのか、風邪なのか、インフルエンザなのかといった分類をしたいはずです。

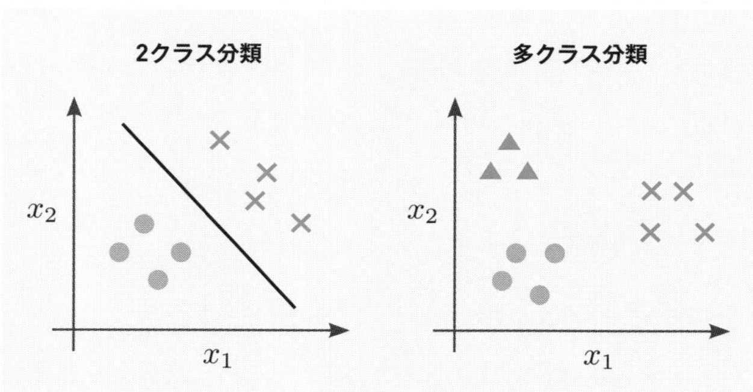

図6-2-10　2値分類問題と多クラス分類問題

ロジスティック回帰で多クラス分類問題を解くときに使える方法の一つとして**one vs all法**があります。どういう方法かというと、各クラスに対してロジスティック回帰の分類器を学習するという方法です。つまり、ある一つのクラスを正例、残りのすべてのクラスを負例として分類器を学習します。

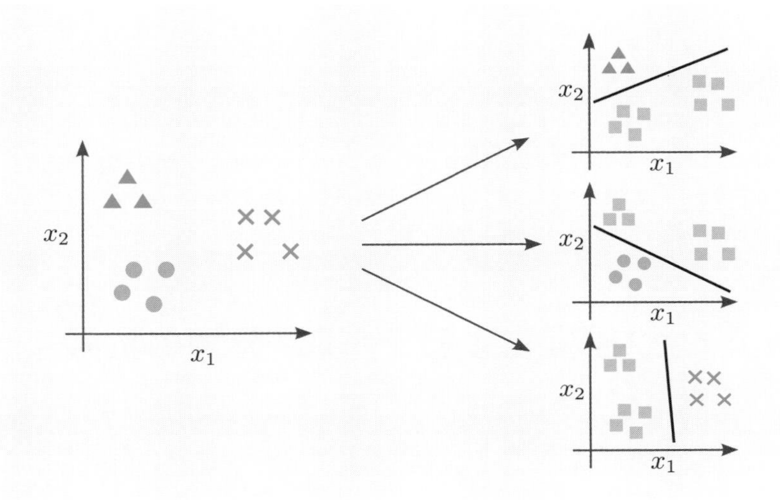

図6-2-11　One vs All

クラスiの分類器を$\phi^i(\boldsymbol{x})$とすると、最終的なクラスは以下のようにして得られます。要するに、最大確率を出力する分類器のクラスを採用するのです。

$$\max_i \phi^i(\boldsymbol{x})$$

6-3

Chapter 6-3

ロジスティック回帰によるテキスト分類

6-3-1 プロジェクト構成

本節以降では実装を行っていくのでそのプロジェクト構成について説明しておきます。以下のプロジェクト構成で実装を進めていきます。

```
├── data
│   └── amazon_reviews_multilingual_JP_v1_00.tsv
├── cross_validation.py
├── hp_optimization.py
├── learning_curve.py
├── preprocessing.py
├── train.py
└── utils.py
```

「data」ディレクトリの中にはレビューのデータセットを格納しておきます。「preprocessing.py」には前処理用の関数を、「utils.py」にはデータ読込用の関数などを書いていきます。これらはChapter 5で使ったファイルをコピーするか、本書のサンプルファイルを利用してください。それ以外については適宜説明します。

6-3- 2 ロジスティック回帰によるテキスト分類の実践

ではロジスティック回帰の理屈について理解したところでコードを見ていきましょう。とは言うものの、ここまでの章でも使ってきたので新しいことはありません。「train.py」に以下のコードを書きます。

train.py

```python
from sklearn.feature_extraction.text import TfidfVectorizer
from sklearn.linear_model import LogisticRegression
from sklearn.model_selection import train_test_split
from sklearn.metrics import accuracy_score

from preprocessing import clean_html, tokenize
from utils import load_dataset

def main():
    x, y = load_dataset('data/amazon_reviews_multilingual_JP_v1_00.tsv', n=5000)

    x = [clean_html(text, strip=True) for text in x]
    x_train, x_test, y_train, y_test = train_test_split(x, y,
                                                        test_size=0.2,
                                                        random_state=42)

    vectorizer = TfidfVectorizer(tokenizer=tokenize)
    x_train_vec = vectorizer.fit_transform(x_train)
    x_test_vec = vectorizer.transform(x_test)

    clf = LogisticRegression(solver='liblinear')
    clf.fit(x_train_vec, y_train)

    y_pred = clf.predict(x_test_vec)
    score = accuracy_score(y_test, y_pred)
    print('Accuracy(test): {:.4f}'.format(score))

if __name__ == '__main__':
    main()
```

データセット読み込み用の関数load_dataset、HTMLタグを取り除く関数clean_html、単語分割用の関数tokenize、はChapter 5で定義したものを再利用しています。

コードを見て気づくのは、損失関数やオプティマイザを意識することなく学習できている点です。scikit-learnの場合、fitメソッドに学習用のデータセットを渡して呼び出すと内部で重みを更新してくれるため、私たちは内部で何が行われているか意識することなくモデルを学習させられるわけです。

Chapter 6-4

交差検証

これまでは、まずはデータセットを学習用とテスト用に分割し、学習用データセットを使ってモデルを学習、テスト用データセットを使ってモデルの評価を行ってきました。そこで中心的な役割を担っていたのがtrain_test_split関数であり、test_size引数に0.0から1.0の間の数字を渡すことで、指定した数字の割合のデータをテスト用データセットとして用意することができました。

この方法も悪くはありませんが、一つ問題があります。モデルのハイパーパラメータや特徴を変化させて何度も実験を繰り返した際、同じテストデータセットを使って評価し続けると、そのデータセットに対して**過学習**してしまうのです。過学習というのは、次の節で詳しく説明しますが、モデルが学習用データセットにフィットしすぎることです。テストデータセットを使って未知のデータに対する性能を評価したいのに、その値を使ってモデルのチューニングなどを行っては意味がありません。

この問題はデータセットを学習用、検証用、テスト用の3つに分割することで解決することができます。学習は学習用データセットで行い、チューニングは検証用データセットで行い、最終的な評価はテスト用データセットで行います。この方法は実際にもよく使われています。

しかし、3つに分割する方法にも課題があります。データセットを3つに分割することで、モデルの学習に使用できるデータ数が大きく減ってしまうのです。また、最終的な結果が学習用データセットと検証用データセットがどう選ばれたかに依存してしまいます。

この問題の解決策として、**交差検証（Cross Validation: CV）**と呼ばれる方法があります。最も基本的なk分割交差検証では、学習用データセットをk個のデータセットに分割します。このうち、k-1個を学習に使い、1個を検証に使うのです。検証用のデータセットを変えて実験を繰り返すことで性能を評価します。図にすると以下のようになります。

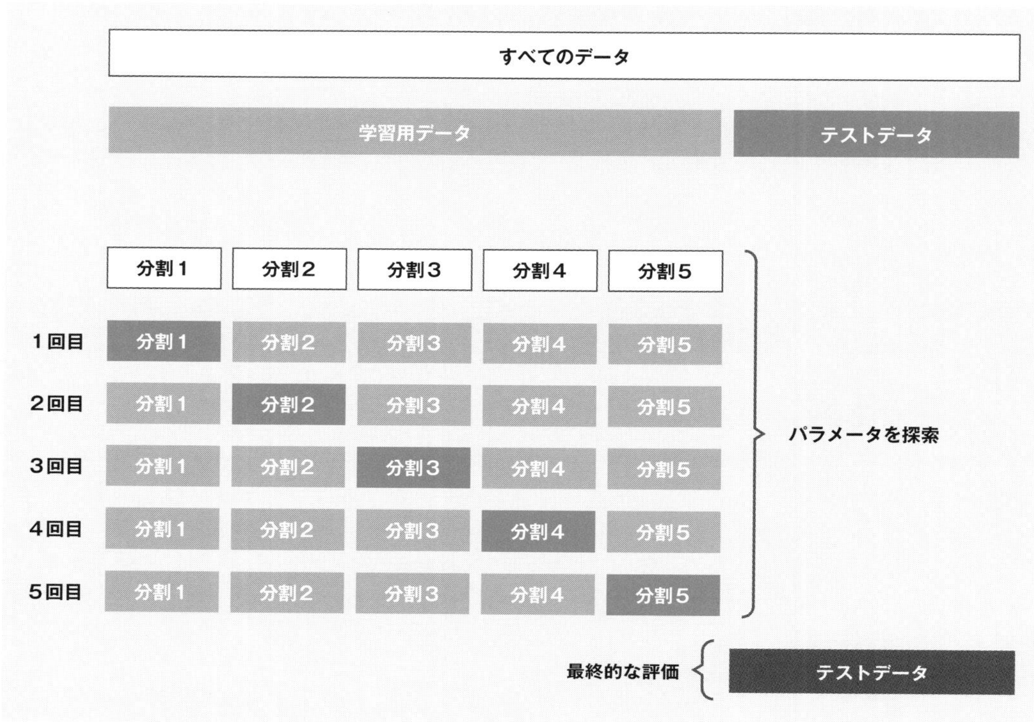

図6-4-1　交差検証の仕組み※2

ではk分割交差検証を試してみましょう。以下のコードを「cross_validation.py」に書いていきます。

cross_validation.py

```
from sklearn.feature_extraction.text import TfidfVectorizer
from sklearn.linear_model import LogisticRegression
from sklearn.model_selection import train_test_split, cross_val_score
from sklearn.metrics import accuracy_score

from preprocessing import clean_html, tokenize
from utils import load_dataset

def main():
    x, y = load_dataset('data/amazon_reviews_multilingual_JP_v1_00.tsv', n=5000)

    x = [clean_html(text, strip=True) for text in x]
    x_train, x_test, y_train, y_test = train_test_split(x, y,
                                                        test_size=0.2,
                                                        random_state=42)

```

※2　出典：https://scikit-learn.org/stable/modules/cross_validation.html

```
    vectorizer = TfidfVectorizer(tokenizer=tokenize)
    x_train_vec = vectorizer.fit_transform(x_train)
    x_test_vec = vectorizer.transform(x_test)

    clf = LogisticRegression(solver='liblinear')
    scores = cross_val_score(clf, x_train_vec, y_train, cv=5)
    print(scores)
    print('Accuracy: {:.4f} (+/- {:.4f})'.format(scores.mean(), scores.std() * 2))

    clf.fit(x_train_vec, y_train)
    y_pred = clf.predict(x_test_vec)
    score = accuracy_score(y_test, y_pred)
    print('Accuracy(test): {:.4f}'.format(score))

if __name__ == '__main__':
    main()
```

コードを書き終えたら実行してみましょう。

ターミナル

```
> python cross_validation.py
[0.8175   0.83375  0.8225   0.8275   0.820625]
Accuracy: 0.8244 (+/- 0.0114)
Accuracy(test): 0.8440
```

k分割交差検証はscikit-learnのcross_val_score関数を使うことで簡単に実装することができます。関数のcv引数に何分割するかを指定する整数値を渡します。こうすることで、関数の内部でデータセットを分割してモデルの学習と検証を行ってくれます。

cross_validation.py

```
clf = LogisticRegression(solver='liblinear')
scores = cross_val_score(clf, x_train_vec, y_train, cv=5)
```

cross_val_scoreの返り値には各分割での正解率が格納されています。scoresの出力結果を見ると、分割の仕方によって性能が変わってくることを確認できます。また、結果はNumPyの配列で返ってきているので、スコアの平均と分散をmeanとstdメソッドで計算することができます。今回の場合、平均正解率は0.8244となりました。

cross_validation.py

```
scores = cross_val_score(clf, x_train_vec, y_train, cv=5)
print(scores)
print('Accuracy: {:.4f} (+/- {:.4f})'.format(scores.mean(), scores.std() * 2))
```

Chapter 6-5

汎化性能

これまでにモデルの学習方法について紹介してきましたが、作成したモデルが良いかどうかはどうすればわかるのでしょうか？ 本節ではモデルの良さに関わる概念である**汎化性能**（はんかせいのう）**(generalization)** と過学習について紹介します。

汎化性能とは、**未知のデータに対して正しく予測できる能力**のことをいいます。機械学習の目的は汎化性能の高いモデルを作成することです。これはつまり、未知のデータに対して、予測性能の良いモデルを作るということを意味します。

汎化性能の高い状態について例を用いて考えてみましょう。以下に2次元のデータセットを用意しました。クラス数は2つで、各データセットのデータはそれぞれマルとバツで表されています。左側に学習用データセット、右側にテストデータセットを用意してあります。

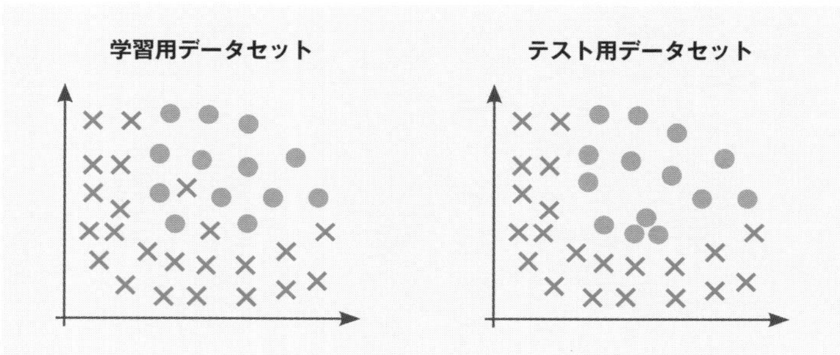

図6-5-1　学習・テストデータセットの分布

汎化性能が高い状態は、学習したモデルを使って未知のデータを予測した場合に正しく予測できる能力が高いことを意味します。たとえば、以下の図では左側の学習用データセットで学習したモデルを、右側のテストデータセットに対する予測に利用するとほとんどのデータを正しく分類できています。これが汎化性能の高い状態です。

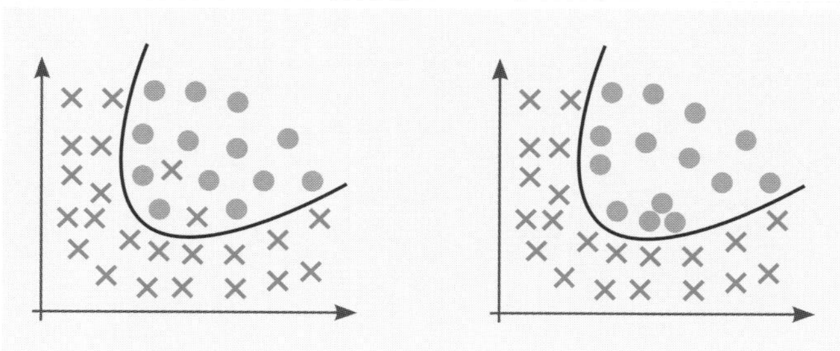

図6-5-2　汎化性能の高い状態

汎化性能の低い状態についても見ておきましょう。以下の図では左側の学習用データセットで学習したモデルを、右側のテストデータセットに対する予測に利用すると誤った分類をすることが多くなっています。これはモデルが学習用データセットにフィットしすぎた状態であり**過学習（over-fitting）**と呼びます。

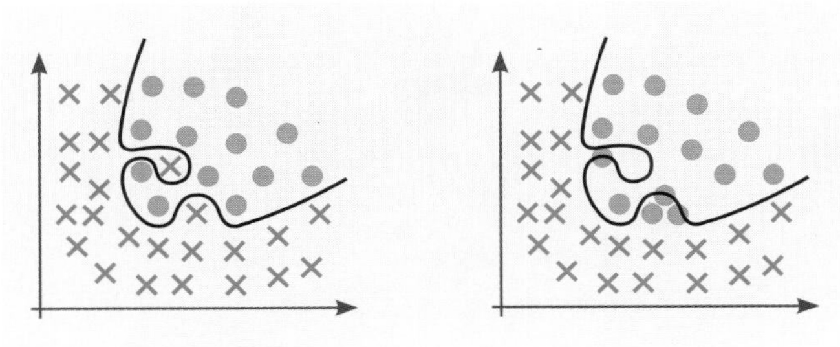

図6-5-3　過学習の状態

過学習が起きると汎化性能に期待することはできません。なぜなら、学習用データセットに過度にフィットしているため、学習用データセットに現れたデータと同じようなデータは正確に予測できますが、未知のデータについては予測性能が落ちることが予想されるからです。そのため、過学習が起きているか否かを知ることは重要です。

汎化性能の低い状態について別の例を見てみましょう。以下の図では左側の学習用データセットで学習したモデルを、右側のテストデータセットに対する予測に利用すると誤った分類をすることが多くなっています。これはモデルが学習用データセットにフィットしなさすぎた状態であり**未学習（under-fitting）**と呼びます。

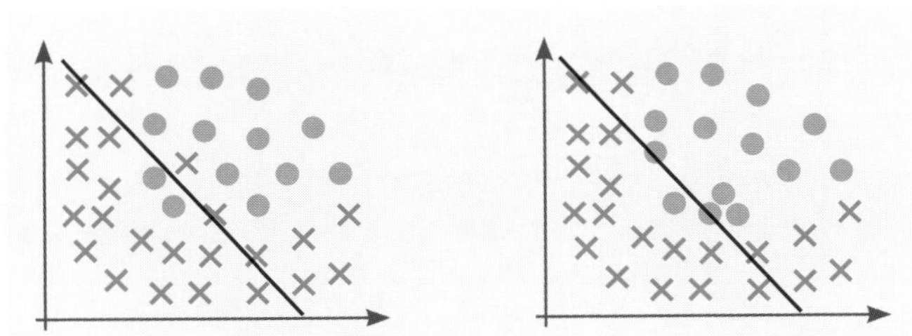

図6-5-4　未学習の状態

過学習は、モデルの複雑さに対してデータ量が少ない場合に起こりがちです。よくあるパターンは、「1つの特徴で上手く認識できていたから、特徴数を2に増やしたらもっと良い結果になるに違いない」と考えて特徴を増やしたら、過学習したというパターンです。モデルが複雑になった一方、データ量が変わっていないために起きるのです。

このことを理解するために、ヒストグラムから関数を推定する問題について考えてみます。正規乱数から発生させた1変数のデータ100個を区間数10の1次元のヒストグラムとして表現すると以下の左の図のようになります。これはなんとなく正規分布であることを推定できます。一方、同じ100個のデータで2次元のヒストグラムを描くと右の図のようになります。この図からは正規分布であることはわかりません。データ数が少なすぎて関数を表現できないのです。

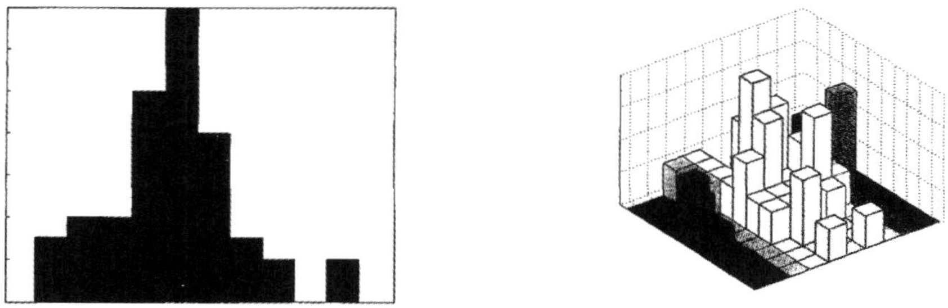

(a) 1次元の場合　　(b) 2次元の場合

図6-5-5　過学習の直感的理解※3

こうなった原因はヒストグラムの分割数が指数関数的に増えたことにあります。次元数は1次元から2次元で2倍になっている一方、ヒストグラムの分割数は10x10=100に増えているのです。これでは100個のデータで分布を表現することは到底できません。これが3次元になれば1,000個、4次元なら10,000個のように増えるので、特徴の次元数を増やすとデータ数を指数関数的に増やさなければならなくなるのです。

そういうわけで過学習を起こさないようにするのが重要なわけですが、そのためにもまず過学習が起きているか否かを知ることが大切です。過学習が起きているか否かを判断するのに使えるツールとして次に紹介する学習曲線があります。

Chapter 6-6 学習曲線

学習曲線は、横軸にデータ数、縦軸に性能をプロットして描いた図です。データ数を変えた時に性能がどう変化するかをプロットしています。図6-6-1に学習曲線の例を示しました。

学習曲線からは過学習や未学習が起きていることを読み取ることができます。過学習が起きているときは、学習用データセットに対する性能が非常に高く、検証用データセットに対する性能は低くなります（図6-6-1の右）。それに対して、未学習の場合はデータ数を増やしても学習用データセットと検証用データセットに対する性能が低いままになっています（図6-6-1の左）。

※3　出典：「怪奇!! 次元の呪い - 識別問題，パターン認識，データマイニングの初心者のために -（前編）」（https://ci.nii.ac.jp/naid/110002721441）

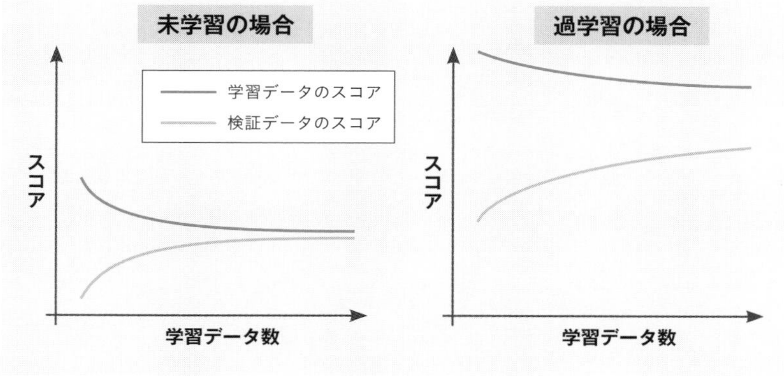

図6-6-1　学習曲線の例※4

では実際に学習曲線を描いてみましょう。まずは学習曲線を描くための関数を「utils.py」に定義します。以下のコードはscikit-learnの公式ドキュメント※5から引用しています。

utils.py

```
import numpy as np
import matplotlib.pyplot as plt
from sklearn.model_selection import learning_curve

def plot_learning_curve(estimator, title, X, y, ylim=None, cv=None,
                        n_jobs=-1, train_sizes=np.linspace(.1, 1.0, 5)):
    plt.figure()
    plt.title(title)
    if ylim is not None:
        plt.ylim(*ylim)
    plt.xlabel('Training examples')
    plt.ylabel('Score')
    train_sizes, train_scores, test_scores = learning_curve(
        estimator, X, y, cv=cv, n_jobs=n_jobs, train_sizes=train_sizes)
    train_scores_mean = np.mean(train_scores, axis=1)
    train_scores_std = np.std(train_scores, axis=1)
    test_scores_mean = np.mean(test_scores, axis=1)
    test_scores_std = np.std(test_scores, axis=1)
    plt.grid()

    plt.fill_between(train_sizes, train_scores_mean - train_scores_std,
                     train_scores_mean + train_scores_std, alpha=0.1,
                     color='r')
    plt.fill_between(train_sizes, test_scores_mean - test_scores_std,
                     test_scores_mean + test_scores_std, alpha=0.1, color='g')
    plt.plot(train_sizes, train_scores_mean, 'o-', color='r',
             label='Training score')
    plt.plot(train_sizes, test_scores_mean, 'o-', color='g',
             label='Cross-validation score')
```

※4　出典：『Python Machine Learning』（Sebastian Raschka著、2015年、Packt Publishing）
※5　出典：https://scikit-learn.org/stable/auto_examples/model_selection/plot_learning_curve.html

```

    plt.legend(loc='best')

    plt.show()
```

長い関数ですが、キモとなるのはlearning_curve関数です。この関数では学習データセットのサイズを変更したときの学習とテストのスコアを交差検定して算出しています。これ以降のコードは、基本的には描画のためのコードとなっています。

定義した関数を使って学習曲線を描画するためのコードを「learning_curve.py」に書きます。

learning_curve.py

```
from sklearn.model_selection import ShuffleSplit
from sklearn.feature_extraction.text import TfidfVectorizer
from sklearn.linear_model import LogisticRegression
from sklearn.model_selection import train_test_split

from preprocessing import clean_html, tokenize
from utils import load_dataset, plot_learning_curve

def main():
    x, y = load_dataset('data/amazon_reviews_multilingual_JP_v1_00.tsv', n=5000)

    x = [clean_html(text, strip=True) for text in x]
    x_train, x_test, y_train, y_test = train_test_split(x, y,
                                                        test_size=0.2,
                                                        random_state=42)

    vectorizer = TfidfVectorizer(tokenizer=tokenize)
    x_train_vec = vectorizer.fit_transform(x_train)
    x_test_vec = vectorizer.transform(x_test)

    title = 'Learning Curves'
    cv = ShuffleSplit(n_splits=5, test_size=0.2, random_state=0)
    clf = LogisticRegression(solver='liblinear')
    plot_learning_curve(clf, title, x_train_vec, y_train, cv=cv)

if __name__ == '__main__':
    main()
```

書いたらターミナルで「python learning_curve.py」を実行します。結果は以下のようになりました。

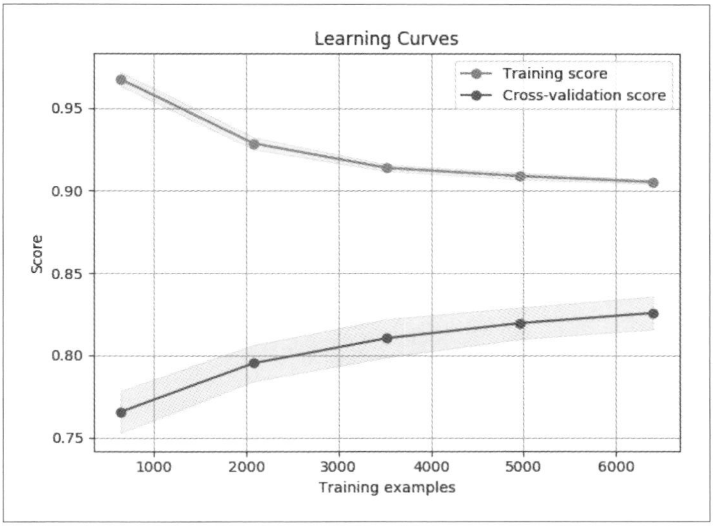

図6-6-2　描画した学習曲線

学習曲線を用いることで、やや過学習気味であることがわかりました。ではどうやって過学習しないようなモデルを作成すれば良いのでしょうか？ その方法の一つとして次節で紹介する正則化があります。

Chapter 6-7
正則化

汎化性能の節で過学習についての説明をした際、その原因としてモデルの複雑さについて述べました。モデルの複雑さが過学習の原因であるなら、モデルの複雑さを減らすことで過学習を抑えることにつながるはずです。本節で説明する**正則化(Regularization)**のテクニックは過学習を抑える一つのテクニックです。

複雑なモデルを単純にするためにはいくつかのテクニックを使うことができます。一つはそもそもパラメータの数を減らすことです。これには**特徴選択**や**次元削減**といったテクニックを使うことができます。もう一つが、重みに制約をかける方法です。正則化は後者に当たります。

正則化は過学習を抑えるために使われるテクニックの一つです。正則化は損失関数に重みの大きさに関するコストを加えることで行います。これにより、モデルの複雑さに対してペナルティを加えることができます。

正則化でよく使われる重みの大きさに関するコストには**L1**と**L2**の2種類あります。L1正則化では、重み係数の絶対値に比例するコストを損失関数に加えます。一方、L2正則化では、重み係数の二乗に比例するコストを加えます。

言葉だけだとわかりにくいので、式の形で示してみましょう。ロジスティック回帰で用いた損失関数にL1正則化の項を加えると以下のような式になります。

$$J(\boldsymbol{w}) = -\log L(\boldsymbol{w}) + \lambda\|\boldsymbol{w}\|_1$$

λは正則化項をどれだけ重視するかを指定するためのハイパーパラメータであり、$\|\boldsymbol{w}\|_1$はL1正則化の項です。この項は$\|\boldsymbol{w}\|_1 = |w_1| + |w_2| + \cdots + |w_n|$のように各係数の絶対値の和として定義されます。

一方、L2正則化の項を加えると以下のような式になります。

$$J(\boldsymbol{w}) = -\log L(\boldsymbol{w}) + \lambda\|\boldsymbol{w}\|_2$$

$\|\boldsymbol{w}\|_2$はL2正則化の項です。この項は$\|\boldsymbol{w}\|_2 = \sqrt{w_1^2 + w_2^2 + \cdots + w_n^2}$のように各係数の二乗和の平方根として定義されます。

実際に正則化を使ってみましょう、というより実は私たちはすでに正則化を使っています。なぜかというと、scikit-learnのロジスティック回帰ではデフォルトでL2正則化を使う設定になっているからです※6。

L2正則化はすでに使っていたのでL1正則化を使ってみましょう。どのタイプの正則化を使うかはモデルの`penalty`引数に指定する内容によって変えることができます。ここで`l1`を指定すればL1正則化、`l2`を指定すればL2正則化、`none`を指定すれば正則化なしといった設定をできます。前にも述べたようにデフォルトでは`l2`です。

L1正則化を設定して学習するには以下のコードを書くだけです。

L1正則化の設定

```
clf = LogisticRegression(penalty='l1', C=1.0)
clf.fit(x_train_vec, y_train)
```

前の式では正則化項をどれだけ重視するか指定するためにλを使っていましたが、scikit-learnのロジスティック回帰ではλの代わりにCを使います。Cは正則化の強さを表す項の逆数であり、$C = \frac{1}{\lambda}$です。そのため、Cが小さいほど正則化は強くなります。

正則化の強さを変えてモデルをチューニングするのはなかなか骨の折れる作業です。このような作業は自動化したくなるのが人の常です。そこで使われるテクニックが次に紹介するハイパーパラメータチューニングです。

※6　参照：https://scikit-learn.org/stable/modules/generated/sklearn.linear_model.LogisticRegression.html

Chapter 6-8

ハイパーパラメータチューニング

ハイパーパラメータチューニングは、ハイパーパラメータを最適な値に調整するプロセスです。各機械学習モデルには様々なハイパーパラメータが存在します。たとえば、ロジスティック回帰であれば正則化の種類や強さをハイパーパラメータとして持っています。これらのハイパーパラメータはデータから学習するものではなく、モデルを学習させる前に**人間が設定しておく**必要があります。

ハイパーパラメータチューニングが必要な理由として、機械学習フレームワークのデフォルトのパラメータでは良い性能が出ないことが多いという点を挙げることができます。以下の図は、scikit-learnに含まれる様々な機械学習アルゴリズムについて、ハイパーパラメータをデフォルト値からチューニングしたときに、性能がどれだけ向上したかを表しています。

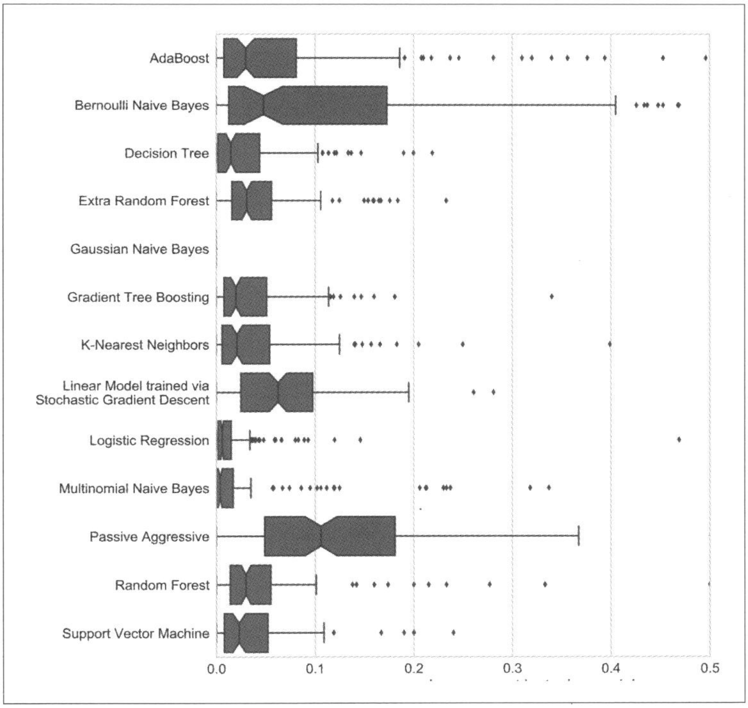

図6-8-1　ハイパーパラメータチューニングの効果※7

結果を見ると、アルゴリズムによって改善の度合いは異なりますが、ハイパーパラメータをチューニングすることで性能が向上することがわかります。平均的には正解率で3〜5%程度の改善が見られたという結果になっています。つまり、ハイパー

※7　出典：Data-driven Advice for Applying Machine Learning to Bioinformatics Problems (https://arxiv.org/abs/1708.05070)

パラメータは明らかにチューニングする価値があり、デフォルトのパラメータを信用し過ぎるべきではないということを示唆しています。

チューニングによって性能向上が見込めるとはいえ、数多くのハイパーパラメータを手動でチューニングするのは骨が折れる作業です。たとえば、ハイパーパラメータ数が5個あり、各ハイパーパラメータに対して3つの値をテストするのだとすれば、組み合わせは3の5乗（=243）通り存在します。これらすべての組み合わせに対して手動でチューニングをするのは現実的ではありません。

そこで、人手で行っていたハイパーパラメータチューニングを自動化することを考えます。自動化により、チューニングの効率が向上するだけでなく、人が直感的に決めたパラメータによるバイアスを取り除くことにもつながります。よく使われている手法として以下の2つを挙げられます。

- グリッドサーチ（GridSearch）
- ランダムサーチ（RandomSearch）

グリッドサーチは、伝統的によく使われているハイパーパラメータチューニングの手法で、あらかじめ各ハイパーパラメータの候補値を複数設定して、**すべての組み合わせを試す**ことでチューニングします。たとえば、Cとγという2つのパラメータがあり、それぞれ、$C \in 10, 100, 1000$, $\gamma \in 0.1, 0.2, 0.5, 1.0$という候補値を設定した場合、$3 \times 4 = 12$の組み合わせについて試します。

一方、ランダムサーチは**パラメータに対する分布を指定し、そこから値をサンプリングしてチューニングする**手法です。たとえば、グリッドサーチではCに対して$C \in 10, 100, 1000$のような離散値を与えていたのに対して、ランダムサーチでは、パラメータ$\lambda = 100$の指数分布のような確率分布を与え、そこから値をサンプリングします。少数のハイパーパラメータが性能に大きく影響を与える場合に効果的な手法です。

ここではscikit-learnに組み込まれているGridSearchCV※8を使ってハイパーパラメータチューニングをしてみます。GridSearchCVにモデル、探索するハイパーパラメータ、交差検定の分割数を渡すことで自動的に探索をしてくれます。以下のコードをhp_optimization.pyに書いていきます。

hp_optimization.py

```
from sklearn.feature_extraction.text import TfidfVectorizer
from sklearn.linear_model import LogisticRegression
from sklearn.metrics import accuracy_score
from sklearn.model_selection import train_test_split
from sklearn.model_selection import GridSearchCV

from preprocessing import clean_html, tokenize
from utils import load_dataset

def main():
```

※8 https://scikit-learn.org/stable/modules/generated/sklearn.model_selection.GridSearchCV.html

```
    x, y = load_dataset('data/amazon_reviews_multilingual_JP_v1_00.tsv', n=5000)

    x = [clean_html(text, strip=True) for text in x]
    x_train, x_test, y_train, y_test = train_test_split(x, y,
                                                        test_size=0.2,
                                                        random_state=42)

    vectorizer = TfidfVectorizer(tokenizer=tokenize)
    x_train_vec = vectorizer.fit_transform(x_train)
    x_test_vec = vectorizer.transform(x_test)

    parameters = {'penalty': ['l1', 'l2'],
                  'C': [0.01, 0.03, 0.1, 0.3, 0.7, 1, 1.01, 1.03, 1.07, 1.1, 1.3, 1.7, 3]}
    lr = LogisticRegression(solver='liblinear')
    clf = GridSearchCV(lr, parameters, cv=5, n_jobs=-1)
    clf.fit(x_train_vec, y_train)

    best_clf = clf.best_estimator_
    print(clf.best_params_)
    print('Accuracy(best): {:.4f}'.format(clf.best_score_))
    y_pred = best_clf.predict(x_test_vec)
    score = accuracy_score(y_test, y_pred)
    print('Accuracy(test): {:.4f}'.format(score))

if __name__ == '__main__':
    main()
```

コードを書き終えたら実行してみましょう。ハイパーパラメータの組み合わせそれぞれに対してモデルの学習と評価を行っているので、実行に時間がかかる点に注意してください。

ターミナル

```
> python hp_optimization.py
{'C': 3, 'penalty': 'l2'}
Accuracy(best): 0.8331
Accuracy(test): 0.8540
```

簡単にポイントを解説していきます。

最初に、GridSearchCVで探索するハイパーパラメータをparametersに定義しています。GridSearchCVのインスタンスを作成後、fitメソッドを呼び出すことで、これらのハイパーパラメータの組み合わせについて探索を行っています。

hp_optimization.py

```
parameters = {'penalty': ['l1', 'l2'],
              'C': [0.01, 0.03, 0.1, 0.3, 0.7, 1, 1.01, 1.03, 1.07, 1.1, 1.3, 1.7, 3]}
lr = LogisticRegression(solver='liblinear')
clf = GridSearchCV(lr, parameters, cv=5, n_jobs=-1)
clf.fit(x_train_vec, y_train)
```

探索が完了したら、best_estimator_にアクセスすることで、最高性能を出したモデルを得られます。

hp_optimization.py

```
best_clf = clf.best_estimator_
```

その際のスコアはbest_score_にアクセスすることで得られます。また、最適なハイパーパラメータについてはclf.best_params_にアクセスすることで得られます。今回の場合、「C」というハイパーパラメータが3、「penalty」というハイパーパラメータが12という組み合わせが最適となったことがわかります。

hp_optimization.py

```
print(clf.best_params_)
print('Accuracy(best): {:.4f}'.format(clf.best_score_))
```

最適なハイパーパラメータを使って学習させた場合のテストデータのスコアは以下で求められます。今回のスコアは「0.8540」でした。通常のtf-idfでのスコアは「0.8510」だったので、若干の性能向上が見られます。

hp_optimization.py

```
y_pred = best_clf.predict(x_test_vec)
score = accuracy_score(y_test, y_pred)
print('Accuracy(test): {:.4f}'.format(score))
```


Chapter 6-9 まとめ

本章では基礎的な機械学習モデルとしてロジスティック回帰とその学習方法を紹介し、実際に機械学習モデルを構築して学習させてみました。学習結果を分析するためのツールとして学習曲線を紹介し、実際に過学習が起きていることを確認しました。そして、過学習を抑える方法として正則化について説明しました。

本章までのPart 1では伝統的な機械学習を用いた自然言語処理について説明しました。次章からのPart 2では、近年よく使われているニューラルネットワークベースの自然言語処理について説明していきます。

Chapter 7

ニューラルネットワーク

本章ではこれ以降の章で使っていくニューラルネットワークの基礎を紹介します。はじめにニューラルネットワークとはどのようなものなのか理解するために、ニューロンや重み、バイアス、活性化関数といった概念を紹介します。

ニューラルネットワークの基礎を紹介した後は、Kerasを使って実際に実装する方法を学んでいきます。ここでは、モデルの定義や学習、学習結果を保存する方法を紹介します。さらに、学習に役立つコールバックと学習結果を可視化するためのTensorBoardの使い方について学びます。

Chapter 7-1
本章の概要

本章のコードはColaboratory上に用意してあります。以下のリンク先から実行できます。
http://bit.ly/2TZbDeh

本章ではディープラーニングの基礎となるニューラルネットワークを紹介します。ニューラルネットワークについて簡単に紹介した後、実際にコードを書いて理解を深めていきます。ニューラルネットワークはゼロから実装することもできますが、ここではKerasを使った実装方法と実践的なテクニックについて紹介します。

まとめると、以下の内容について学びます。

- ニューラルネットワークとは?
- ニューラルネットワークの学習方法
- Kerasによる実装

Chapter 7-2
ニューラルネットワークとは?

私たちがニューラルネットワーク(Neural Network)というとき、その対象は主に2つあります。一つは私たち動物の脳の神経構造のことです。もう一つはそれを単純化し数学的にモデル化した情報処理システムで、**人工ニューラルネットワーク**(Artificial Neural Network: ANN)と呼ばれます。機械学習の文脈では、後者の人工ニューラルネットワークをニューラルネットワークと呼びます。

私たちの脳の中には多数のニューロン(神経細胞)が存在しており、それらが相互接続したものが生物学的なニューラルネットワークです。ここで、各ニューロンは他のニューロンからの出力を受け取り、それを足した値がしきい値を超えると出力し、その値を他のニューロンに伝えます。信号を伝送する際に、**結合強度**(つながりの強さ)によって出力を変化させることができます。

生物学的ニューラルネットワークの中では学習が行われています。私たちがものを覚えたり計算したりして脳を使っているとき、特定のニューロンのつながりが強くなったり弱くなったりしています。その結果、言葉を覚えたり、ものを見たときに正しく認識できるようになるわけです。これが生物学的ニューラルネットワークの学習です。

人工ニューラルネットワークは、生物学的ニューラルネットワークを単純化することで実現します。その内部では、脳のニューロンを単純化し、人工ニューロンとしてモデル化しています。そして、それらを接続したものを人工ニューラルネットワークと呼んでいます。人工ニューロン間のつながりの強さは重みとして表現され、学習によって調節されます。

人工ニューロンを図にすると以下のようになります。人工ニューロンでは、入力$x_1, ..., x_n$を重み$w_1, ..., w_n$で重み付けした後、バイアスbを加えた和を取り、和に対して活性化関数fを適用して出力を生成します。生物学的なニューロンと結びつけて考えると、入力は他のニューロンからの出力であり、重みはニューロン間の結合強度、活性化関数でしきい値を超えたことを表現できます。

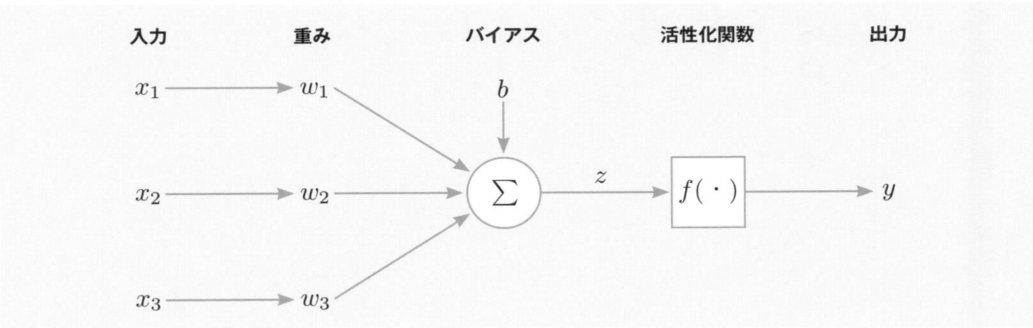

図7-2-1　入力が3つの場合の人工ニューロン

上の図は丁寧なのですが、実際には以下のような簡略化された表記がよく使われます。本章でも以降ではこの表記を使っています。

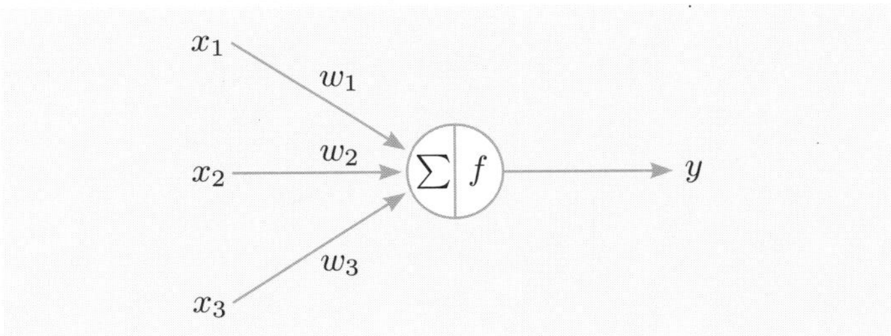

図7-2-2　簡略化した人工ニューロン

人工ニューロンで行われている計算を式で表すと以下のようになります。入力の重み付き和に対して**活性化関数**fを適用していることを表しています。活性化関数については後述します。

$$y = f(x_1w_1 + x_2w_2 + x_3w_3 + b)$$

人工ニューロンを相互接続することで人工ニューラルネットワークを構成することができます。これまでの説明では、一つのニューロンに対する動作の説明を行いました。しかし、実際のニューラルネットワークは、複数のニューロンが相互接続されることで構成されています。ニューロンの接続方法としては様々考えられますが、一般的なニューラルネットワークは、**入力層**、**隠れ層**および**出力層**から構成されています。以下の図は隠れ層が2層のネットワークを表しています。

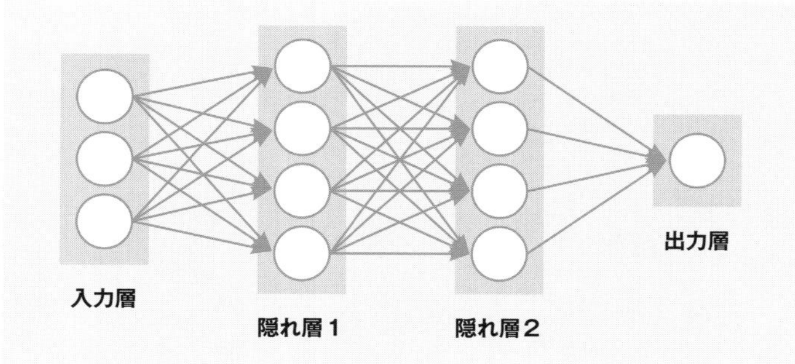

図7-2-3　ニューラルネットワークの例※1

入力層はネットワーク外部からデータを入力するために使われます。**隠れ層**は入力層と出力層の間の層のことです。一般的にニューラルネットワークには複数の隠れ層が含まれます。たとえば、上図の場合は2つの隠れ層が含まれています。出力層は隠れ層の後にくる層であり、ネットワークの出力を行います。各層の間は相互に接続され、接続には重みが付けられています。このような接続の仕方を**全結合**ともいいます。

ニューラルネットワークでは出力を計算するために入力層から出力層に向かって計算を行います。この計算のことを**順伝搬**と呼びます。入力層と隠れ層の間では、入力値に重みをかけ、活性化関数を適用した結果を隠れ層から出力します。隠れ層と出力層の間でも同様に、隠れ層からの出力に重みをかけ、その結果に活性化関数を適用して出力層から出力します。

理解を深めるために順伝搬の計算を示します。ネットワークは隠れ層1層のネットワークを使うことにします。入力は3つ、隠れ層のユニット数も3つ、出力は1つというネットワークです。重みと入力値は以下の図に示す値を使うことにします。

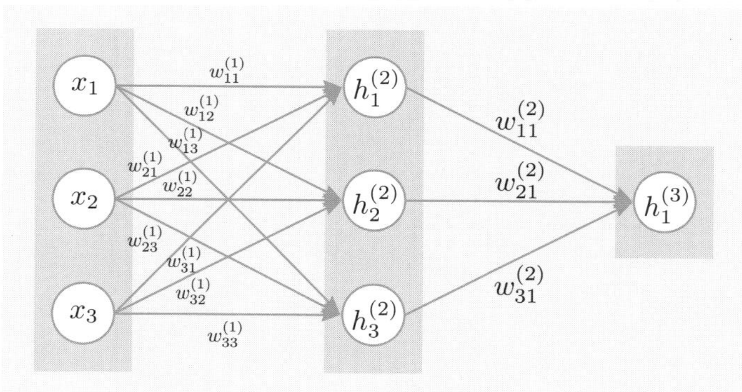

図7-2-4　隠れ層1層のニューラルネットワークの例

活性化関数をf、ニューラルネットワークの隠れ層の出力をそれぞれ$h_1^{(2)}, h_2^{(2)}, h_3^{(2)}$、出力層の出力を$y$、$i$層の$j$番目のバイアスを$b_j^{(i)}$で表すとすると、出力は以下のように計算することができます。

※1　出典：「CS231n Neural Networks Part 1: Setting up the Architecture」(http://cs231n.github.io/neural-networks-1/)

$$h_1^{(2)} = f(w_{11}^{(1)}x_1 + w_{21}^{(1)}x_2 + w_{31}^{(1)}x_3 + b_1^{(1)})$$

$$h_2^{(2)} = f(w_{12}^{(1)}x_1 + w_{22}^{(1)}x_2 + w_{32}^{(1)}x_3 + b_2^{(1)})$$

$$h_3^{(2)} = f(w_{13}^{(1)}x_1 + w_{23}^{(1)}x_2 + w_{33}^{(1)}x_3 + b_3^{(1)})$$

$$y = h_1^{(3)} = f(h_1^{(2)}w_{11}^{(2)} + h_2^{(2)}w_{21}^{(2)} + h_3^{(2)}w_{31}^{(2)} + b_1^{(2)})$$

上で示した順伝搬の計算ではあらかじめ与えられた重みを使って計算を行いました。しかし、実際には重みはデータから学習する必要があります。そのために、順伝搬で出力した結果と正解ラベルの誤差を計算し、出力が正解ラベルに近づくように重みを更新します。ここで、出力結果と正解ラベルの誤差を計算するために**損失関数**を使うことができます。

重みの更新は前章で紹介した**勾配降下法**を使って行うことができます。勾配降下法にもいくつかの種類があり、学習する際にはそのアルゴリズムを何にするか決定する必要があります。よく使われるものとしては、**確率的勾配降下法(SGD)**、**Adam**、**RMSProp**などがあります。

Chapter 6で説明したように、勾配降下法では損失関数の勾配を計算し、その値を使って重みの更新を行いました。ニューラルネットワークの場合、**誤差逆伝搬法(Back propagation)**を使うことで、出力から入力に向かって各層の勾配を計算することができます。その結果、計算した勾配を使って重みの更新を行うことができます※2。

ニューラルネットワークの基本的な説明についてはこれで終わりですが、以降でバイアスと活性化関数についてもう少し詳しく説明します。

Chapter 7-3

バイアス

これまでに皆さんはバイアスがなぜ必要なのかという点について疑問に思ったかもしれません。実はバイアスを含めることで計算の柔軟性が高まります。その点について説明するために、まず入力と出力がそれぞれ1つだけの、非常にシンプルなニューロンを考えてみましょう。

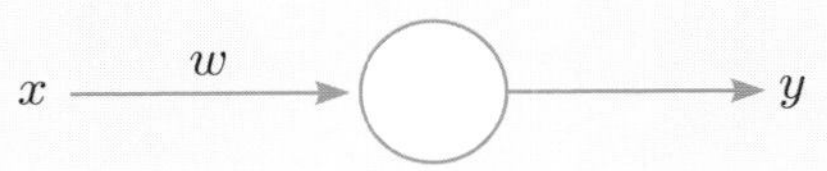

図7-3-1　入出力が一つのニューロン

※2　計算の詳細についてはhttp://cs231n.stanford.edu/slides/2017/cs231n_2017_lecture4.pdfを参照してください。

バイアスの効果について説明するために、まずはバイアスがない場合について考えてみます。上の図の場合、活性化関数への入力は単にxwです。この単純なネットワークで重みwを変更するとどのようなことが起きるのかコードを書いて検証してみましょう。下記のコードでは、活性化関数としてシグモイド関数を使った場合の入力に対する出力のグラフを描画できます。

Anaconda Promptを起動（P.026参照）して、Pythonインタプリタを起動（P.028参照）して進めます。

Pythonインタプリタ

```
>>> import matplotlib.pylab as plt
>>> import numpy as np

>>> x = np.arange(-6, 6, 0.1)
>>>  weights = [0.5, 1.0, 2.0]
>>> for i, w in enumerate(weights):
>>>     f = 1 / (1 + np.exp(-x * w))
>>>     label = 'w{} = {}'.format(i, w)
>>>     plt.plot(x, f, label=label)
>>> plt.xlabel('x')
>>> plt.ylabel('y')
>>> plt.legend(loc=2)
>>> plt.show()
```

プログラムを実行すると以下のグラフが表示されます。重みの値（0.5, 1.0, 2.0）ごとに関数が表示されていることを確認できます。

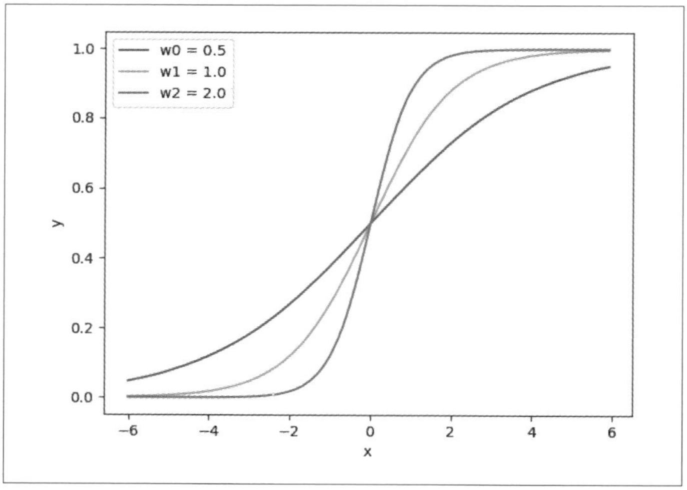

図7-3-2　重みを変えたときの出力の変化

上のグラフを見ると、重みを変えることで**シグモイド関数の出力の傾き**が変わることを確認できます。これは、入力変数と出力変数の間の関係の強さをモデル化したい場合は便利です。たとえば、スパムメールの分類で「無料」という単語が入っていたらスパムである可能性が高いという関係は重みを大きくすることで表現できます。

しかし、これだけだとたとえばxが1より大きい場合にのみ出力を0.5以上にするといったことができません。これは図7-3-2を見ると傾きは違うものの、出力値が0.5を超えるのは必ず入力値0が境になっていることから確認できます。それに対する対策として使われるのがバイアスです。以下のようにバイアスを追加したネットワークについて考えてみましょう。

右の図の場合、活性化関数への入力は$xw+b$です。さきほどはxwだったのでそれにバイアスbが追加されています。ここでバイアスへの入力は+1としています。このネットワークでバイアスbを変更するとどのようなことが起きるのかコードを書いて検証してみましょう。

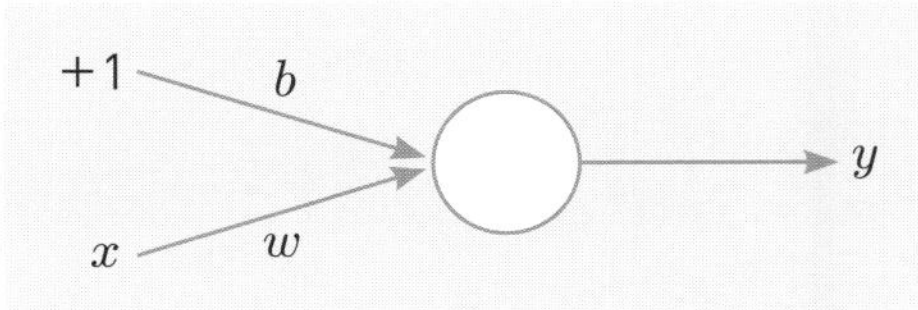

図7-3-3　バイアスのあるニューロン

Pythonインタプリタ

```
>>> import matplotlib.pylab as plt
>>> import numpy as np

>>> x = np.arange(-6, 6, 0.1)
>>> w = 5
>>> biases = [-8.0, 0.0, 8.0]
>>> for i, b in enumerate(biases):
>>>     f = 1 / (1 + np.exp(-x * w + b))
>>>     label = 'b{} = {}'.format(i, b)
>>>     plt.plot(x, f, label=label)
>>> plt.xlabel('x')
>>> plt.ylabel('y')
>>> plt.legend(loc=2)
>>> plt.show()
```

プログラムを実行すると以下のグラフが表示されます。バイアスの値(-8.0, 0.0, 8.0)ごとに関数が表示されることを確認できます。

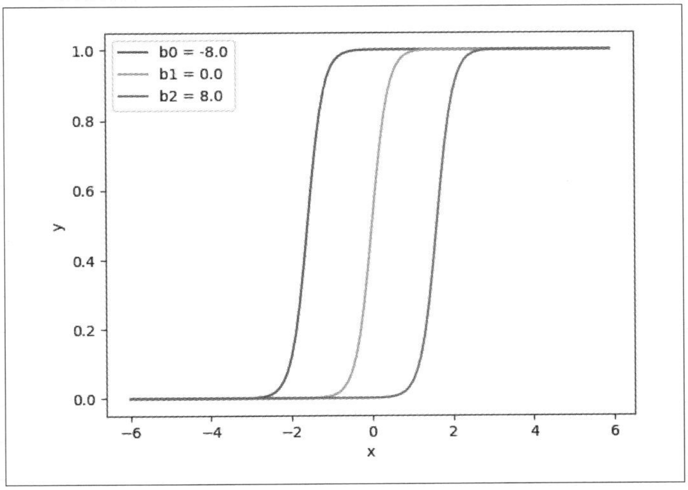

図7-3-4　バイアスを変えたときの出力の変化

7-3

図7-3-4を見て確認できるように、バイアスbを変化させることで、ノードがアクティブになるタイミングを変えることができます。したがって、バイアス項を追加することで、入力xがあるしきい値以上だったら出力を1、そうでないなら0というような関係を表現することができます。そのため、たとえば「無料」という単語が2回出現したらスパムである確率が0.5を超えるという関係を表現できるようになります。

Chapter 7-4
活性化関数

入力の重み付けの和を計算しただけでは生物学的ニューロンのモデル化には不十分です。生物学的ニューロンでは、**入力がしきい値を超えると発火**します。発火をすごく簡単に説明すると、**出力の状態が0から1に変わる**イメージです。人工ニューロンでは、**活性化関数（activation function）**を使うことで生物学的ニューロンをモデル化します。イメージとしては、入力の重み付き和に対して活性化関数を適用することで出力を変化させます。この際、どの活性化関数を適用するかによって出力を変えることができます。

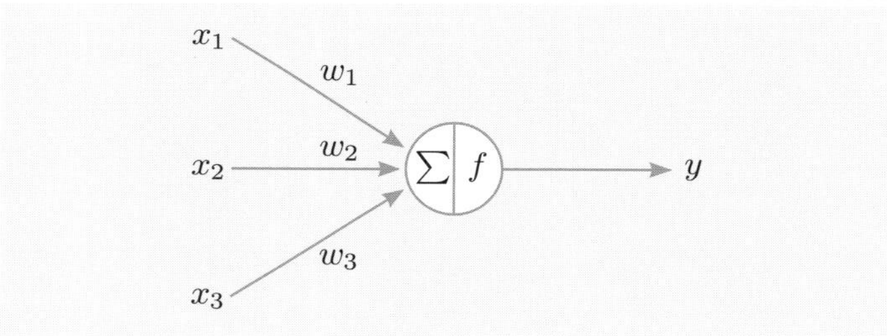

図7-4-1　簡略化した人工ニューロン

活性化関数には多くの種類がありますが、最も直感的に理解しやすい活性化関数は**ステップ関数（step function）**でしょう。これは入力がしきい値を超えると出力が変化する関数です。スパムメールの識別のような分類タスクでは、この変化によってスパムか否かを判断します。たとえば、以下のステップ関数の例では入力値の0を境に出力が0から1へ変化しています。

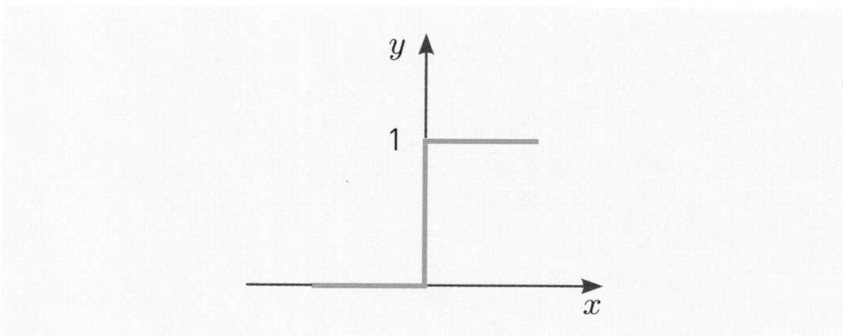

図7-4-2　ステップ関数の例

その他にも様々な種類の活性化関数が存在します。前章で紹介したシグモイド関数以外にも「tanh」や「ReLU」などの関数が使われます。よく使われる活性化関数の式と形を以下に示します。

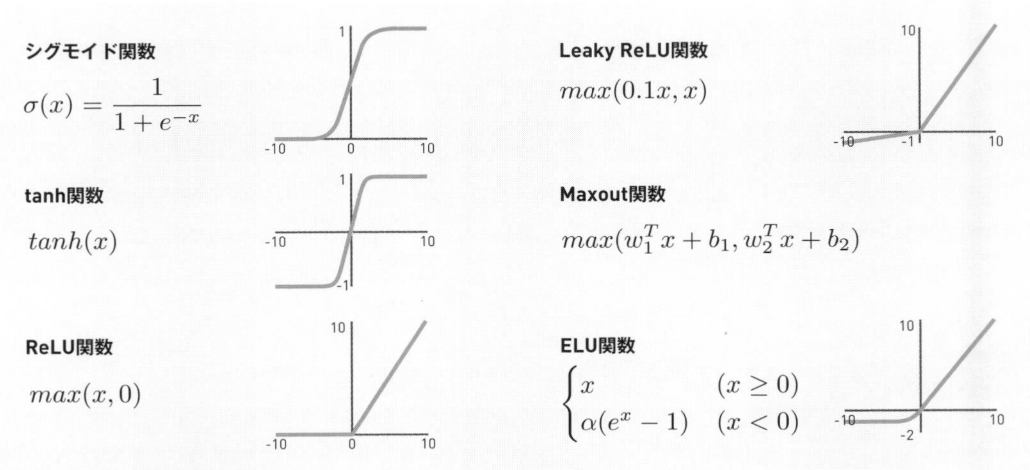

図7-4-3　様々な活性化関[※3]

Chapter 7-5

Kerasによる ニューラルネットワークの実装

本節ではKerasを使ってニューラルネットワークを実装する方法について紹介します。ニューラルネットワークはゼロから実装することもできますが、実際には実装の大変さからそのようなことをする場面はほぼありません。代わりに、Kerasのようなフレームワークを使うことで、実装の細部を気にせずに済むため、解きたいタスクに集中することができます。

本節では、レビューのテキストを肯定的か否定的かに分類するモデルの構築をKerasで行うことで、Kerasを使った実装のワークフローについて学びます。具体的には以下の内容について紹介します。

- モデルの構築方法
- 損失関数と最適化関数
- コールバック
- モデルの学習方法

※3　出典：「CS231n Lecture6」(http://cs231n.stanford.edu/slides/2017/cs231n_2017_lecture6.pdf)

- 正解率と損失の描画
- モデルを使った予測
- モデルの保存と読み込み

KerasはTensorFlowに含まれているので、まだTensorFlowをインストールしていない場合は以下のようにしてインストールしましょう。TensorFlowには1.x系と2.x系がありますが、本書では2.x系を使うので、インストールする際はインストール中に表示されるメッセージ等から2.x系であるか確認してください。

ターミナル

```
> conda install tensorflow  h5py
> conda install -c conda-forge tensorboard
```

7-5-1 プロジェクト構成

実装を始める前に、プロジェクト構成について説明しておきます。本節では以下のプロジェクト構成で実装を進めていきます。

```
.
├──── data
│     └──── amazon_reviews_multilingual_JP_v1_00.tsv
├──── model.py
├──── preprocessing.py
├──── train.py
└──── utils.py
```

「data」ディレクトリの中には使用するデータセットを格納しておきます。今回の場合もこれまでと同様にレビューのデータセットを入れておきます。「model.py」には機械学習モデルの定義を書きます。「preprocessing.py」には前処理用の関数を、「train.py」には学習用のコードを、「utils.py」にはデータ読み込み用の関数などを書いていきます。

7-5-2 データセットの準備

まずは、データセットの読み込みと前処理を行うためのコードを書いていきましょう。ここで関係するファイルは以下の2つです。

- utils.py
- preprocessing.py

これまでのChapterで定義したデータセット読み込み用の関数load_dataset、HTMLタグを取り除く関数clean_html、単語分割用の関数tokenizeを再利用します。「utils.py」にデータセットを読み込むための関数load_dataset、「preprocessing.py」にclean_html、tokenizeを書いていきます。Chapter 6で使ったファイルをコピーするか、本書のサンプルファイルを利用してください。

以上でデータセットを準備するためのコードは用意できました。次はモデルの構築方法について学びましょう。

7-5- 3 モデルの定義

まずはモデルを定義する前に、Kerasでモデルを実装する方法について確認しておきましょう。Kerasでは主に以下の2つの方法を使ってモデルを実装することができます。

- Sequentialモデル
- Functional API

Sequentialモデルでは層を積み重ねることによってモデルを実装します。インタプリタで以下のコードを実行してみましょう。

Pythonインタプリタ

```
>>> from tensorflow.keras.models import Sequential
>>> from tensorflow.keras.layers import Dense
>>> model = Sequential()
>>> model.add(Dense(units=32, activation='relu', input_shape=(16,)))
>>> model.add(Dense(units=5, activation='softmax'))
```

Sequentialモデルでは最初に`Sequential`のインスタンスを作成します。この`Sequential`は層の入れ物であり、ここに様々な層を追加していきます。層を追加するには`add`メソッドを使います。上記の場合、全結合層である`Dense`を2層重ねています。それぞれ、32個、5個のユニット（ニューロン）を持っています。また、`activation`引数に文字列を与えることで、活性化関数として`relu`と`softmax`を指定しています。

さらに、モデルは入力するデータの形を知っている必要があります。そのため、Sequentialモデルでは最初の層で入力の形を指定します。今回の場合、`Dense`に`input_shape`として`(16,)`を指定しています。これにより、作成したモデルは`(*, 16)`の形の入力を受け取ることができます。アスタリスクの部分は任意の正数を意味しているので、たとえば`(1, 16)`や`(32, 16)`といった形の入力を与えることができます。

実際にモデルにデータを入力してみましょう。以下のコードではモデルに`(1, 16)`という形の入力を与えています。そうすることで、計算が行われ、最終的に`(1, 5)`という形の出力が行われています。出力の形が出力層のユニット数によって決まっていることを確認してください。

Pythonインタプリタ

```
>>> import numpy as np
>>> inputs = np.ones((1, 16), dtype=np.float32)
>>> model(inputs)
<tf.Tensor: id=87, shape=(1, 5), dtype=float32, numpy=
array([[0.31740957, 0.02484853, 0.3942252 , 0.10190049, 0.16161622]],
      dtype=float32)>
```

モデルの別の実装方法としてFunctional APIがあります。Functional APIでは関数を呼び出すかのように、各層の出力を別の層への入力として与えます。このFunctional APIを使うことで、Sequentialモデルでは実装の難しい複数の出力があったり、重みを共有したりするような複雑なモデルを実装することができます。

実際にFunctional APIで実装したコードを見てみましょう。以下のコードはさきほどのSequentailモデルで実装したモデルと同じモデルをFunctional APIで実装しています。

Pythonインタプリタ

```
>>> from tensorflow.keras.layers import Input, Dense
>>> from tensorflow.keras.models import Model
>>> x = Input(shape=(16,))
>>> h = Dense(units=32, activation='relu')(x)
>>> y = Dense(units=5, activation='softmax')(h)
>>> model = Model(inputs=[x], outputs=[y])
```

`Dense(...)(x)`のような形を見てわかるように、関数呼び出しのように書くことができるのが特徴です。このようにして、層の接続を定義していきます。層の接続を定義したら、`Model`にモデルの入力（inputs）と出力（outputs）を渡してモデルを定義します。`inputs`、`outputs`という名前が示すように、複数入力・複数出力のモデルを作ることもできます。

モデルを定義したら、`summary`メソッドを使ってどのようなモデルを定義したのかを表示することができます。今回のように簡単なモデルではあまり恩恵は得られないのですが、複雑なモデルを確認したいときには便利です。

Pythonインタプリタ

```
>>> model.summary()
_________________________________________________________________
Layer (type)                 Output Shape              Param #
=================================================================
input_1 (InputLayer)          [(None, 16)]              0
_________________________________________________________________
dense_2 (Dense)              (None, 32)                544
_________________________________________________________________
dense_3 (Dense)              (None, 5)                 165
=================================================================
Total params: 709
Trainable params: 709
Non-trainable params: 0
_________________________________________________________________
```

以上でSequentialモデルとFunctional APIを使ったモデルの定義方法についての紹介は完了です。では実際にモデルを定義しましょう。「model.py」にモデルを定義するための関数である`create_model`関数を書いていきます。ここでは、Sequentialモデルを使ってモデルを定義しています。

model.py

```
from tensorflow.keras.models import Sequential
from tensorflow.keras.layers import Dense

```

```
def create_model(vocab_size, label_size, hidden_size=16):
    model = Sequential()
    model.add(Dense(hidden_size, activation='relu', input_shape=(vocab_size,)))
    model.add(Dense(label_size, activation='softmax'))
    return model
```

次に損失関数と最適化関数を指定する方法について紹介します。

7-5-4 損失関数と最適化関数

モデルを定義したらcompileメソッドを使って**損失関数**と**最適化関数**を指定します。ここまででモデルを定義する方法について見てきました。しかし、モデルを定義するだけでは学習させることはできません。モデルを学習させるためには、学習の前にどのような損失関数や最適化関数を使って学習を行っていくかを指定する必要があります。

compileメソッドでは主に以下の3つのパラメータを設定します。

- loss
- optimizer
- metrics

lossというのは損失関数のことです。モデルはこの関数を最小化しようとします。lossにはKerasに組み込まれた損失関数の文字列（categorical_crossentropyやmseなど）かPythonの関数を渡すことができます[※4]。

optimizerというのは重みの更新に使うアルゴリズムのことです。モデルはこのアルゴリズムを使って重みを更新します。optimizerには組み込みのアルゴリズムの文字列（sgdやadamなど）か関数を渡すことができます[※5]。

metricsというのは評価に使う指標のことです。こちらも組み込みの評価指標かあるいは自分で定義した関数を渡すことができます[※6]。

コードとしては以下のようになります。以下の例の場合、損失関数として、sparse_categorical_crossentropy、最適化関数としてsgd、メトリクスとしてaccuracyを指定しています。

損失関数とオプティマイザの設定例

```
model.compile(loss='sparse_categorical_crossentropy',
              optimizer='sgd',
              metrics=['accuracy'])
```

※4　組み込みで使える損失関数についてはhttps://www.tensorflow.org/api_docs/python/tf/keras/lossesを参照してください。
※5　組み込みで使えるoptimizerについてはhttps://www.tensorflow.org/api_docs/python/tf/keras/optimizersを参照してください。
※6　組み込みのmetricsについてはhttps://www.tensorflow.org/api_docs/python/tf/keras/metricsを参照してください。

compileメソッドを使って損失関数や最適化関数を指定することで、モデルを学習させられるようになりました。実際のコードについては後ほど「train.py」に書いていきましょう。次節ではコールバックについて紹介します。

7-5-5 コールバック

一般的にコールバックというと、関数の引数として渡される関数を指します。渡した関数は渡された関数の内部で呼ばれ、渡した関数に書かれた処理を実行します。こうすることで、渡された関数側のコードを共通化しつつ、渡した関数によって処理を変えることができます。

上では一般論について説明しましたが、Kerasでもコールバックを使うことができます。Kerasでは、tensorflow.keras.callbacks.Callbackクラスを継承して作成されたクラスのことをコールバックと呼びます。Kerasには組み込みで用意されたコールバックが存在し、ユーザはそれらのコールバックを利用することができます。それとは別に、ユーザはカスタムコールバックを作成することもできます。

Kerasではコールバックを使うことで、学習中のバッチやエポックの開始/終了時にメソッドを呼び出すことができます。コールバックにはon_epoch_beginやon_batch_endといったメソッドが存在します。これらのメソッドはエポック開始時やバッチ終了時に自動的に呼び出されます。ここに処理を書くことで、エポック終了時に検証用データを使って評価を行ったり、モデルの保存を行うことができます。

Kerasには組み込みのコールバックが用意されています。今回はよく使われる以下の3つのコールバックを紹介します。

- ModelCheckpoint
- EarlyStopping
- TensorBoard

ModelCheckpointはエポック終了時にモデルを保存するコールバックです。ModelCheckpointを設定することで、学習中にモデルの保存を行うことができます。学習中に自動的にその時点での学習結果を保存することで、学習が中断された場合に、中断された時点からモデルの学習を再開することができます。思わぬことが原因で学習が中断されることは意外とあるので、特別な理由がない限り設定しておきます。

ModelCheckpointに渡せる引数は以下のようになっています。

ModelCheckpointに渡せる引数

```
ModelCheckpoint(filepath,
                monitor='val_loss',
                verbose=0,
                save_best_only=False,
                save_weights_only=False,
                mode='auto',
                period=1)
```

必須な引数は**モデルの保存場所を指定する**filepathです。filepathで指定した場所に学習結果を保存します。学習結果を保存する際、最も性能の良いモデルだけ保存する場合は`save_best_only=True`を設定します。最高性能のモデルだけを保存することで、ディスクを圧迫せずに済むのがメリットです。どの性能指標を見るかは`monitor`で指定します。デフォルトでは検証データに対する損失を見ますが、他の指標を設定することもできます。モデルの重みだけ保存したい場合は`save_weights_only=True`を設定します。

`EarlyStopping`（アーリーストッピング：早期停止）は、**過学習を避けるため**に使われるコールバック、またテクニックの一つです。一定のエポック数、指定した指標に改善が見られなくなったときに自動的に学習を停止します。つまり、学習を進めたときに、これ以上の性能向上が見込めなくなった場合に学習を止めるテクニックと言えます。

`EarlyStopping`について以下のグラフを使って説明します。以下のグラフを見ると最初は学習・検証データに対する損失は下がっています。しかし、途中から検証データに対する損失が上昇し始めており、過学習し始めています。このような場合、検証データに対する損失が上昇し始めた時点で学習を停止してしまいます。これにより、過学習を避けて性能の悪化を防ぐとともに、無駄な計算をしなくて済むようになります。

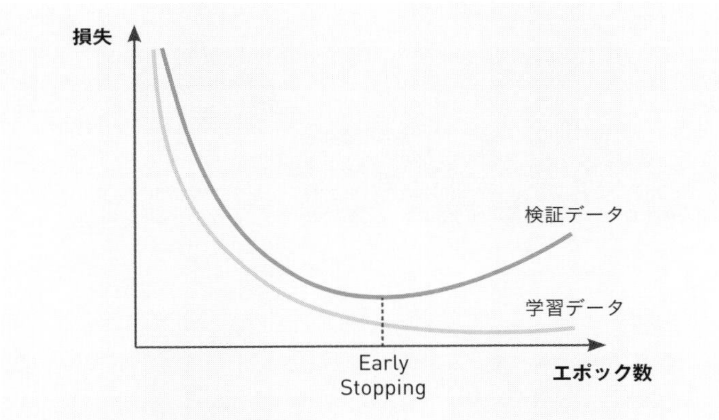

図7-5-1　EarlyStoppingの例

`EarlyStopping`に渡せる引数は以下のようになっています。

EarlyStoppingに渡せる引数

```
EarlyStopping(monitor='val_loss',
              min_delta=0,
              patience=0,
              verbose=0,
              mode='auto',
              baseline=None,
              restore_best_weights=False)
```

`EarlyStopping`にはいくつかの引数を渡すことができます。押さえておきたいのは`monitor`と`patience`です。`monitor`には**監視する指標**を指定します。デフォルトでは検証データに対する損失が指定されていますが、検証データに対する正解率なども指定することができます。`patience`には**エポック数**を指定します。ここで指定したエポック数を超えて指標に改善が見れない場合に学習を停止します。

TensorBoardは正解率や損失などの指標を表示したり、モデルの構造を表示したりできる可視化のためのツールです。KerasのTensorBoardコールバックを使うことで、KerasとTensorBoardの統合を簡単に行うことができます。以下の画像では学習データと検証データに対する指標を表示している例です。

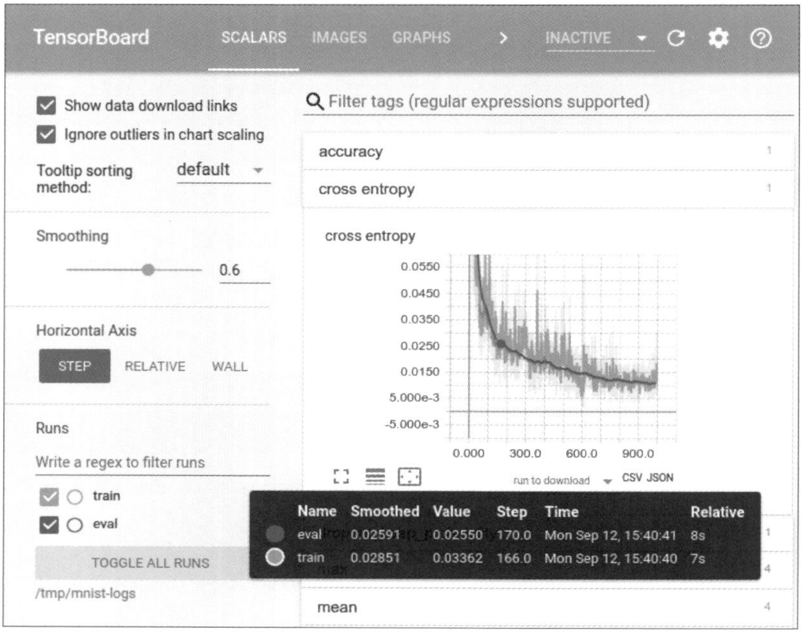

図7-5-2　TensorBoardの例※7

TensorBoardコールバックに渡せる引数は以下のようになっています。

TensorBoardコールバックに渡せる引数

```
TensorBoard(log_dir='./logs',
            histogram_freq=0,
            batch_size=32,
            write_graph=True,
            write_grads=False,
            write_images=False,
            embeddings_freq=0,
            embeddings_layer_names=None,
            embeddings_metadata=None,
            embeddings_data=None,
            update_freq='epoch')
```

さしあたって重要な引数はlog_dirです。log_dirに指定した場所には様々な指標が自動的に格納されます。この格納した内容を使ってTensorBoardの描画を行います※8。

※7　出典：「TensorBoard: Visualizing Learning」(https://www.tensorflow.org/guide/summaries_and_tensorboard)
※8　他の引数については、https://www.tensorflow.org/api_docs/python/tf/keras/callbacks/TensorBoardを参照してください。

せっかくなので、TensorBoardの使い方もここで紹介しておきましょう。TensorBoardはtensorboardコマンドによって起動することができます。--logdirオプションにTensorBoardコールバックで指定した場所と同じ場所を指定して起動します。

ターミナル

```
> tensorboard --logdir=./logs
```

TensorBoardを起動したら、ブラウザでlocalhost:6006を開きます。そうすることでTensorBoardを見ることができます。今の時点で起動しても何のモデルも学習していないので、以下のようなメッセージが表示されるだけです。確認したら、ターミナルで「Ctrl(control)+C」を押して、いったんTensorBoardを終了しておきます。

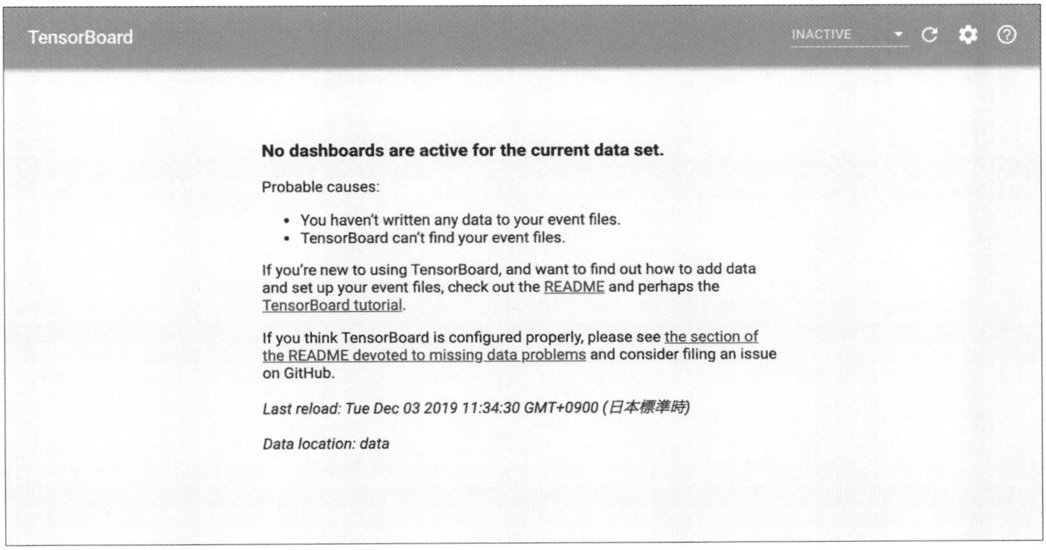

図7-5-3　TensorBoardの確認

ここまでで組み込みの3つのコールバックについての説明は済ませました。実際の設定は後ほど「train.py」に書くことにして、次はモデルの学習方法を確認しましょう。

7-5-6 モデルの学習

Kerasでモデルを学習させる際によく使われる方法として以下の2つがあります。

- fit
- fit_generator

fitメソッドはscikit-learnライクなインターフェースでモデルを学習させるメソッドです。fitメソッドに用意した入出力データやエポック数、バッチサイズ、コールバックなどを渡すことでモデルを学習させられます。Kerasでモデルを学習させるための最も簡単な方法なので、よく使われています。

fitメソッドに渡せる引数は以下のようになっています。

fitメソッドに渡せる引数

```
fit(x=None, y=None, batch_size=None, epochs=1,
    verbose=1, callbacks=None, validation_split=0.0,
    validation_data=None, shuffle=True, class_weight=None,
    sample_weight=None, initial_epoch=0, steps_per_epoch=None,
    validation_steps=None, validation_freq=1)
```

学習用データセットはxとyに渡します。xは入力、yは出力データを表しています。一方、検証用データセットはvalidation_dataに渡します。渡し方は学習用データセットとは異なり、(x_valid, y_valid)というタプルの形でデータセットを渡します。また、callbacksには用意したコールバックのリストを渡すことができます。

fit_generatorメソッドはPythonのジェネレータやKerasのSequenceクラスが生成するデータを受け取ってモデルを学習させるメソッドです。fitメソッドが学習前にデータをすべて用意しておく必要があるのに対し、fit_generatorを使うと、必要な分のデータだけをその都度生成するだけで済むようになります。メモリに載りきらない大きなサイズのデータを使う場合やバッチごとに前処理をしたい場合などに使うと便利なメソッドです。

fit_generatorメソッドに渡せる引数は以下のようになっています。

fit_generatorメソッドに渡せる引数

```
fit_generator(generator, steps_per_epoch=None, epochs=1,
              verbose=1, callbacks=None, validation_data=None,
              validation_steps=None, validation_freq=1, class_weight=None,
              max_queue_size=10, workers=1, use_multiprocessing=False,
              shuffle=True, initial_epoch=0)
```

fitメソッドと似ていますが、大きく違う点はジェネレータあるいはKerasのSequenceクラスのインスタンスを渡す点です。データを生成する関数、またはクラスのインスタンスを定義し、それをfit_generatorのジェネレータに渡す必要があります。たとえば、Sequenceクラスを使う場合は以下のようなクラスを定義します。

Sequenceクラスを使う場合のクラス定義

```
import math
from tensorflow.keras.utils import Sequence

class Generator(Sequence):

    def __init__(self, x, y, batch_size=32):
        self.x = x
        self.y = y
        self.batch_size = batch_size

    def __getitem__(self, idx):
```

7-5

```
        batch_x = self.x[idx * self.batch_size: (idx + 1) * self.batch_size]
        batch_y = self.y[idx * self.batch_size: (idx + 1) * self.batch_size]
        return batch_x, batch_y

    def __len__(self):
        return math.ceil(len(self.x) / self.batch_size)
```

上記のようにSequenceクラスのインスタンスをfit_generatorに渡すことでモデルを学習させることができます。fit_generatorの内部では、バッチごとに__getitem__メソッドが呼ばれ、そこで生成されたデータを受け取るというわけです。

最後に学習用メソッドの返り値について述べておきましょう。モデルのfitやfit_generatorメソッドは、その返り値として学習用データセットや検証用データセットに対する正解率や損失を返します。したがってこれらのデータを使って、学習時と検証時の損失を比較するグラフと、学習時と検証時の正解率を比較するグラフを作成することができます。

後ほど使うために、学習用メソッドの返り値を使って学習時と検証時の損失をグラフ化する関数を定義しておきましょう。以下のplot_history関数に返り値を渡すことで描画を行うことができます。「utils.py」に追記しておきましょう。

utils.py

```
import matplotlib.pyplot as plt

def plot_history(history):
    # Setting
    loss = history.history['loss']
    val_loss = history.history['val_loss']
    acc = history.history['acc']
    val_acc = history.history['val_acc']
    epochs = range(1, len(loss) + 1)

    # Plotting loss
    plt.plot(epochs, loss, 'r', label='Training loss')
    plt.plot(epochs, val_loss, 'b', label='Validation loss')
    plt.title('Training and validation loss')
    plt.xlabel('Epochs')
    plt.ylabel('Loss')
    plt.legend()

    plt.figure()

    # Plotting accuracy
    plt.plot(epochs, acc, 'r', label='Training acc')
    plt.plot(epochs, val_acc, 'b', label='Validation acc')
    plt.title('Training and validation accuracy')
    plt.xlabel('Epochs')
    plt.ylabel('Accuracy')
    plt.legend()

    plt.show()
```

以上で、正解率と損失のグラフの描画方法について紹介しました。次は学習したモデルを使って予測を行う方法について紹介します。

7-5-7 モデルを使った予測

モデルを使って予測をするには、モデルのpredictメソッドを使います。predictメソッドに学習時と同じ形式のデータを与えることで、予測を行うことができます。以下はpredictメソッドに渡せる引数です。

predictメソッドに渡せる引数

```
predict(x,
        batch_size=None,
        verbose=0,
        steps=None,
        callbacks=None,
        max_queue_size=10,
        workers=1,
        use_multiprocessing=False)
```

様々な引数を渡すことができますが、さしあたって重要なのはxです。xに前処理済みの入力データを与えることで、モデルからの予測結果を取得することができます。

次はモデルの保存と読み込み方法について紹介します。

7-5-8 モデルの保存と読み込み

Kerasでモデルを保存する場合、以下の2つの選択肢が存在します。

- 重みとアーキテクチャをまとめて保存する
- 重みとアーキテクチャを別々に保存する

どちらの選択をするにせよ、重みとアーキテクチャを保存する必要があります。ここでアーキテクチャというのは、ニューラルネットワーク全体の構造のことで、たとえば各層にいくつのニューロンがあるのかや、層間の接続パターン、活性化関数などの情報が含まれています。ニューラルネットワークでは、アーキテクチャによって全体の構造が決まり、重みによって接続の強さが決まるので、これらの情報を保存する必要があるというわけです。

重みとアーキテクチャをまとめてを保存するにはモデルのsaveメソッドを使います。saveメソッドを使うことで、重み、モデルのアーキテクチャ、そしてオプティマイザの設定を含んだモデル全体を一つのファイルに保存することができます。これにより、元のPythonコードがなくても、中断したところから学習を再開することができます。以下のようにして保存します。

モデルを保存する

```
model.save('model.h5')
```

保存したモデルはload_model関数を使って読み込むことができます。

モデルを読み込む

```
from tensorflow.keras.models import load_model

model = load_model('model.h5')
```

一方、モデルのアーキテクチャと重みを別々に保存することもできます。アーキテクチャだけを保存する場合はモデルのto_jsonメソッドまたはto_yamlメソッドを呼び出して、モデルのアーキテクチャを文字列として書き出します。それをファイルに保存することで、アーキテクチャだけを保存することができます。

to_jsonメソッドでアーキテクチャを文字列として書き出す

```
json_string = model.to_json()
with open('architecture.json', 'w') as f:
    f.write(json_string)
```

また、重みを保存する場合はモデルのsave_weightsメソッドを使います。

save_weightsメソッドで重みを保存する

```
model.save_weights('weights.h5')
```

保存したアーキテクチャからモデルを作成するためにはmodel_from_json関数またはmodel_from_yaml関数を使います。これらは保存時のフォーマットに合わせて使い分けます。

model_from_json関数で保存したアーキテクチャからモデルを作成する

```
from tensorflow.keras.models import model_from_json

with open('architecture.json', 'r') as f:
    json_string = f.read()
    model = model_from_json(json_string)
```

保存した重みを読み込むにはモデルのload_weightsメソッドを使います。

load_weightsメソッドで保存した重みを読み込む

```
model.load_weights('weights.h5')
```

7-5-9 実践

では本章の最後に、これまでに説明した内容に基づいて、モデルを学習させるコードを書いていきましょう。以下のコードを「train.py」に書いて保存します。

train.py

```
from tensorflow.keras.callbacks import ModelCheckpoint, EarlyStopping, TensorBoard
from tensorflow.keras.models import load_model
from sklearn.feature_extraction.text import CountVectorizer
from sklearn.model_selection import train_test_split

from model import create_model
from preprocessing import clean_html, tokenize
from utils import load_dataset, plot_history


def main():
    # データセットの読み込み.
    x, y = load_dataset('data/amazon_reviews_multilingual_JP_v1_00.tsv', n=5000)

    # データセットの前処理.
    x = [clean_html(text, strip=True) for text in x]
    x_train, x_test, y_train, y_test = train_test_split(x, y, test_size=0.2, random_state=42)

    # データセットのベクトル化.
    vectorizer = CountVectorizer(tokenizer=tokenize)
    x_train = vectorizer.fit_transform(x_train)
    x_test = vectorizer.transform(x_test)
    x_train = x_train.toarray()
    x_test = x_test.toarray()

    # ハイパーパラメータの設定
    vocab_size = len(vectorizer.vocabulary_)
    label_size = len(set(y_train))

    # モデルの構築
    model = create_model(vocab_size, label_size)
    model.compile(loss='sparse_categorical_crossentropy',
                  optimizer='adam',
                  metrics=['accuracy'])

    # コールバックの準備
    filepath = 'model.h5'
    callbacks = [
        EarlyStopping(patience=3),
        ModelCheckpoint(filepath, save_best_only=True),
        TensorBoard(log_dir='logs')
    ]

    # モデルの学習
    history = model.fit(x_train, y_train,
                        validation_split=0.2,
                        epochs=100,
```

```
                              batch_size=32,
                              callbacks=callbacks)
    # モデルの読み込み
    model = load_model(filepath)

    # モデルを使った予測
    text = 'このアプリ超最高！'
    vec = vectorizer.transform([text])
    y_pred = model.predict(vec.toarray())
    print(y_pred)

    # 正解率と損失のグラフの描画
    plot_history(history)

if __name__ == '__main__':
    main()
```

コードを書き終えたら実行してみましょう。正しく学習が開始されると以下のように進捗が表示されます。EATは学習の残り時間、lossとaccuracyは学習データに対する損失と正解率、val_lossとval_accuracyは検証データに対する損失と正解率を表しています。

ターミナル

```
> python train.py
Train on 6400 samples, validate on 1600 samples
Epoch 1/100
6400/6400 [==============================] - 5s 820us/sample - loss: 0.5340 - accuracy: ➡
0.7742 - val_loss: 0.4423 - val_accuracy: 0.8200
Epoch 2/100
6400/6400 [==============================] - 2s 390us/sample - loss: 0.2789 - accuracy: ➡
0.9033 - val_loss: 0.4074 - val_accuracy: 0.8338
Epoch 3/100
6400/6400 [==============================] - 2s 344us/sample - loss: 0.1553 - accuracy: ➡
0.9602 - val_loss: 0.4260 - val_accuracy: 0.8381
Epoch 4/100
6400/6400 [==============================] - 2s 353us/sample - loss: 0.0818 - accuracy: ➡
0.9847 - val_loss: 0.4639 - val_accuracy: 0.8406
Epoch 5/100
6400/6400 [==============================] - 3s 420us/sample - loss: 0.0460 - accuracy: ➡
0.9934 - val_loss: 0.5042 - val_accuracy: 0.8344
```

学習を終えた後は以下のコードで予測を行っています。ここでは、「このアプリ超最高！」というテキストをベクトル化した後でモデルに入力し、予測結果を取得しています。今回のモデルは最終層の活性化関数にソフトマックス関数を使っているので予測結果は各クラスの確率とみなすことができます。結果を見ると、2番目のクラス（最高評価に相当するクラス）の確率が最も高くなっていることがわかります。

train.py

```
text = 'このアプリ超最高！'
vec = vectorizer.transform([text])
y_pred = model.predict(vec)
print(y_pred)
```

対応する出力

```
[[0.31716695 0.682833  ]]
```

また、以下のコードでは、学習時と検証時の損失と正解率のグラフを描画しています。

train.py

```
60    plot_history(history)
```

エポック数を横軸に、損失を縦軸にとってグラフを描いており、結果は以下のようになりました。このグラフでは、グレーの線が学習時の損失を、黒線が検証時の損失を表しています。

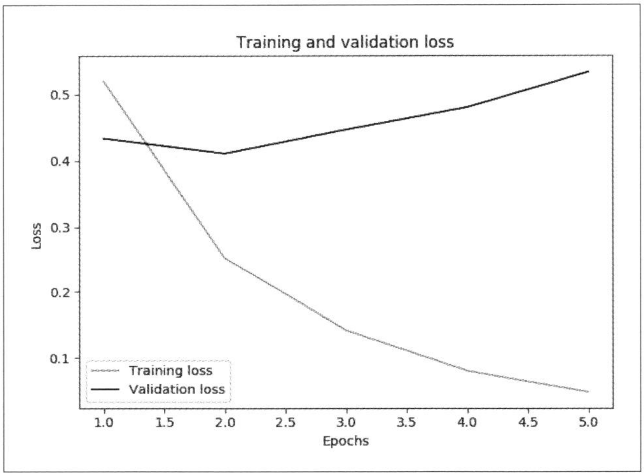

図7-5-4　損失のグラフ

同様に、学習時と検証時の正解率は以下のようなグラフになりました。

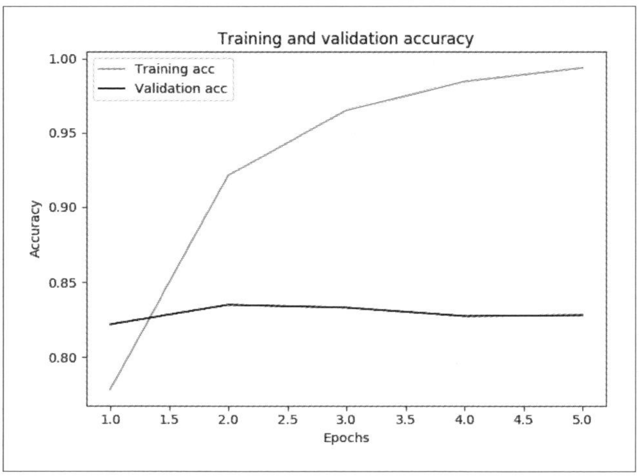

図7-5-5　正解率のグラフ

2つのグラフを見ると、学習時の損失がエポックごとに減少し、正解率がエポックごとに上昇していることがわかります。これはまさに勾配降下法を使って損失関数を小さくする方向へ重みを徐々に更新している際に期待される動きです。

一方、検証時の損失と正解率を見ると、一定のエポック数を過ぎたあたりから性能が伸びていないことがわかります。学習データに対する損失が減少し続けているのに対し、検証データに対する損失が上昇しているため、過学習の傾向があります。今回はEarlyStoppingを使って性能の伸びがなくなった段階で学習を停止しているため、この程度で済んでいますが、学習を続けた場合はより顕著に過学習の傾向を示したと考えられます。

最後にTensorBoardで正解率や損失を確認してみましょう。さきほどTensorBoardを使ったときはモデルの学習前だったので何も表示されませんでしたが、この時点ではTensorBoardコールバックに指定したlogsディレクトリに正解率や損失が格納されています。--logdirオプションにlogsディレクトリを指定してTensorBoardを起動しましょう。

ターミナル

```
> tensorboard --logdir=./logs
```

TensorBoardを起動したら、ブラウザで`localhost:6006`を開きます。すると、さきほどとは違い、以下のように正解率や損失をグラフで確認することができます。

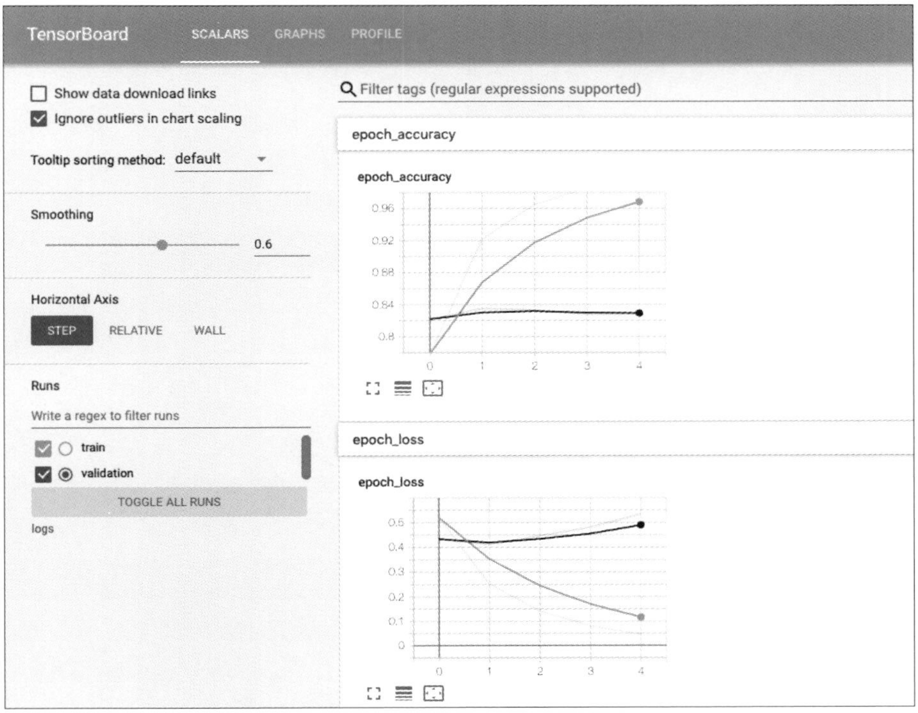

図7-5-6　TensorBoardでグラフを確認できる

Chapter 7-6

まとめ

本章では、ニューラルネットワークの基礎とKerasによる実装方法について紹介しました。ニューラルネットワークについて簡単に紹介した後、実際にKerasを使ってコードを書いて実装方法を学びました。加えて、モデルの保存や指標の可視化、EarlyStoppingといった実践的なテクニックについても学びました。

次章では、単語を表現する方法の一つである単語分散表現について説明します。

Chapter 8

単語分散表現

本章では単語分散表現の概要と使い方について説明します。単語の分散表現とは、1つの単語を数百次元程度のベクトルで表す方法です。ニューラルネットワークを使った自然言語処理では必ずといっていいほど使われている重要な技術です。

はじめに、単語分散表現について単語のone-hotエンコーディングと比較しながら説明します。続いて、単語分散表現を使って学習するモデルであるSkip-gramについて説明します。また、計算量を抑える方法も紹介します。

その後、単語分散表現を得られるプログラムを実装します。最初はTensorFlowを使ってゼロから実装することで、モデルに対する理解を深めます。次に、gensimを使って実装済みのモデルを用いた単語分散表現の学習方法を学びます。

Chapter 8-1
本章の概要

本章のコードはColaboratory上に用意してあります。以下のリンク先から実行できます。
http://bit.ly/36va62g

これまでに説明してきたとおり、コンピュータに自然言語を処理させる際には、単語をどのように表現するのかを考える必要があります。一般的に、自然言語処理では**単語を数値表現に変換して処理**します。というのも、最近の自然言語処理でよく使われる機械学習手法では単語を文字列としてそのまま扱うのが難しいからです。

単語を表現する方法は様々ありますが、ここ数年は、**単語の分散表現**(Word EmbeddingsまたはDistributed Representation)が使われることが多くなってきました。単語の分散表現とは、1つの単語を**数百次元程度のベクトルで表す方法**です。単語の意味を捉えているかのような性質を示したことから研究者に驚きを与えました。

Chapter 8では、単語分散表現の概要と使い方について説明します。はじめに、単語の分散表現とはどのようなものなのかを説明します。次に、単語の分散表現を学習するためのモデルについて紹介します。その後、実際に手を動かして単語分散表現を学習するためのコードを書いていきます。最後に、分散表現の評価方法について説明します。

まとめると本章では、以下の内容について説明します。

- 単語分散表現とは?
- 単語分散表現を学習するモデルの仕組み
- 単語分散表現を学習するモデルの実装
- gensimを使った単語分散表現の学習
- 学習済み単語分散表現の利用
- 単語分散表現の評価

Chapter 8-2
単語の分散表現とは?

本節では単語の分散表現がどのようなものなのかを説明します。分散表現を説明する前に、比較対象の単語の表現方法として、Chapter 5でも説明した単語の**one-hotエンコーディング(one-hot encoding)**についてもう少し詳しく説明します。話の流れとしては、one-hotエンコーディングとその課題について説明した後、分散表現の説明をします。

8-2-1 one-hotエンコーディング

本節では単語のone-hotエンコーディングについて説明します。one-hotエンコーディングはシンプルな単語表現方法であり、従来の自然言語処理ではよく使われてきました。具体的には以下の話題について説明します。

- one-hotエンコーディングとは
- one-hotエンコーディングの例
- one-hotエンコーディングの欠点

単語のone-hotエンコーディングとは**単語をベクトルで表現する**方法の一つです。one-hotエンコーディングではある要素のみが「1」でその他の要素が「0」であるようなベクトルで単語を表現します。各次元に「1」か「0」」を設定することで「その単語か否か」を表します。次元数はボキャブラリ数と等しくなります。ここで**ボキャブラリ**とは単語の集合を表します。

たとえば、one-hotエンコーディングで「Python」という単語を表すとしましょう。ここで、単語の集合であるボキャブラリは「Ruby, Haskell, Go, Python, C++」の5単語とします。そうすると、各単語は**5次元**のベクトルで表現され、そのうち一つの要素のみが1、その他すべての要素が0になります。以下の図のように単語を割り当てるとPythonは[0, 0, 0, 1, 0]というベクトルで表すことができます。

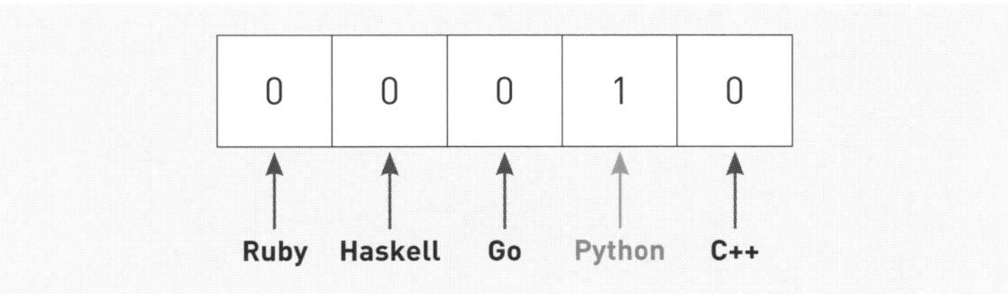

図8-2-1　単語のone-hotエンコーディング

one-hotエンコーディングの欠点は、**ベクトル間の演算で意味のある結果を得られない**点です。たとえば、単語間の類似度を計算するために内積を取るとしましょう。one-hotエンコーディングはその性質上、異なる単語間の内積を取った結果は「0」になります。しかし、単語には「犬」と「猫」は似ているけど「猫」と「石」は似ていないといった関係があるはずです。このような関係をone-hotエンコーディングでは扱うことができないのです。

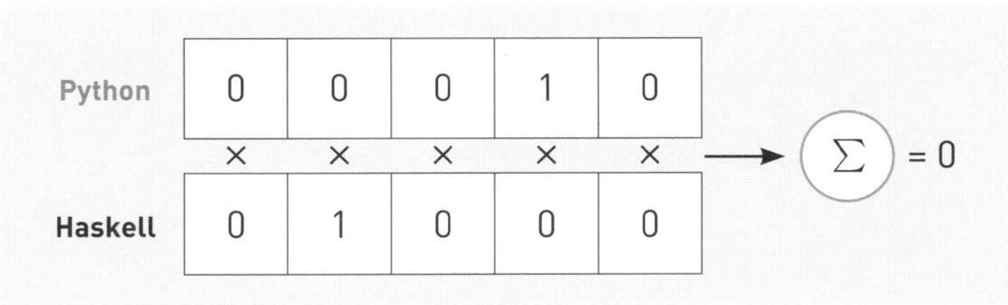

図8-2-2　one-hotエンコーディングの内積

また、1単語に1次元を割り当てるので、新しい単語を追加するたびに、ベクトルの次元を増やさなければなりません。次元が増えると、元の次元数のベクトルを与えて学習させたモデルを学習し直す必要が生じてきます。

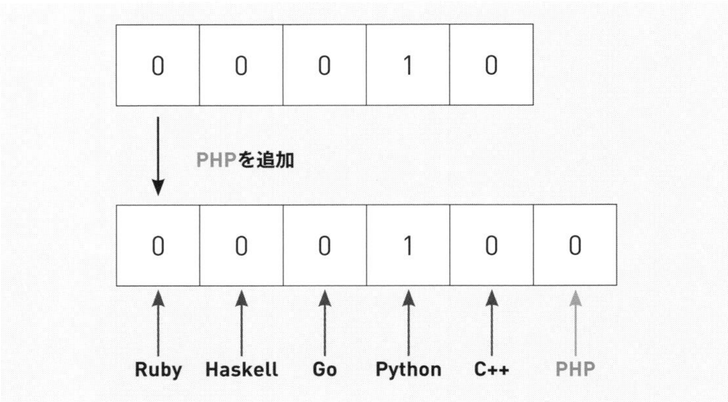

図8-2-3　単語の追加

8-2-2 分散表現

one-hotエンコーディングとその課題について説明したので、次に**単語の分散表現**について説明します。単語分散表現はone-hotエンコーディングの欠点を解決できる単語表現方法であり、現在の自然言語処理ではよく使われています。具体的には以下の話題について説明します。

- 分散表現とは
- 分散表現の例
- 分散表現の重要性

one-hotエンコーディングに対して分散表現は、**単語を低次元の実数値ベクトルで表す**表現です。たいていの場合、50次元から300次元くらいの実数値ベクトルで単語を表現します。たとえば、(Python, Ruby, Haskell)の3単語を分散表現で表すと以下の図のように表せます。ここで、図中の値は適当な値を設定しています。

Python	0.52	0.21	0.37	…	0.01
Ruby	0.47	0.23	0.33	…	0.04
Haskell	0.49	0.01	0.45	…	0.12

図8-2-4　単語の分散表現

分散表現を使うことでone-hotエンコーディングが抱えていた問題を解決できます。one-hotエンコーディングでは、ベクトル間の演算で意味のある結果は得られませんでしたが、**分散表現では意味のある結果が得られます。**たとえば、各単語に対して以下の図のようにベクトルを割り当て、内積を使って単語の類似度を計算すると、「Ruby」と「Python」の類似度は「Ruby」と「Orange」の類似度よりも高くなります。

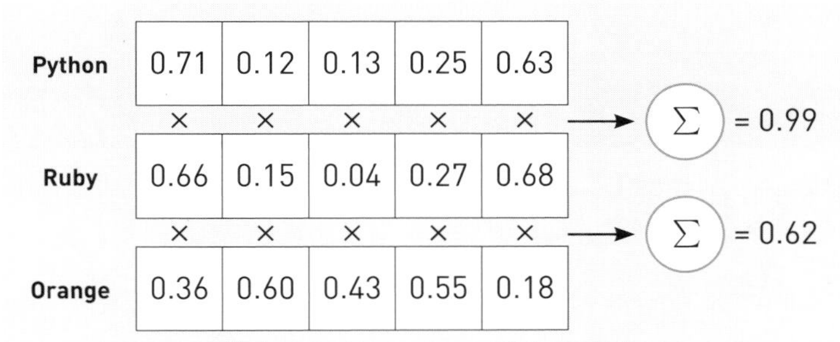

図8-2-5　単語分散表現の類似度

類似度を計算できるだけでなく、ベクトルを足し引きすることで、単語の意味を捉えられているかのような演算を行うことができます。たとえば「King」から「Man」を引き「Woman」を足すと「Queen」が得られる(King - Man + Woman = Queen)ような演算を行うことができます。

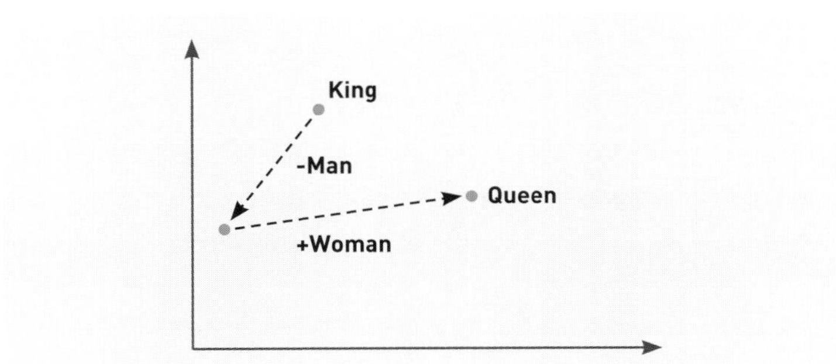

図8-2-6　分散表現の加減算※1

また、次元数は固定なので、ボキャブラリ数が増えても各単語の次元数を増やさずに済みます。前述したように、分散表現では単語を数十～数百次元のベクトルで表します。この次元数は**ボキャブラリ数には関係なく**決めることができます。したがって、新しい単語を追加しても次元数を増やさずにすむというわけです。

分散表現が重要な理由として、用いる分散表現によってタスクの性能が左右される点を挙げられます。最近の自然言語処理ではニューラルネットワークベースの手法が使われます。これらニューラルネットワークへ入力するのは単語分散表現がよく使われています。単語の意味をよりよく捉えている表現を入力として使えば、タスクの性能も向上するというわけです。

※1　参考：「The Amazing Power of Word Vectors」(https://www.kdnuggets.com/2016/05/amazing-power-word-vectors.html)

このように、多くのタスクの入力として使われることが多く、また性能に少なからず影響を及ぼすので単語の分散表現は重要なのです。

ここまでで、単語の分散表現が単語をどのように表現するか、またone-hotエンコーディングと比べたときのメリットを述べました。次に単語分散表現を学習できるモデルについて説明します。

Chapter 8-3 単語分散表現を学習するモデルの仕組み

本節では単語分散表現を学習するためのモデルについて説明します。単語分散表現を学習するモデルは様々ありますが、今回は**Word2vec**の中で使われているモデルについて説明します。はじめに分散表現の計算に使われる基本的な考え方を説明したあと、word2vecの概要について説明します。そして、word2vecで使われているモデルの仕組みについて説明します。

8-3-1 基礎的な考え方

近年の単語分散表現を支える基本的な考え方として、**分布仮説**というものがあります。これは「単語の意味はその近傍の単語によって決定される」という考え方です。分布仮説は、1957年にJ.R.Firthによって提唱されました。J.R.Firthは以下のように述べています。

- You shall know a word by the company it keeps.
（単語の意味はその近傍の単語によってわかる）

分布仮説の考え方を実際に体験してみましょう。以下の文について考えてみます。

```
Tokyo is the capital of Japan.
```

この文では、仮にTokyoが何かということを知らなくても周辺単語からTokyoが地名らしいということがわかるはずです。英語読解で知らない単語を見たときに文脈から意味を推定するのに似てます。このように**周辺単語が単語の意味を決めるのに役立つ**ということを分布仮説では言っています。

次節で紹介するword2vecでは、周辺単語の情報を使って分散表現を学習します。

8-3-2 word2vec

Word2vecは単語分散表現を学習するためのソフトウェアです。2013年当時、Googleに所属していたTomas Mikolovらによって作成されました※2。

Word2vecではまるで単語の意味を捉えられているかのような演算を行うことができるということで衝撃を与えました。たとえば、先に述べたような、KingからManを引きWomanを足すとQueenが得られる(King - Man + Woman = Queen)ような演算を行うことができます。

よく間違われるのですが、Word2vecというのはソフトウェアの名前であり、モデルの名前ではありません。Word2vecの内部では、単語分散表現を計算するために以下の2つのモデルが用意されています。

- Skip-gram
- CBOW

次節では、Word2vec内部のモデルのうち、Skip-gramについて説明します。

8-3-3 Skip-gram

Skip-gramは、**単語の分散表現を計算するモデル**の一つです。Skip-gramは2層のニューラルネットワークであり、隣接する層のユニットは全結合しています。Skip-gramのアーキテクチャを簡易化して示すと以下の図のように表せます。

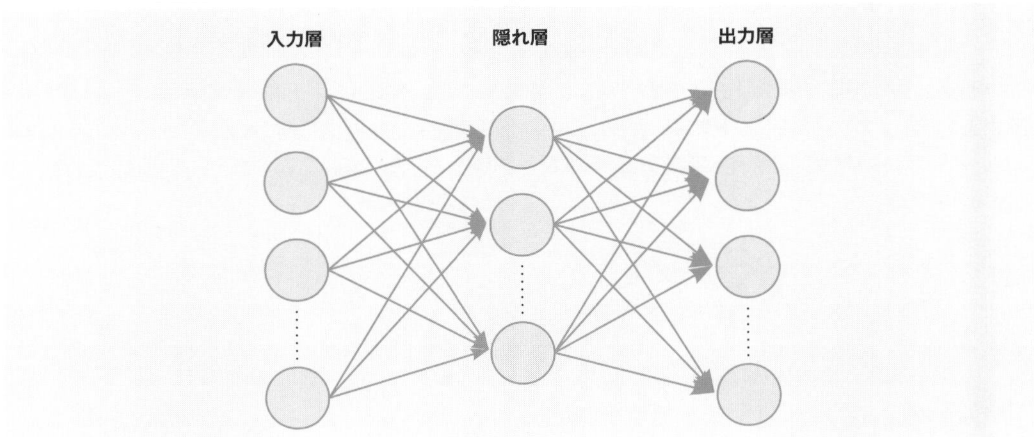

図8-3-1　Skip-gramのアーキテクチャ

※2　オリジナルのWord2vecはhttps://code.google.com/archive/p/word2vec/にあります。

Skip-gramの目的は、**あるタスクに対してニューラルネットワークを学習し、入力層と隠れ層の間の重みを得ること**です。実はこの入力層と隠れ層の間の重みが**単語の分散表現**であり、私たちが真に必要とするものなのです。したがって、重みを得たあとは、学習したニューラルネットワークは不要になります。

Skip-gramに学習させるタスクは、**ある単語を入力した時、その単語の周辺に出現しやすい単語を予測する**というものです。以下の例文を使って考えてみましょう。

I want to eat an apple everyday.

ここで、ある単語が「eat」だったとします。この単語に注目すると、周辺語には食べ物の名前である「apple」や「orange」が出現しやすいと考えられます。つまり、「apple」や「orange」が「eat」の周辺語として出現する確率が高くなるようにネットワークの重みを学習するわけです。

周辺語として何単語まで考えるのかというのを**ウィンドウサイズ**と呼びますが、これをCとして与えます。$C=1$なら左右1単語ずつ、$C=2$なら左右2単語ずつを考慮します。ウィンドウサイズと周辺語の関係は以下の図のように可視化するとわかりやすいと思います。

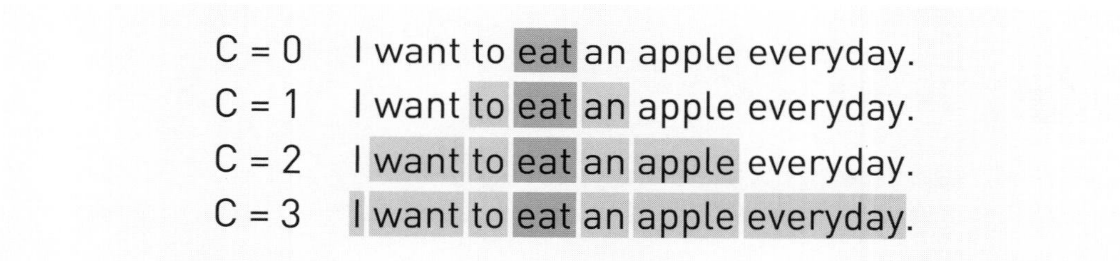
C = 0 I want to eat an apple everyday.
C = 1 I want to eat an apple everyday.
C = 2 I want to eat an apple everyday.
C = 3 I want to eat an apple everyday.

図8-3-2　ウィンドウサイズと周辺語の対応関係

Skip-gramの学習は教師あり学習で行います。教師あり学習といっても、教師データは自動的に生成できます。具体的に何を与えるかというと、入力として**ある単語**を、出力として**その周辺語**を与えます。これらの入出力をネットワークに与えることで、モデルは**ある単語に対する周辺語の出現確率**を学習できます。以下の図は、周辺語の数を1つとした時の入出力のイメージです。

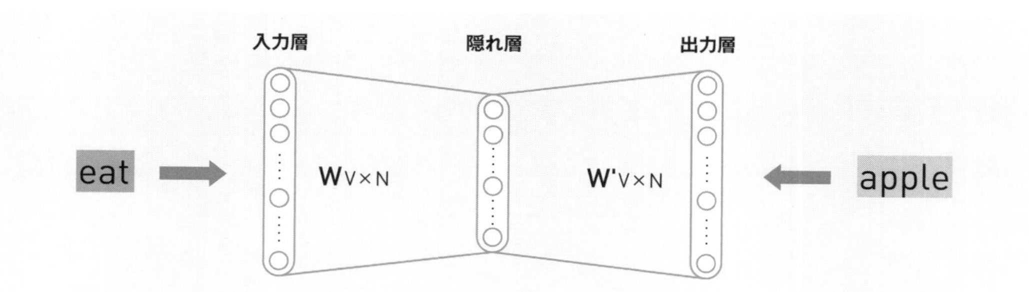
入力層
隠れ層
出力層
eat
W V×N
W' V×N
apple

図8-3-3　Skip-gramの学習

Skip-gramの学習では、実際に現れる入出力のペアが高い確率を出力するように学習します。たとえば、(eat, apple)のようなデータに対しては(eat, network)より高い確率になるように学習します。学習が終わった時には、「eat」という単語を入力として与えると、「apple」や「orange」は「network」より高い確率を出力します。以下がそのイメージです。

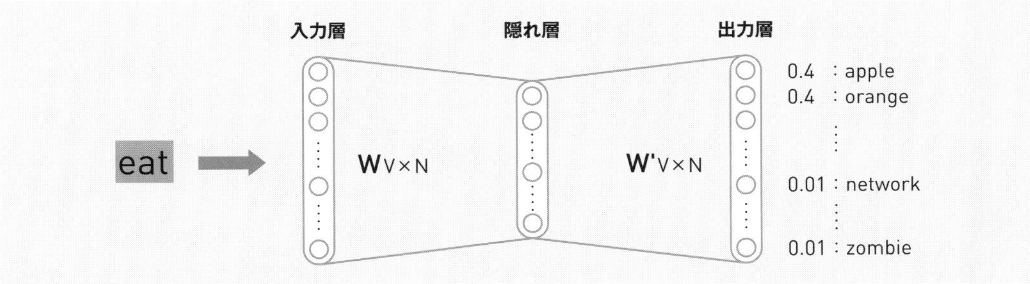

図8-3-4　Skip-gramの出力

ここまででSkip-gramの概要について紹介しました。以降ではモデルの詳細について入力層、隠れ層、出力層ごとに見ていきましょう。説明する際は、話を簡単にするために周辺語の数を1つと仮定して説明していきます。

8-3-3-1 入力層

入力層には、**単語を固定長で表したベクトル**を与えます。なぜ固定長で与える必要があるのかというと、単語のような可変長の文字列はSkip-gramのニューラルネットワークに与えることができないからです。

このとき、単語を固定長で表すのに使われるのが単語の**one-hotベクトル**です。one-hotベクトルを使うことで、単語を固定長のベクトルで表すことができる点はすでに確認しました。このベクトルの次元数はボキャブラリ数$|V|$に等しくなります。以下の例文をもとに入力について考えてみましょう。

I want to eat apple. I like apple.

上記の例文からは以下のようなボキャブラリを構築することができます。ここで各単語には対応する一意なIDを割り振っています。構築したボキャブラリを見ると、ボキャブラリ数が7であることがわかります。また、重複のない単語集合になっていることが確認できると思います。

```
{'apple': 0, 'eat': 1, 'I': 2, 'like': 3, 'to': 4, 'want': 5, '.': 6}
```

ボキャブラリを構築したら、入力語をone-hotベクトルとして表します。one-hotベクトルはボキャブラリ数と同じ次元数になります。上記の場合はボキャブラリ数が7であったため、ベクトルの次元数は7次元になります。以下は「apple」をone-hotベクトルで表現したものです。

$$\begin{bmatrix} 1 \cdots apple \\ 0 \cdots eat \\ 0 \cdots I \\ 0 \cdots like \\ 0 \cdots to \\ 0 \cdots want \\ 0 \cdots . \end{bmatrix}$$

ここまでをSkip-gramの図を使って表すと以下のように表せます。

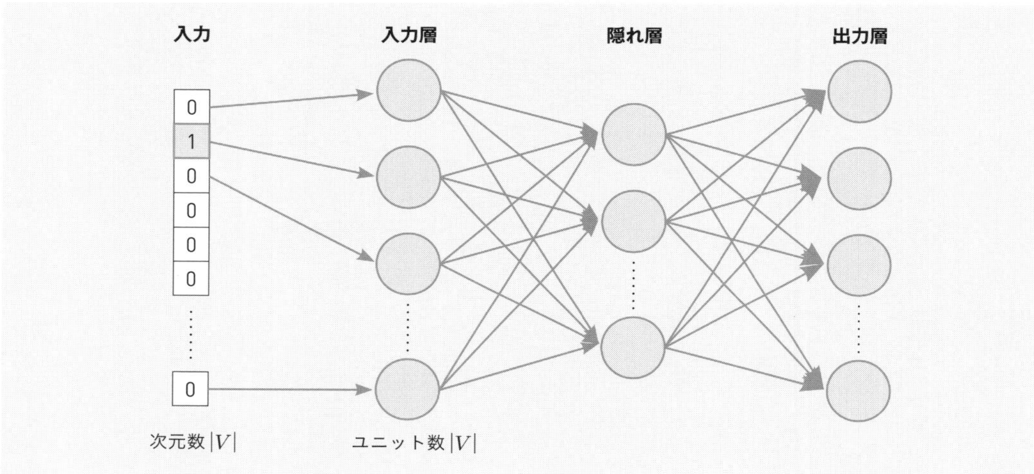

図8-3-5　Skip-gramの入力

8-3- 3-2 隠れ層

隠れ層では入力されたone-hotベクトルに隠れ層の重みを掛けます。隠れ層の重みは重み行列Wで表されます。重み行列のサイズは、ボキャブラリ数を$m = |V|$、隠れ層のユニット数をnとすると(m, n)で表すことができます。重み行列は以下のように表されます。

$$W = \begin{pmatrix} w_{11} & w_{12} & \dots & w_{1n} \\ w_{21} & w_{22} & \dots & w_{2n} \\ \vdots & \vdots & \ddots & \vdots \\ w_{m1} & w_{m2} & \dots & w_{mn} \end{pmatrix}$$

入力層と隠れ層の間の重みが実は単語の分散表現になっていることは、Chapter8-3-3の冒頭で述べました。さらにいうと、重み行列の各行が一つの単語の分散表現に対応しています。したがって、分散表現の次元数は隠れ層のユニット数nに等しくなります。

実のところ、入力層と隠れ層の間で行われている計算は、one-hotベクトルの1に対応する箇所の行列の行を抽出しているに過ぎません。これはつまり、**ある単語に対応する分散表現を抽出している**ということです。

これについて、さきほどの例文を使って説明します。さきほどの例文ではボキャブラリ数$|V|=7$でした。隠れ層のユニット数$n=3$とし、「eat」のone-hotベクトルから単語分散表現を抽出すると以下のようになります。ここで重み行列の各要素の値は適当に設定しています。

$$
\begin{bmatrix} 0 & 1 & 0 & 0 & 0 & 0 & 0 \end{bmatrix} \times \begin{bmatrix} 74 & 29 & 98 \\ 1 & 13 & 35 \\ 65 & 31 & 37 \\ 96 & 88 & 84 \\ 45 & 94 & 96 \\ 21 & 88 & 9 \\ 6 & 78 & 94 \end{bmatrix} = \begin{bmatrix} 1 & 13 & 35 \end{bmatrix}
$$

図8-3-6　単語ベクトルの抽出

ここまでの話をまとめると、このモデルの隠れ層は実際には、入力語の単語ベクトルのルックアップテーブルとして機能することを意味しています。Skip-gramでは隠れ層に活性化関数を設定しないので、隠れ層の出力は単なる入力語の単語ベクトルになります。

ニューラルネットワーク的にどうなっているかというと、以下のような計算をしています。太い線で表される重みが入力のone-hotベクトルによって抽出されるわけですね。

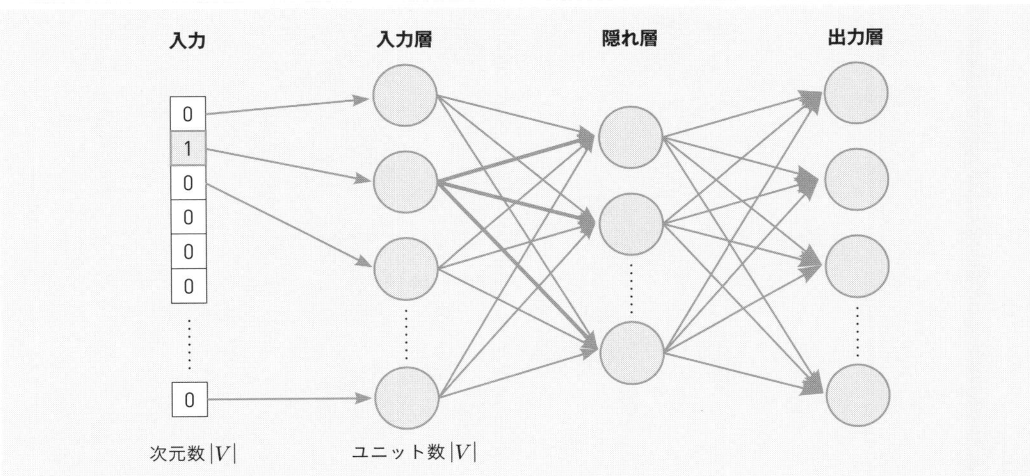

図8-3-7　隠れ層の重み抽出

8-3-3-3 出力層

出力層では、隠れ層からの出力に隠れ層から出力層間の重みを掛けます。この重みは重み行列W'で表されます。重み行列のサイズは(n,m)で表すことができます。ちょうどWを転置した形になっています。

$$W' = \begin{pmatrix} w_{11} & w_{12} & \dots & w_{1m} \\ w_{21} & w_{22} & \dots & w_{2m} \\ \vdots & \vdots & \ddots & \vdots \\ w_{n1} & w_{n2} & \dots & w_{nm} \end{pmatrix}$$

Wが単語の分散表現になっていることはすでに述べましたが、W'は周辺語の分散表現になっています。さらにいうと、W'の各列が一つの周辺語の分散表現に対応しています。周辺語の分散表現は単語の分散表現の周辺語版だと考えてください。

結局のところ、出力層のあるユニットに入力されるのは、**単語の分散表現と周辺語の分散表現の内積**ということになります。これについてSkip-gramの図を使って図示すると以下のようになります。

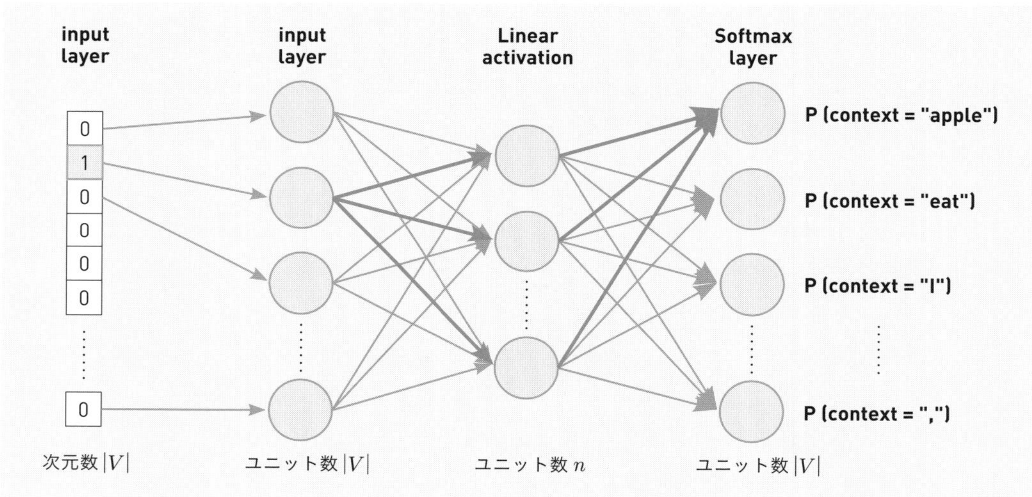

図8-3-8　ベクトルの内積

最後に出力層に入力されたベクトル$\boldsymbol{x} \in R^{|V|}$に対して**ソフトマックス関数**を適用します。ソフトマックス関数を使うことで、与えられた入力を**各ラベルの確率値**に変換することができます。出力層の各ニューロンはボキャブラリ内の各単語に対応した確率値を表していますが、それは0から1の値を取り、合計すると1になります。出力層のi番目のノードへの入力をx_iとすると、出力は以下のように計算することができます。

$$\mathrm{softmax}(x_i) = \frac{\mathrm{e}^{x_i}}{\sum_{j=1}^{|V|} \mathrm{e}^{x_j}}$$

確率を出力するまでの計算を図示すると以下のような感じになります。

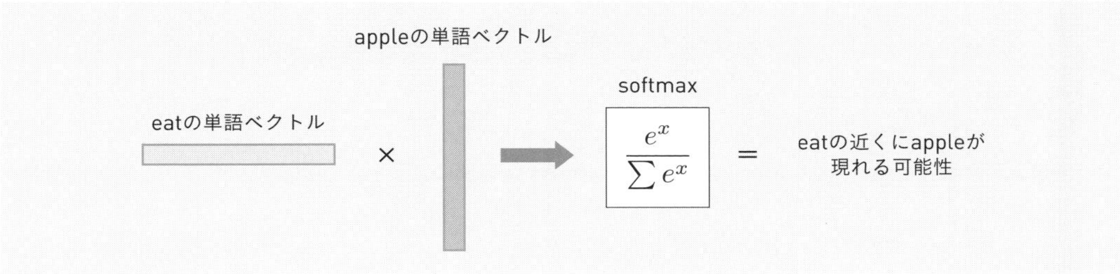

図8-3-9　全体の計算

まとめると、Skip-gram では**単語の重みベクトル同士の内積**を計算していると見なせます。それが出力層のユニットに入力されます。ここで出力層への入力値にソフトマックス関数を使うのは確率値に変換するためです。結局、学習で行われているのは、**ある単語とその単語に対して実際に現れる周辺語の内積が大きくなるように重みを調整していく**ということと言えるでしょう。

8-3- 4 ネガティブサンプリングによる高速化

これまでに紹介したモデルを素朴に実装すると、計算量が多くなり学習がなかなか進まないという問題が発生します。その原因として、ソフトマックス関数の計算量の多さがあります。ソフトマックス関数の分母ではボキャブラリ数$|V|$回分の繰り返しがあります。この$|V|$が小さいうちはそこまで問題ではないのですが、一般的に$|V|$は10^4以上のオーダーになるため、計算量が多くなってしまうのです。

この問題の解決策として**ネガティブサンプリング (negative sampling)** というテクニックがあります。ネガティブサンプリングを使った学習では、ある単語のペアを入力として与え、その単語のペアがあり得るか否かを1または0の教師データとして与えて学習を行います。その際、あり得るペアのことを**ポジティブサンプル**、あり得ないペアのことを**ネガティブサンプル**と呼び、自動で生成します。これらのペアを使うことで、出力は1/0だけを予測すればいいので、計算量を減らせるというわけです。

たとえば、「I like to eat sushi」という文について考えてみましょう。この文からは、ウィンドウサイズを1とすると、ポジティブサンプルとして`(I, like)`や`(like, to)`、`(eat, sushi)`といった単語ペアを得られ、その教師データとしては1を付与できます。一方で、ネガティブサンプリングを行うことで`(I, sushi)`や`(like, sushi)`といった単語ペアを得られ、教師データとして0を付与できます。こうして作成したデータセットによってモデルを学習させます。

なんだか複雑に感じますが、やっていることは単純です。`(eat, sushi)`のような実際にあり得るペアに対しては高い確率を割り当て、そうでない場合は低くしようというだけです。そして、確率を出力するためには、これまでに学んだシグモイド関数を使います。実際に実装することで理解を深めていきましょう。

8-3

Chapter 8-4

モデルの実装

前節までで単語分散表現を計算するモデルの理論的な話は済ませました。本節ではモデルを実際に実装することで理解を深めていきます。実際にモデルを実装し、日本語の単語分散表現を学習させましょう。

実装の手順としては以下の順番で進めていきます。

- データセットの準備
- モデルの定義
- 予測用クラスの実装
- モデルの学習

8-4-1 プロジェクト構成

実装を始める前に、プロジェクト構成について説明しておきます。本節では以下のプロジェクト構成で実装を進めていきます。

```
.
├── data
│   └── ja.text8
├── inference.py
├── model.py
├── preprocessing.py
├── train.py
└── utils.py
```

「data」ディレクトリの中には使用するデータセットを格納しておきます。今回の場合はChapter 4でも使用した「ja.text8」を解凍して入れておきます。「inference.py」には学習したモデルを使って予測を行うコードを書きます。「model.py」には機械学習モデルの定義を行います。「preprocessing.py」には前処理用の関数を、train.pyには学習用のコードを、「utils.py」にはデータ読み込み用の関数などを書いていきます。

8-4-2 データセットの準備

データセットの準備では、本節で使うコーパスのダウンロードを行い、その読み込みと前処理を行うためのコードを書いていきます。ここで関係するファイルは以下の3つです。

- data/ja.text8
- preprocessing.py
- utils.py

まずは、単語分散表現を学習するためのコーパスをダウンロードします。今回はコーパスとして、「ja.text8」コーパスを使います※3。コーパスは以下のURLからダウンロードすることができます。ダウンロードしたら解凍して「data」ディレクトリに格納しましょう。

- https://s3-ap-northeast-1.amazonaws.com/dev.tech-sketch.jp/chakki/public/ja.text8.zip

ダウンロードしたja.text8コーパスは、Wikipedia日本語版のテキストから作られたコーパスです。Wikipediaのテキストからマークアップを削除したあと分かち書きをし、最初の100MBを切り出して作成しています。前処理済みなので、単語分散表現を試しに学習させるときに便利です。その中身には以下のように単語がスペース区切りで格納されています。

```
ちょん 掛け ( ちょん がけ 、 丁 斧 掛け ・ 手斧 掛け とも 表記 ) と は 、 相撲 の 決まり 手 の ひとつ で ある 。 自➡
分 の 右 ( 左 ) 足 の 踵 を 相手 の 右 ( 左 ) 足 の 踵 に 掛け 、 後方 に 捻っ て 倒す 技 。 手斧 ( ちょうな ) を➡
かける 仕草 に 似 て いる こと から 、 ちょうな が 訛っ て ちょん 掛け と なっ た と いわ れる 。 柔道 の 小内 刈 と➡
ほぼ 同じ 動き を 見せる 技 で ある 。 1944 年 1 月 場所 6 日 目 、 36 連勝 中 の 横綱 双葉 山 に 、 枩 ノ 里 が 決➡
め 、 金星 を 挙げ て いる 。 最近 で は 2014 年 11 月 場所 7 日 目 に 常幸 龍 が 照 ノ 富士 に 、 2012 年 5 月 場➡
所 5 日 目 に 朝 赤 龍 が 若 の 里 に この 技 で 勝利 し て いる ほ...
```

コーパスを用意したら、コーパスを読み込むための関数load_dataを「utils.py」に書いていきます。今回読み込むコーパスは単なるテキストなので、open関数でファイルを開いた後、readメソッドでファイル全体を読み込み、テキストを返すことにします。そのためのコードは以下の通りです。

utils.py

```
def load_data(filepath, encoding='utf-8'):
    with open(filepath, encoding=encoding) as f:
        return f.read()
```

次に、読み込んだコーパスをモデルに与えられる形式に変換するためにボキャブラリを作成します。そのために、KerasのTokenizerクラスを使います。Tokenizerは指定した文字でテキストを分割することのできるクラスです。分割以外の機能として、ボキャブラリの作成や単語をIDに変換するといったメソッドが提供されています。以下のような引数を渡してインスタンスを作成することができます。

※3 https://github.com/Hironsan/ja.text8

Tokenizerに渡せる引数

```
Tokenizer(
    num_words=None,
    filters='!"#$%&()*+,-./:;<=>?@[\\]^_`{|}~\t\n',
    lower=True,
    split=' ',
    char_level=False,
    oov_token=None,
    document_count=0,
    **kwargs
)
```

Tokenizerのインスタンスは様々な引数を指定して作成することができますが、ここで重要なのはnum_words、split、oov_tokenの3つです。num_wordsにはボキャブラリ数の最大値を指定します。このボキャブラリは単語の出現頻度に基づいて選ばれます。splitにはテキストを分割するための文字列を指定します。デフォルトではスペースが指定されています。oov_tokenには未知語を表す文字列を指定します。ここに指定した文字列にもIDが割り当てられ、未知語をIDに変換する際に使われます。

Tokenizerの使い方を簡単に確認してみましょう。以下のコードをインタプリタで実行することで、Tokenizerを使って、テキストの分割、ボキャブラリの作成、単語のID化を行う様子を確認することができます。

Pythonインタプリタ

```
>>> from tensorflow.keras.preprocessing.text import Tokenizer
>>> tokenizer = Tokenizer(num_words=10, oov_token='<UNK>')
>>> texts = ['今日 は 良い 天気 だ 。']
>>> tokenizer.fit_on_texts(texts)
>>> tokenizer.word_index
{'<UNK>': 1, '今日': 2, 'は': 3, '良い': 4, '天気': 5, 'だ': 6, '。': 7}
>>> tokenizer.index_word
{1: '<UNK>', 2: '今日', 3: 'は', 4: '良い', 5: '天気', 6: 'だ', 7: '。'}
>>> tokenizer.texts_to_sequences(texts)
[[2, 3, 4, 5, 6, 7]]
```

上記のコードではnum_words=10、oov_token='<UNK>'を指定してTokenizerのインスタンスを作成しています。これはつまり、ボキャブラリ数の最大値は10で、未知語は<UNK>で表すということを指定しています。次に、用意したテキストのリストに対してfit_on_textsメソッドを呼び出してボキャブラリを作成しています。作成したボキャブラリ中の単語とIDの対応はword_indexで参照することができます。また、IDと単語の対応はindex_wordで参照できます。ここで、ID=0はパディング用に確保されていて使われていないことに注意してください。最後にtexts_to_sequencesメソッドによって、テキストをIDの列に変換しています。

Tokenizerの使い方について確認したので、ボキャブラリを作成するための関数build_vocabularyを「preprocessing.py」に書いていきます。build_vocabularyにテキストとボキャブラリ数の最大値を渡すことでボキャブラリを作成しています。

preprocessing.py

```
from tensorflow.keras.preprocessing.text import Tokenizer

def build_vocabulary(text, num_words=None):
    tokenizer = Tokenizer(num_words=num_words, oov_token='<UNK>')
    tokenizer.fit_on_texts([text])
    return tokenizer
```

次に、構築するモデルに与えるデータセットを作成するための関数を作成していきます。そのために、Kerasのmake_sampling_tableとskipgrams関数を使用します。make_sampling_tableは単語の出現頻度に基づいたランクをベースにして各単語に確率を割り当てる関数で、skipgrams関数で使われます。skipgramsは単語のペアとそれが実際にありえるペアか否かを生成する関数です。skipgrams関数には以下のような引数を渡すことができます。

skipgrams関数に渡せる引数

```
tf.keras.preprocessing.sequence.skipgrams(
    sequence,
    vocabulary_size,
    window_size=4,
    negative_samples=1.0,
    shuffle=True,
    categorical=False,
    sampling_table=None,
    seed=None
)
```

skipgrams関数には様々な引数を渡すことができますが、差し当たって重要なのはsequence、window_size、negative_samplesの3つです。sequenceには[1, 2, 3]のようなIDの系列を渡します。この系列を基に出力を生成します。window_sizeには出力を生成する際に考慮するウィンドウサイズを指定します。これはSkip-gramの節で説明した図を見るとわかりやすいと思います。negative_samplesにはネガティブサンプル数を指定します。要するにありえる単語のペア1に対して、ありえない単語のペア(=ネガティブサンプル)をいくつ生成するかを指定します。

skipgramsの使い方を簡単に確認してみましょう。以下のコードをインタプリタで実行することで、skipgramsを使って、ポジティブサンプルとネガティブサンプルを生成する様子を確認することができます。なお、生成した出力をきれいに表示するためにpprint関数を使っています。

Pythonインタプリタ

```
>>> from pprint import pprint
>>> from tensorflow.keras.preprocessing.sequence import skipgrams
>>> sequence = ['猫', 'は', 'かわいい']
>>> pprint(skipgrams(sequence, vocabulary_size=4, window_size=1))
([['は', 2],
  ['かわいい', 'は'],
  ['猫', 'は'],
  ['かわいい', 3],
  ['は', 1],
  ['猫', 1],
  ['は', '猫'],
  ['は', 'かわいい']],
 [0, 1, 1, 0, 0, 0, 1, 1])
```

上記のコードではわかりやすさを重視してsequenceに文字列のリストを指定してskipgramsを呼んでいますが、通常は整数のリストを渡します。skipgramsの返り値は要素が2つのタプルです。一つは単語のペアで、もう一つはラベルとなっています。単語のペアとラベルは対応しており、単語のペアがポジティブサンプルの場合ラベルは1、ネガティブサンプルの場合はラベルは0になります。ネガティブサンプルはボキャブラリからランダムにサンプリングして生成しています。

skipgramsの使い方について確認したので、データセットを作成するための関数create_datasetを「preprocessing.py」に書いていきます。skipgrams関数を呼んだ後reshapeやasarrayなどの操作を行っていますが、これはskipgramsの出力をNumPyの形式に変換し、この後構築するモデルに入力できるように変換しているだけです。

preprocessing.py

```
import numpy as np
from tensorflow.keras.preprocessing.sequence import skipgrams, make_sampling_table


def create_dataset(text, vocab, num_words, window_size, negative_samples):
    data = vocab.texts_to_sequences([text]).pop()
    sampling_table = make_sampling_table(num_words)
    couples, labels = skipgrams(data, num_words,
                                window_size=window_size,
                                negative_samples=negative_samples,
                                sampling_table=sampling_table)
    word_target, word_context = zip(*couples)
    word_target = np.reshape(word_target, (-1, 1))
    word_context = np.reshape(word_context, (-1, 1))
    labels = np.asarray(labels)
    return [word_target, word_context], labels
```

以上でデータセットの準備は完了です。次はモデルを作成していきましょう。

8-4- 3 モデルの定義

データセットが準備できたのでモデルを実装します。最初にお断りをさせていただきますが、word2vecをそのまま実装するわけではないことにご注意ください。今回実装するモデルのアーキテクチャとしては、まず単語のペアを入力し、それらを分散表現に変換します。その後、分散表現の内積を計算し、最後に出力として、シグモイド関数を活性化関数とした全結合層に入力します。図にすると**図8-3-10**のようになります。

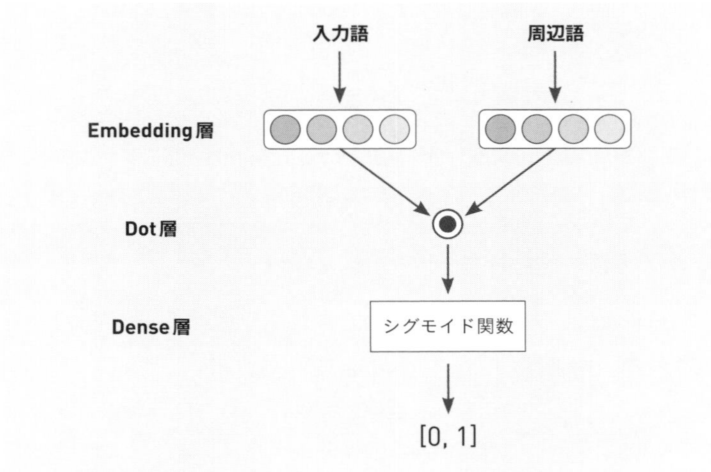

図8-4-1　モデルのアーキテクチャ

では図のモデルを実装しましょう。「model.py」にモデルを作成するためのクラスであるEmbeddingModelを書いていきます。ここでは、Functional APIを使ってモデルを定義します。以下のコードを書いていきましょう。Embedding層を使うことで、入力したinput_dim次元のone-hotベクトルをoutput_dim次元のベクトルに変換しています。

model.py

```
from tensorflow.keras.models import Model
from tensorflow.keras.layers import Input, Dot, Flatten, Embedding, Dense

class EmbeddingModel:

    def __init__(self, vocab_size, emb_dim=100):
        self.word_input = Input(shape=(1,), name='word_input')
        self.word_embed = Embedding(input_dim=vocab_size,
                                    output_dim=emb_dim,
                                    input_length=1,
                                    name='word_embedding')

        self.context_input = Input(shape=(1,), name='context_input')
        self.context_embed = Embedding(input_dim=vocab_size,
                                       output_dim=emb_dim,
                                       input_length=1,
                                       name='context_embedding')

        self.dot = Dot(axes=2)
        self.flatten = Flatten()
        self.output = Dense(1, activation='sigmoid')

    def build(self):
        word_embed = self.word_embed(self.word_input)
        context_embed = self.context_embed(self.context_input)
        dot = self.dot([word_embed, context_embed])
        flatten = self.flatten(dot)
        output = self.output(flatten)
```

```
        model = Model(inputs=[self.word_input, self.context_input],
                      outputs=output)
        return model
```

モデルの学習後はword_embeddingという名前をつけたEmbedding層を抽出します。このEmbedding層は、最初はランダムに初期化されているのですが、学習するにつれて単語を上手く表現するような重みになることが期待されます。

以上でモデルの実装は完了です。次は学習したモデルから予測を行うコードを書いていきます。

8-4- 4 予測用クラスの実装

学習したモデルを使って類似度の近い単語を予測するためのクラスを作成していきましょう。前にも述べましたが、分散表現を得るためには学習したモデル全体は必要ありません。必要なのは一部の重みだけなのです。今回の場合、必要なのはword_embeddingという名前を付けた**Embedding層の重み**だけが必要になります。そこで、モデルからget_layerメソッドを使って指定した層を取り出し、get_weightsメソッドで重みを取り出す操作が必要になります。

以下のInferenceAPIクラスを「inference.py」に書いていきましょう。このクラスでは、most_similarメソッドに単語を与えると、類似度の近い単語を返してくれます。

inference.py

```
from scipy.spatial.distance import cosine
from sklearn.metrics.pairwise import cosine_similarity

class InferenceAPI:

    def __init__(self, model, vocab):
        self.vocab = vocab
        self.weights = model.get_layer('word_embedding').get_weights()[0]

    def most_similar(self, word, topn=10):
        word_index = self.vocab.word_index.get(word, 1)
        sim = self._cosine_similarity(word_index)
        pairs = [(s, i) for i, s in enumerate(sim)]
        pairs.sort(reverse=True)
        pairs = pairs[1: topn + 1]
        res = [(self.vocab.index_word[i], s) for s, i in pairs]
        return res

    def similarity(self, word1, word2):
        word_index1 = self.vocab.word_index.get(word1, 1)
        word_index2 = self.vocab.word_index.get(word2, 1)
        weight1 = self.weights[word_index1]
        weight2 = self.weights[word_index2]
        return cosine(weight1, weight2)

    def _cosine_similarity(self, target_idx):
        target_weight = self.weights[target_idx]
```

```
        similarity = cosine_similarity(self.weights, [target_weight])
        return similarity.flatten()
```

most_similarメソッドでやっていることを大まかに説明しておきます。most_similarメソッドではまず与えた単語と学習した単語分散表現中の全単語の類似度を計算しています（_cosine_similarityメソッド）。その次に、類似度順にソートして、上位topn件の単語を取得しています。最後に、単語のIDを人間にわかるように文字列に変換しています。

8-4- 5 モデルの学習

では本章の最後に、これまでに説明した内容に基づいて、モデルを学習させるコードを書いていきましょう。以下のコードを「train.py」に書いて保存します。

train.py

```
from pprint import pprint

from tensorflow.keras.callbacks import EarlyStopping, ModelCheckpoint
from tensorflow.keras.models import load_model

from inference import InferenceAPI
from model import EmbeddingModel
from preprocessing import build_vocabulary, create_dataset
from utils import load_data

if __name__ == '__main__':
    # ハイパーパラメータの設定
    emb_dim = 50
    epochs = 10
    model_path = 'model.h5'
    negative_samples = 1
    num_words = 10000
    window_size = 1

    # コーパスの読み込み
    text = load_data(filepath='data/ja.text8')

    # ボキャブラリの構築
    vocab = build_vocabulary(text, num_words)

    # データセットの作成
    x, y = create_dataset(text, vocab, num_words, window_size, negative_samples)

    # モデルの構築
    model = EmbeddingModel(num_words, emb_dim)
    model = model.build()
    model.compile(optimizer='adam', loss='binary_crossentropy')

    # コールバックの用意
    callbacks = [
        EarlyStopping(patience=1),
        ModelCheckpoint(model_path, save_best_only=True)
```

```
    ]

    # モデルの学習
    model.fit(x=x,
              y=y,
              batch_size=128,
              epochs=epochs,
              validation_split=0.2,
              callbacks=callbacks)

    # 予測
    model = load_model(model_path)
    api = InferenceAPI(model, vocab)
    pprint(api.most_similar(word='日本'))
```

コードを書き終えたら実行してみましょう。CPUで実行すると1エポックに15分程度の時間がかかるため、10エポック実行すると最大で150分程度の時間がかかります。GPUを積んだマシンを使える方は使うことをおすすめします。

ターミナル

```
> python train.py
Epoch 1/10
7622691/7622691 [==============================] - 354s 46us/sample - loss: 0.2375 - val_loss: 0.2018
Epoch 2/10
7622691/7622691 [==============================] - 351s 46us/sample - loss: 0.1813 - val_loss: 0.1850
...
Epoch 8/10
7622691/7622691 [==============================] - 330s 43us/sample - loss: 0.1362 - val_loss: 0.1701
```

学習を終えた後は以下のコードで予測を行っています。まずは、保存したモデルを読み込んで、それを予測用のクラスに渡しています。その後、most_similarメソッドに単語を与えることで類似単語を予測します。ここでは、「日本」という単語と似た単語を取得しています。

train.py

```
model = load_model(model_path)
api = InferenceAPI(model, vocab)
pprint(api.most_similar(word='日本'))
```

予測した結果は以下のようになりました。

```
[('スウェーデン', 0.85265034),
('英国', 0.85252786),
('アメリカ', 0.8482183),
('ルーマニア', 0.83900976),
('ノルウェー', 0.8270491),
('米国', 0.827037),
('中央アジア', 0.8238919),
('オーストラリア', 0.8201189),
('アルバニア', 0.8184309),
('スコットランド', 0.8175673)]
```

国名や地域名のリストを得られることを確認できました。以上で、モデルの実装は完了です。

Chapter 8-5

gensimを使った単語分散表現の学習

前節では単語分散表現を計算するモデルを実装しましたが、本節ではgensimというパッケージを使って学習させてみましょう。前節ではモデルを自分で実装しましたが、実際にはそのようなことをすることは稀です。その代わりに、実装済みの公開されているコードを使って計算します。その理由としては、すぐに使える、自分で実装するよりバグを含めにくい、計算が速いなどを挙げることができます。勉強のために実装するなど、研究目的以外の場合は既存の実装を使うことをおすすめします。

ここでは単語分散表現の学習のために「**gensim**」を使います。gensimは自然言語処理向けの機能が含まれるPythonパッケージです。その中には、word2vecの実装が含まれており、簡単に使うことができるようになっています。ちなみに、gensimにはword2vec以外にも様々なモデルの実装が含まれていますが、本書ではword2vec部分のみを解説します※4。

gensimをインストールするのは非常に簡単です。以下のようにpipコマンドやcondaコマンドを用いてインストールするだけです。

ターミナル

```
> pip install gensim          ―― pipを使用する場合
> conda install gensim        ―― condaを使用する場合
```

実装の手順としては以下の順番で進めていきます。

- モデルの学習
- 単語分散表現の使用

8-5- 1 プロジェクト構成

実装を始める前に、プロジェクト構成について説明しておきます。本節では以下のプロジェクト構成で実装を進めていきます。

※4　それ以外の機能については公式ドキュメント（https://radimrehurek.com/gensim/）を参照してください。

```
.
├── data
│   └── ja.text8
└── models
    └── model.bin
```

「data」ディレクトリの中には使用するデータセットを格納しておきます。今回の場合はさきほども利用した「ja.text8」を再利用します。「models」ディレクトリの中には学習したモデルを「model.bin」という名前で格納します。

8-5- 2 モデルの学習

ここではダウンロードしたコーパスとgensimのword2vecモジュール※5を使ってモデルを学習させます。なお、実装は簡単なのでインタプリタ上で行います。まずは必要な機能のインポートを行いましょう。学習の進捗状況を表示するためにログ出力用のlogging、コーパス読み込み用のText8Corpusクラス、学習するモデルであるWord2Vecクラスをインポートします。

Pythonインタプリタ

```
>>> import logging
>>> from gensim.models.word2vec import Word2Vec, Text8Corpus
```

次に、学習の進捗を出力するためにloggingを有効にします。gensimのword2vecは、進捗を出力するためにPythonのloggingを使用しています。したがって、loggingを有効にすることで、進捗をコンソールに出力することができます。

Pythonインタプリタ

```
>>> logging.basicConfig(format='%(asctime)s : %(levelname)s : %(message)s', level=logging.INFO)
```

次に、ダウンロードしたja.text8コーパスを読み込みます。コーパスの読み込みはgensimに組み込まれているText8Corpusクラスを用いて行うことができます。このように簡単に読み込めるのは、ja.text8コーパスがText8Corpusで読み込める形式になっているためです。

Pythonインタプリタ

```
>>> sentences = Text8Corpus('data/ja.text8')
```

次に、読み込んだコーパスを用いて**モデルを学習**します。ここでは分散表現の次元数を100次元に設定しています。またウィンドウサイズは5です。したがって、単語w_iに対する文脈として、$(w_{i-5}, w_{i-4}, w_{i-3}, w_{i-2}, w_{i-1}, w_{i+1}, w_{i+2}, w_{i+3}, w_{i+4}, w_{i+5})$を考慮します。デフォルトのモデルはCBOWですが、パラメータでsg=1を設定することでSkip-gramに変更できます。

※5 https://radimrehurek.com/gensim/models/word2vec.html

Pythonインタプリタ

```
>>> model = Word2Vec(sentences, size=100, window=5, sg=1)
```

上記のコードを実行すると、学習が始まり、コンソールから進行状況を確認できます。学習は数分で終わるはずです。

```
2018-03-08 16:20:28,854 : INFO : EPOCH 5 - PROGRESS: at 3.90% examples, 443803 words/s, in_qsize 4, ➡
out_qsize 1
2018-03-08 16:20:29,865 : INFO : EPOCH 5 - PROGRESS: at 8.22% examples, 466964 words/s, in_qsize 4, ➡
out_qsize 1
2018-03-08 16:20:30,869 : INFO : EPOCH 5 - PROGRESS: at 13.25% examples, 501681 words/s, in_qsize 4, ➡
out_qsize 0
...
2018-03-08 16:20:45,366 : INFO : worker thread finished; awaiting finish of 2 more threads
2018-03-08 16:20:45,367 : INFO : worker thread finished; awaiting finish of 1 more threads
2018-03-08 16:20:45,373 : INFO : worker thread finished; awaiting finish of 0 more threads
2018-03-08 16:20:45,374 : INFO : EPOCH - 5 : training on 16900026 raw words (11430400 effective ➡
words) took 17.5s, 652292 effective words/s
2018-03-08 16:20:45,374 : INFO : training on a 84500130 raw words (57153711 effective words) took ➡
104.8s, 545312 effective words/s
```

モデルの学習が完了したら、saveメソッドを用いて**モデルを保存**します。学習したモデルを保存しておくことで、次にモデルを使いたいときには学習をせずに、保存したモデルを読み込むだけで済みます。先に「models」フォルダを作成してから以下を実行してください。

Pythonインタプリタ

```
>>> model.save('models/model.bin')
```

saveメソッドで保存したモデルはloadメソッドを用いて読み込むことができます。

Pythonインタプリタ

```
>>> model = Word2Vec.load('models/model.bin')
```

以上で学習は完了です。ここからはモデルを学習して得られた単語分散表現を使ってみましょう。

8-5-3 単語分散表現の使用

モデルの学習が終わったので、得られた単語の分散表現を使ってみましょう。学習したモデルをgensimで読み込むことで、以下のような処理を行えます。

- 分散表現の取得
- 類似単語の検索
- アナロジータスク
- 単語類似度の計算

ある単語の分散表現を得るには、以下のように学習したモデルに単語の文字列を与えます。また、shapeを使ってベクトルのサイズを得ると、その次元数が100次元になっていることを確認できます。

Pythonインタプリタ

```
>>> model.wv['猫']
array([-0.52170944, -0.84487134, -0.13440865,  0.8847663 ,  0.79061097,
       -0.9182162 ,  0.9754735 , -0.25906476,  0.23426287, -0.836161  ,
        ...
        1.4537022 , -0.27861577, -0.06926678,  0.07419294,  0.19069402,
        1.591129  ,  0.7426809 , -1.4237987 ,  0.1551678 ,  1.2676514 ],
      dtype=float32)
>>> model.wv['猫'].shape
(100,)
```

ある単語の類似単語は、most_similarメソッドを用いることで得られます。topnパラメータに整数nを渡すことで、類似している単語上位n件を取得することができます。

Pythonインタプリタ

```
>>> model.wv.most_similar('猫', topn=10)
[('キツネ', 0.7721818685531616),
 ('野良猫', 0.7706955671310425),
 ('オオカミ', 0.7536170482635498),
 ('鼠', 0.7508819103240967),
 ('ネコ', 0.7467606067657471),
 ('ブタ', 0.733316957950592),
 ('金魚', 0.7308756709098816),
 ('カナリア', 0.7180096507072449),
 ('ネズミ', 0.7131854891777039),
 ('飼い', 0.7122005820274353)]
```

「king-man+woman=queen」のような単語のアナロジー問題を解くこともできます。たとえば、次のコードは、「東京と日本」に対する「ロンドンと何か」についての上位10語を返します。結果を見ると、最も可能性の高い単語が「イギリス」になっていることがわかります。ロンドンはイギリスの首都なので、正しい単語を得られていることがわかります。

Pythonインタプリタ

```
>>> model.wv.most_similar(positive=['ロンドン', '日本'], negative=['東京'], topn=10)
[('イギリス', 0.751285195350647),
 ('カナダ', 0.7128887176513672),
 ('アメリカ', 0.7119593620300293),
 ('オーストラリア', 0.6980217099189758),
 ('英国', 0.683607280254364),
 ('ヨーロッパ', 0.6762987971305847),
 ('ベルギー', 0.6609580516815186),
 ('フランス', 0.6586506366729736),
 ('ニュージーランド', 0.654160737991333),
 ('オランダ', 0.6485143303871155)]
```

また、similarityメソッドを使うことで、**単語間の類似度**を計算できます。以下の例では、「猫」と「犬」は「猫」と「車」より類似度が高いことがわかります。これは私たち人間の直感と一致した結果になっています。

Pythonインタプリタ

```
>>> model.wv.similarity('猫', '犬')
0.6331081076751379
>>> model.wv.similarity('猫', '車')
0.14045075490121522
>>> model.wv.similarity('セダン', '車')
0.7175956906953773
```

Chapter 8-6 学習済み単語分散表現の利用

前節では単語分散表現の学習方法について説明しました。学習にgensimを使い、コーパスにはja.text8を用いました。その結果、数行のコードを書くだけで簡単に日本語の単語分散表現を得ることができました。

前節では単語分散表現の学習にja.text8を使いましたが、実際にはより大規模なコーパスを用いて分散表現を学習します。たとえば、単語分散表現の学習によく使われるWikipediaは数GBから10数GBあります。ja.text8は100MBだったので、およそ10倍〜100倍の規模です。

大規模なコーパスを使って学習する際の問題として、**学習の準備と学習に時間がかかる**ことが挙げられます。サイズが大きいので学習に時間がかかるのはもちろんのこと、データのダウンロードや形態素解析による分かち書きなどのデータ準備にも時間がかかります。

この問題の解決策として、**公開されている学習済みの単語分散表現（pre-trained word embeddings）**を使うということがよく行われています。世の中には学習済みの単語分散表現が多数公開されています。その中には数は多くはありませんが、日本語の分散表現もあります。

本節では、学習済み単語分散表現をダウンロードしてその使い方について学びます。学習済みの分散表現を利用することで、自分で単語分散表現を用意する必要がなくなります。それはすなわち、自分の本当に解きたいタスクに時間を費やせることを意味します。

学習済み単語分散表現を使うまでの手順は以下の通りです。

- 学習済み単語分散表現のダウンロード
- 単語分散表現の読み込みと使用

8-6- 1 学習済み単語分散表現のダウンロード

まずは学習済み単語分散表現をダウンロードします。よく使われている単語分散表現として、**word2vec**※6を使って学習したモデルや**GloVe**※7と呼ばれるアルゴリズムを使って学習したモデルがあります。これらは論文の中でもよく使われています。

今回は日本語の単語分散表現を利用したいため、Facebookが公開している分散表現(https://dl.fbaipublicfiles.com/fasttext/vectors-crawl/cc.ja.300.vec.gz)を使用します。これは日本語Wikipediaを MeCabで分かち書きした後、fastText※8というアルゴリズムを使って計算されています。

まずは分散表現をダウンロードします。macOSまたはLinuxの方はwgetコマンドを使って以下のようにダウンロードしましょう。wgetがインストールされていないWindowsの場合は、ブラウザに上のURLを貼り付ければダウンロードできます。サイズが大きいのでダウンロードにはしばらく時間がかかります。作業用フォルダにダウンロードしてください。

ターミナル

```
> wget https://dl.fbaipublicfiles.com/fasttext/vectors-crawl/cc.ja.300.vec.gz
```

8-6- 2 単語分散表現の読み込み

分散表現のダウンロードが終わったら、読み込んでみます。読み込みには**gensim**を使います。gensimで読み込むことで、実装されている様々な便利機能(most_similarやsimilalityなど)を使うことができます。以下のコードをインタプリタで実行して、ダウンロードした分散表現を読み込みましょう。ここで、読み込みにはかなり時間がかかることに注意してください。

Pythonインタプリタ

```
>>> import gensim
>>> model = gensim.models.KeyedVectors.load_word2vec_format('cc.ja.300.vec.gz', binary=False)
```

読み込みが終わったら、類似単語を求めてみましょう。

※6 word2vec (https://code.google.com/archive/p/word2vec/)
※7 GloVe (https://nlp.stanford.edu/projects/glove/)
※8 fastText (https://github.com/facebookresearch/fastText/

Pythonインタプリタ

```
>>> model.most_similar('猫', topn=10)
[('ネコ', 0.8059155941009521),
 ('ねこ', 0.7272598147392273),
 ('子猫', 0.720253586769104),
 ('仔猫', 0.7062687873840332),
 ('ニャンコ', 0.7058036923408508),
 ('野良猫', 0.7030349969863892),
 ('犬', 0.6505385041236877),
 ('ミケ', 0.6356303691864014),
 ('野良ねこ', 0.6340526342391968),
 ('飼猫', 0.6265145540237427)]
```

これでダウンロードした単語分散表現を使えるようになりました。実務的には、自分で分散表現を計算するよりも、公開されている学習済みのモデルをダウンロードした方が本当にやりたいことに集中できると思います。

Chapter 8-7

単語分散表現の評価

一般的に単語分散表現の評価方法は以下の2つに分けられます。

- 内省的評価
- 外省的評価

このうち内省的評価と言うのは、**単語分散表現の性能を直接評価する方法**のことを指しています。実際に使われる評価方法としては以下の2つが用いられます。

- 人間の判断との相関
- アナロジータスク

「人間の判断との相関」では、人間が判断した単語類似度と、分散表現によって求められる単語類似度が、どの程度似ているかによって単語分散表現の質を評価します。要するに、**人間の評価に近い評価をできるようになれば良い分散表現**に違いないということです。以下のような単語のペアと人間がつけた相関のスコアからなるデータセットを使って評価します。

```
# Word 1       Word 2          Human (mean)
love           sex             6.77
tiger          cat             7.35
tiger          tiger           10.00
book           paper           7.46
computer       keyboard        7.62
computer       internet        7.58
plane          car             5.77
train          car             6.31
telephone      communication   7.50
```

一方で「アナロジータスク」では**推論による問題の正解率**を評価します。具体的にどのようなことを行うかというと、3つの単語を与えたとき、もう一つの単語を当てるというものです。たとえば、「日本」「東京」「フランス」という3単語を与えたときに残りの一つが「パリ」であることを答える必要があります。以下のようなデータセットを使って正解率を評価します。

```
: capital-common-countries
Athens Greece Baghdad Iraq
Athens Greece Bangkok Thailand
Athens Greece Beijing China
Athens Greece Berlin Germany
Athens Greece Bern Switzerland
Athens Greece Cairo Egypt
Athens Greece Canberra Australia
Athens Greece Hanoi Vietnam
```

次に外省的評価と言うのは、**実際のタスクに単語分散表現を使って評価する方法**のことを指しています。たとえば、テキスト分類の入力に単語分散表現AとBを使って、**テキスト分類の性能によって単語分散表現の優劣を比較する**ということが行われます。このメリットは、実際のタスクにどれだけ役に立つのかがわかるということが挙げられます。デメリットとしては、評価に時間がかかることが挙げられます。

gensimには**内省的評価**のためのデータセットと機能が含まれています。人間との相関の評価はモデルのevaluate_word_pairsメソッドで行えます。アナロジーの評価はaccuracyメソッドで行うことができます。データセットとしてはそれぞれwordsim353とquestions-wordsが含まれており、datapath関数によって読み込むことができます。どちらも英語用の評価セットなので日本語の分散表現に対する評価はできません。

Pythonインタプリタ

```
>>> from gensim.test.utils import datapath
>>> model.evaluate_word_pairs(datapath('wordsim353.tsv'))
>>> model.accuracy(datapath('questions-words.txt'))
```

日本語の評価用データセットとしては、JapaneseWordSimilarityDataset※9があります。こちらのデータセットは首都大学東京の自然言語処理研究室によって公開されています。データセットには、**人間が付けた単語類似度のスコア**が格納されているため、相関の評価のために使うことができます。

※9 https://github.com/tmu-nlp/JapaneseWordSimilarityDataset

ここまでで、内省的評価と外省的評価について説明しましたが、実際には**外省的評価**を使うほうが良いでしょう。というのも、実際のところ単語類似度タスクやアナロジータスクで良い結果であったからといって、テキスト分類や固有表現認識などの下流タスクで良い結果を得られるとは限らないからです。したがって、学習した単語分散表現が、実際に行いたいタスクに近いタスクで有効なのかを簡単に検証できる仕組みを構築しておく方が役に立ちます。内省的評価の問題点については「Intrinsic Evaluation of Word Vectors Fails to Predict Extrinsic Performance」※10を参照してください。

Chapter 8-8 まとめ

本章では、単語分散表現について説明しました。はじめに、単語の分散表現が単語を低次元の実数値ベクトルで表す表現方法であることを理解しました。また、その計算の基礎にある考え方として分布仮説を紹介しました。次に、単語分散表現を学習するためのモデルとしてSkip-gramについて説明しました。その後、TensorFlowを使って単語分散表現を学習するためのコードを実際に書くことで理解を深めました。最後に、分散表現の評価方法として内省的評価と外省的評価があることと、内省的評価の問題点について紹介しました。

さらに勉強したい人のために文献を紹介しておきましょう。

word2vecのパラメータ更新式の詳細な導出と説明については「word2vec Parameter Learning Explained」※11で丁寧に行われています。word2vecの論文自体はTomas Mikolovによって書かれたものがあるのですが、そこでは詳細な式の導出は行っていないので、詳しく知りたい場合は前述の論文を見るのが良いでしょう。また、ネガティブサンプリングの導出については「word2vec Explained: deriving Mikolov et al.'s negative-sampling word-embedding method」※12でわかりやすく解説されています。

word2vec以外に単語分散表現を計算するモデルとしてよく使われているのは、先にも述べましたが**GloVe**と**fastText**です。GloVeはStanford大学の研究者によって公開されたモデルです。word2vecではウィンドウ内の局所的な情報だけを使っていましたが、GloVeではコーパスの大域的な情報も使って性能向上を図っています。詳細は「GloVe: Global Vectors for Word Representation※13」を参照してください。fastTextも単語分散表現を得られるモデルで、低頻度語に対する対策などが行われています。Facebookによってパッケージが公開されているので※14、詳しく知りたい場合は見てみると良いでしょう。

単語の分散表現は自然言語処理にとって画期的な発明でしたが、word2vecのようなモデルでは**文脈を考慮した分散表**

※10 https://www.aclweb.org/anthology/W/W16/W16-2501.pdf
※11 https://arxiv.org/abs/1411.2738
※12 https://arxiv.org/abs/1402.3722
※13 https://nlp.stanford.edu/pubs/glove.pdf
※14 https://fasttext.cc/

現を得られないという問題点があります。たとえば、「Apple is a technology company」と「Apple is a fruit」では同じAppleという単語でもその対象は異なります。しかし、word2vecではどちらも同じ分散表現となり区別ができません。この問題に対し2017年頃から、**文脈を考慮した単語分散表現を、言語モデルを使って得る手法**が登場し始めました。言語モデルというのは単語列や文字列に対して確率を付与できるモデルのことで、教師なしで学習することができます。以下に挙げた論文では、**ELMo**と呼ばれる言語モデルとその前身となったモデルを提案しています。これらのモデルを使うことで、文脈を考慮した分散表現を得ることができます。

- Semi-supervised sequence tagging with bidirectional language models※15
- Deep contextualized word representations※16

最近ではELMoを改善したモデルが多数提案されていますが、その中でも最もよく使われているのはGoogleによって提案された**BERT**です。BERTを使うことで、多くの自然言語処理タスクで非常に良い性能を出すことが知られています。学習データの量が少ない場合でも良い性能を出すことができます。詳細については「BERT: Pre-training of Deep Bidirectional Transformers for Language Understanding」※17を参照してください。

※15 https://arxiv.org/abs/1705.00108
※16 https://arxiv.org/abs/1802.05365
※17 https://arxiv.org/abs/1810.04805

Chapter 9

テキスト分類

本章では、自然言語処理の一分野であるテキスト分類について扱います。これまでの章でもテキスト分類について扱ってきましたが、本章ではニューラルネットワークベースの基礎的な手法について紹介します。

テキスト分類をするためのモデルとして、RNN、LSTM、CNNについて順に解説します。それぞれの概念を学んだ上で、実際にデータを使って実装していきます。また、それぞれのモデルを評価するための方法についても紹介します。

また、本章の最後では学習済みの単語分散表現をテキスト分類のモデルに組み込む方法を紹介します。ここで紹介する内容は、前章で学んだ単語分散表現を様々なモデルで使うための基礎となります。実装を通じて理解を深めましょう。

Chapter 9-1
本章の概要

本章のコードはColaboratory上に用意してあります。以下のリンク先から実行できます。
http://bit.ly/315UUHF

Chapter 8では、自然言語処理における代表的な2つの単語表現方法を紹介しました。そこでは、2つの単語表現方法としてone-hotエンコーディングと分散表現を紹介しました。いずれの表現にせよ、文字で表された単語をこれらの表現に変換することで、機械学習モデルで単語を扱うことができるようになりました。

一方、自然言語処理の多くの問題では、**単語より大きな単位の情報**を扱う必要があります。たとえば、メールの内容がスパムであるか否か、商品レビューがポジティブなのかネガティブなのか、文書の著者が誰なのかといった判断をする問題では、**テキスト全体**を扱う必要があります。テキストが可変長の単語列から構成されると考えると、この列をモデルで扱う必要があるのです。

そこで、本章では自然言語処理の一分野である**テキスト分類**について扱います。はじめに、テキスト分類について説明します。ここでは、テキスト分類とそのアプリケーションについて簡単に説明します。次に、ニューラルネットワークベースのモデルを実装します。モデルとしては、単純なRNN、LSTMおよびCNNを使ったモデルの構築方法を学びます。最後に、学習済みの単語分散表現を使用する方法について紹介します。

まとめると本章では、以下の内容について説明します。

- テキスト分類とは?
- リカレントニューラルネットワーク(RNN)
- 単純なRNNによるテキスト分類
- Long Short Term Memory(LSTM)
- LSTMによるテキスト分類
- Convolutional Neural Network(CNN)
- CNNによるテキスト分類
- 学習済み単語分散表現の使用方法

Chapter 9-2
テキスト分類とは?

テキスト分類(Text Classification)とは、テキストを**事前に決められたカテゴリ(クラス)**に分類する問題のことです。カテゴリとしては、メールがスパムなのかそうではないのか、商品レビューの内容がポジティブかネガティブか、文書を記述している言語は何語か、といった幅広いカテゴリを扱うことができます。その汎用性のため、非常に頻繁に使われる重要な技術です。

テキスト分類を分類対象のクラス数と予測するラベル数の観点から分類すると以下のようになります。

- 2値分類 vs 多値分類
- シングルラベル vs マルチラベル

2値分類（binary classification）は、入力を**2つのカテゴリのうちどちらかに分類する**問題です。たとえば、メールのスパム判定はメールがスパムであるか否かのどちらかを判定する問題なので、2値分類の一種です。カテゴリとしては「スパムか否か」や、「病気か否か」といった様々な種類を考えることができますが、Chapter 6で述べたように、慣習的に0と1のどちらかに分類する問題として考えます。2値分類は次に述べる多値分類の特別な場合とも言えるでしょう。

多値分類または多クラス分類（multi-class classification）は、2値分類を一般化した問題で、入力を**3つ以上のクラスのうちのどれかに分類する**問題です。たとえば、あるニュース記事を3つのトピック（政治、スポーツ、ゴシップ）のどれかに分類する問題は多値分類の一種です。

2値分類と多値分類では一つのラベルだけを予測しますが、マルチラベル分類（multi-label classification）では**複数のラベルを予測**します。たとえば、ドラゴンボールに関する記事を、アニメだけでなく漫画のカテゴリにも分類するのはマルチラベル分類です。その他にも、あるTweetにつくハッシュタグを予測するときに、複数のハッシュタグを予測する問題もマルチラベル分類の一種です。

ここまではテキスト分類をラベルの観点から分類してみましたが、手法の観点から分類することもできます。手法の観点から分類すると、大きくは以下の3つに分けることができます。

- 手動
- ルールベース
- 機械学習ベース

各手法のメリットとデメリットは以下のようにまとめることができます。

	手動	ルールベース	機械学習ベース
メリット	・非常に性能が高い	・適正なルールを書けば性能が高い	・性能が高い ・スケール可能
デメリット	・非常に遅い ・コストが高い ・スケールしない	・手動でルールを書く必要がある ・メンテナンスコストが高い	・学習データが必要

今日では、テキスト分類のアプローチとしては機械学習ベースの手法が一般的になっています。それはつまり、**分類のためのルールをデータから学習する**ことを意味しています。したがって、テキスト分類器を構築するためには、文書とそのカテゴリの対応からなるラベル付きデータが必要になります。

Chapter 5やChapter 6ではtf-idfなどを使ってテキストを固定長のベクトルに変換し、ロジスティック回帰を使って分類を行っていました。本章では自然言語処理でよく使われるリカレントニューラルネットワークを使ってテキストを分類します。

Chapter 9-3

リカレントニューラルネットワーク

自然言語処理や音声認識のような入力や出力が可変長の系列を扱う分野の場合、**RNN（Recurrent Neural Network）**は最も重要なネットワークと言っていいでしょう。その重要性から、最近のディープラーニングのフレームワークであればRNNは標準で組み込まれています。

通常のニューラルネットワークでは**可変長の入力を扱いにくい**という問題があります。Chapter 7で行ったように、可変長の入力を扱うためには、**いったん固定長の入力に変換してから**入力する必要があります。このような変換を行うと、順序の情報が失われたり、順序情報を保持しようとすると次元数が非常に大きくなるという問題があります。

一方、RNNでは可変長の入力を扱えることに加えて、**入力系列の要素間に存在する依存性**を扱うことができます。たとえば、「安倍首相は衆議院…」という系列の次の単語を予測する問題を考えましょう。RNNでは、予測する際に、**それまでに入力された系列を考慮して**予測をすることができます。このような特徴は自然言語や音声のような時系列データを扱う際に特に役に立ちます。

依存性を扱うために、RNNの内部には過去に入力された系列の情報を保持する機能があります。この情報はRNNの**「隠れ状態（hidden state）」**と呼ばれています。ある時刻tでの隠れ状態$\boldsymbol{h}_t$は、一つ前の時刻における隠れ状態$\boldsymbol{h}_{t-1}$と現在の入力$\boldsymbol{x}_t$によって計算されます。図にすると図9-3-1のように表せます。

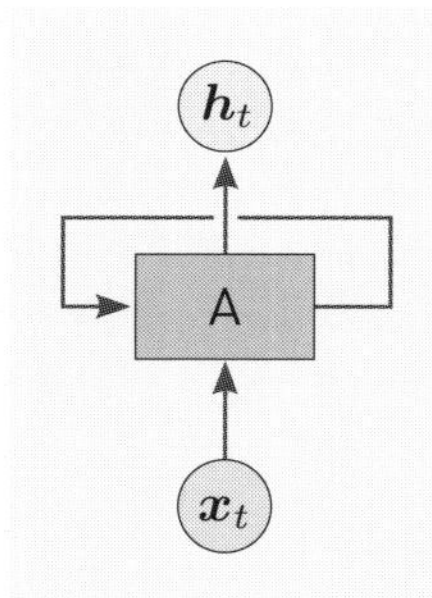

図9-3-1　RNNのイメージ※1

図9-3-1を時間方向に展開したのが図9-3-2です。図9-3-2を見ると、時刻tにおける隠れ状態$\boldsymbol{h}_t$が、時刻tの入力$\boldsymbol{x}_t$と、時刻$t-1$の隠れ状態$\boldsymbol{h}_{t-1}$から計算されることがわかりやすいと思います。結局のところ、$\boldsymbol{x}_t$と$\boldsymbol{h}_{t-1}$を入力し、次の状態$\boldsymbol{h}_t$を出力するニューラルネットワークというわけです。

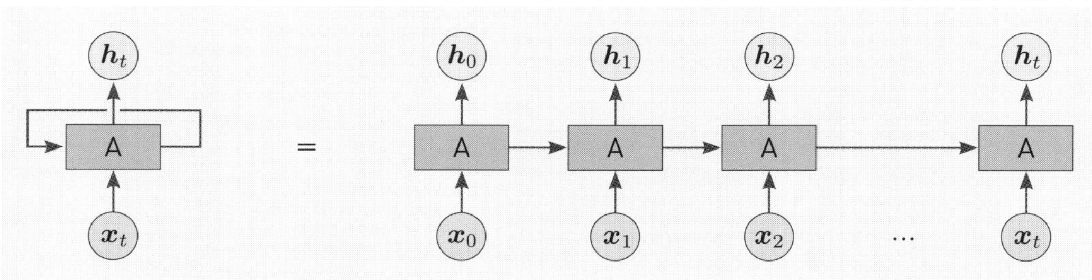

図9-3-2　RNNを時間方向に展開※1

※1　出典：「Understanding LSTM Networks」（http://colah.github.io/posts/2015-08-Understanding-LSTMs/）

隠れ状態の実態は単なる**固定長のベクトル**です。このベクトルに、時刻t以前に入力された系列の情報が圧縮されていると考えます。たとえば、文を単語の系列に分解して入力する場合、ある時刻tにおける隠れ状態は、時刻0から$t-1$までの文の情報を圧縮して保持していると考えます。つまり、すべての系列を入力した時点での隠れ状態は、**文を固定長のベクトルとして表現したもの**とみなすことができます。イメージ的には以下のようになります。

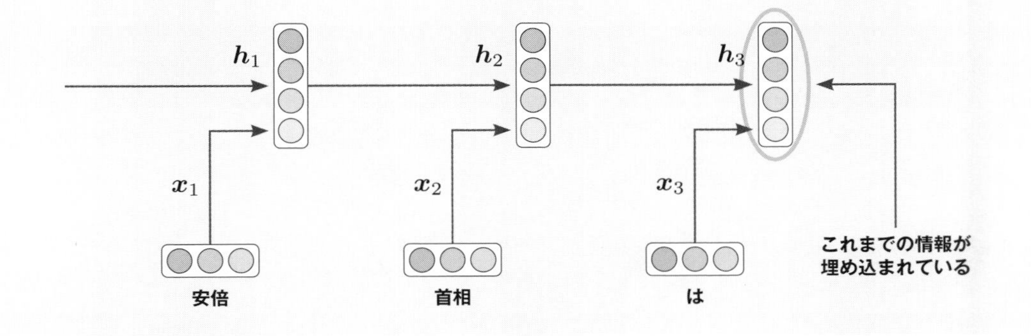

図9-3-3 隠れ状態は固定長のベクトル

最もシンプルなRNNのユニットは、一つのtanh層から構成されています。このtanh層には入力$\boldsymbol{x}_t$と前の隠れ状態$\boldsymbol{h}_{t-1}$が入力され、隠れ状態$\boldsymbol{h}_t$が出力されます。RNNのユニットを時間方向に展開すると、各ユニットが鎖状の繰り返し構造になっていることがわかります。

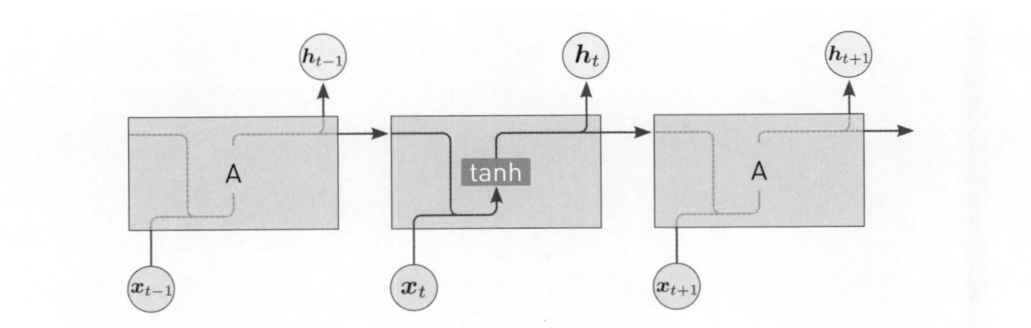

図9-3-4 シンプルなRNNの内部構造※1

RNNで行われている計算を数式として表すと以下のようになります。ここで、Wは前の隠れ状態$\boldsymbol{h}_{t-1}$とtanhの間の重み、Uは入力$\boldsymbol{x}_t$とtanhの間の重みを表しています。

$$\boldsymbol{h}_t = \tanh(W\boldsymbol{h}_{t-1} + U\boldsymbol{x}_t)$$

以降では、これまでに説明してきたRNNを使ってテキスト分類を行います。では、いつも通りデータセットの前処理から進めていきましょう。

Chapter 9-4

RNNによるテキスト分類器の実装

Chapter9-3でRNNの理論的な話は済ませました。本節ではRNNを使ったモデルを実際に実装する方法について学んでいきます。ここでは、タスクとして商品レビューの評価予測を題材にしますが、実装するモデルは汎用的なので、それ以外のタスクに使うこともできます。

実装の手順としては以下の順番で進めていきます。

- データセットの準備
- モデルの定義
- 予測用クラスの実装
- モデルの学習と評価

9-4-1 プロジェクト構成

実装を始める前に、プロジェクト構成について説明しておきます。本節では以下のプロジェクト構成で実装を進めていきます。

```
.
├── data
│   ├── amazon_reviews_multilingual_JP_v1_00.tsv
│   └── cc.ja.300.vec.gz
├── models/
├── inference.py
├── models.py
├── preprocessing.py
├── train.py
└── utils.py
```

「data」ディレクトリの中には使用するデータセットを格納しておきます。今回の場合はChapter 7までに使ってきたAmazonの商品レビューを利用します。ダウンロードして格納しておいてください。また、後ほど学習済みの単語分散表現も格納します。「models」ディレクトリには学習したモデルを格納します。「inference.py」には学習したモデルを使って予測を行うコードを書きます。「models.py」には機械学習モデルの定義を行います。「preprocessing.py」には前処理用の関数を、「train.py」には学習用のコードを、「utils.py」にはデータ読込用の関数などを書いていきます。

9-4- 2 データセットの準備

ここでは、本節で使うコーパスのダウンロードを行い、その読み込みと前処理を行うためのコードを書いていきます。ここで関係するファイルは以下の3つです。

- data/amazon_reviews_multilingual_JP_v1_00.tsv
- preprocessing.py
- utils.py

データセットを用意したら、読み込むための関数load_datasetを「utils.py」に書いていきます。読み込むための関数は既に定義済みですが、Chapter 8では使わなかったので、念のため再掲しておきます。

utils.py

```
import string
import pandas as pd

def filter_by_ascii_rate(text, threshold=0.9):
    ascii_letters = set(string.printable)
    rate = sum(c in ascii_letters for c in text) / len(text)
    return rate <= threshold

def load_dataset(filename, n=5000, state=6):
    df = pd.read_csv(filename, sep='\t')

    # Converts multi-class to binary-class.
    mapping = {1: 0, 2: 0, 4: 1, 5: 1}
    df = df[df.star_rating != 3]
    df.star_rating = df.star_rating.map(mapping)

    # extracts Japanese texts.
    is_jp = df.review_body.apply(filter_by_ascii_rate)
    df = df[is_jp]

    # sampling.
    df = df.sample(frac=1, random_state=state)
    grouped = df.groupby('star_rating')
    df = grouped.head(n=n)
    return df.review_body.values, df.star_rating.values
```

次に、データセットのサンプリングができたら、データセットの前処理用の関数をpreprocessing.pyに書いていきます。ここで行う前処理は、HTMLタグの除去、数字の正規化、分かち書き、ボキャブラリの作成です。前処理用の関数は前にも定義していますが、念のために再掲しておきます。preprocess_dataset関数では定義した関数を順番に呼び出しています。build_vocabulary関数については別の場所で使用します。

preprocessing.py

```
import tensorflow as tf
from bs4 import BeautifulSoup
from janome.tokenizer import Tokenizer
t = Tokenizer(wakati=True)


def build_vocabulary(texts, num_words=None):
    tokenizer = tf.keras.preprocessing.text.Tokenizer(
        num_words=num_words, oov_token='<UNK>'
    )
    tokenizer.fit_on_texts(texts)
    return tokenizer


def clean_html(html, strip=False):
    soup = BeautifulSoup(html, 'html.parser')
    text = soup.get_text(strip=strip)
    return text


def tokenize(text):
    return t.tokenize(text)


def preprocess_dataset(texts):
    texts = [clean_html(text) for text in texts]
    texts = [' '.join(tokenize(text)) for text in texts]
    return texts
```

以上でデータセットを準備するために使う関数の定義は終わりました。次はモデルを作成していきましょう。

9-4- 3 モデルの定義

データセットを準備するための関数が用意できたので、次は**モデルを実装**します。今回実装するモデルのアーキテクチャとしては、まず単語のIDを入力し、それを分散表現に変換します。その後、分散表現をRNNに入力し、最後に全結合層にソフトマックス関数を組み合わせて、各クラスの確率を予測します。今回の場合は0または1の2クラスなので、各クラスの確率が出力されます。図にすると以下のようになります。

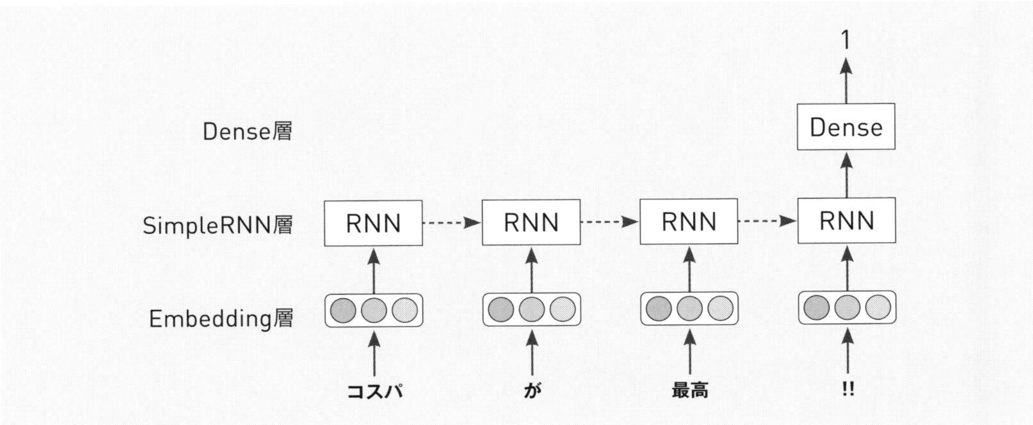

図9-4-1　モデルのアーキテクチャ

では図のモデルを実装しましょう。models.pyにモデルを作成するためのクラスであるRNNModelを書いていきます。ここでは、Functional APIを使ってモデルを定義します。以下のコードを書いていきましょう。Embedding層を使うことで、入力したinput_dim次元のone-hotベクトルをoutput_dim次元のベクトルに変換しています。RNNとしてSimpleRNN、全結合層としてDenseを使っています。

models.py

```
from tensorflow.keras.models import Model
from tensorflow.keras.layers import Dense, Input, Embedding, SimpleRNN

class RNNModel:

    def __init__(self, input_dim, output_dim,
                 emb_dim=300, hid_dim=100,
                 embeddings=None, trainable=True):
        self.input = Input(shape=(None,), name='input')
        if embeddings is None:
            self.embedding = Embedding(input_dim=input_dim,
                                       output_dim=emb_dim,
                                       mask_zero=True,
                                       trainable=trainable,
                                       name='embedding')
        else:
            self.embedding = Embedding(input_dim=embeddings.shape[0],
                                       output_dim=embeddings.shape[1],
                                       mask_zero=True,
                                       trainable=trainable,
                                       weights=[embeddings],
                                       name='embedding')
        self.rnn = SimpleRNN(hid_dim, name='rnn')
        self.fc = Dense(output_dim, activation='softmax')

    def build(self):
        x = self.input
        embedding = self.embedding(x)
        output = self.rnn(embedding)
```

```
        y = self.fc(output)
        return Model(inputs=x, outputs=y)
```

実際のところ、今回の場合は2クラス分類なので、最終層の活性化関数としてはシグモイド関数でも良かったわけですが、今後みなさんが多クラス分類で使うことも考えて**ソフトマックス関数**を使っています。シグモイド関数を使う場合はどこを書き換えればいいかについては考えてみて下さい。

以上でモデルの実装は完了です。次は学習したモデルから予測を行うコードを書いていきます。

9-4- 4 予測用クラスの実装

学習したモデルを使って**評価を予測するためのクラス**を作成していきましょう。以下のInferenceAPIクラスを「inference.py」に書いていきます。このクラスでは、predict_from_textsメソッドにテキストのリストを与えると、予測結果のリストを返してくれます。また、predict_from_sequencesメソッドにテキストを単語IDに変換したリストを与えることでも予測を行うことができます。np.argmaxで確率値の最も高いクラスを取得しています。

inference.py

```
import numpy as np
from tensorflow.keras.preprocessing.sequence import pad_sequences

class InferenceAPI:

    def __init__(self, model, vocab, preprocess):
        self.model = model
        self.vocab = vocab
        self.preprocess = preprocess

    def predict_from_texts(self, texts):
        x = self.preprocess(texts)
        x = self.vocab.texts_to_sequences(x)
        return self.predict_from_sequences(x)

    def predict_from_sequences(self, sequences):
        sequences = pad_sequences(sequences, truncating='post')
        y = self.model.predict(sequences)
        return np.argmax(y, -1)
```

ここまで来たら、あとはモデルを学習させればいいのですが、その前にテキスト分類でよく使われる評価指標について少し説明します。

9-4- 5 テキスト分類の評価

学習したモデルがどのくらい良いモデルなのかを判断するために、**モデルの評価**は不可欠です。わたしたちはモデルの評価結果を見て、モデルの変更やチューニング、データの収集をすべきか否かといったことを判断します。

本節ではテキスト分類の評価によく使われる以下の指標について解説します。

- 正解率
- 適合率
- 再現率

まず、これらの指標を理解する基本となる混同行列について解説します。その後で、各指標について説明します。

9-4- 5-1 混同行列

混同行列(Confusion Matrix)とは、テストデータに対するモデルの予測結果を予測したクラスと実際のクラスという観点で分類した表です。ここでは2値分類の場合について考えてみましょう。2値分類の場合、以下の図のように4つの区分けをすることができます。これらはそれぞれ**真陽性(True Positive)**、**真陰性(True Negative)**、**偽陽性(False Positive)**、**偽陰性(False Negative)**と呼ばれています。

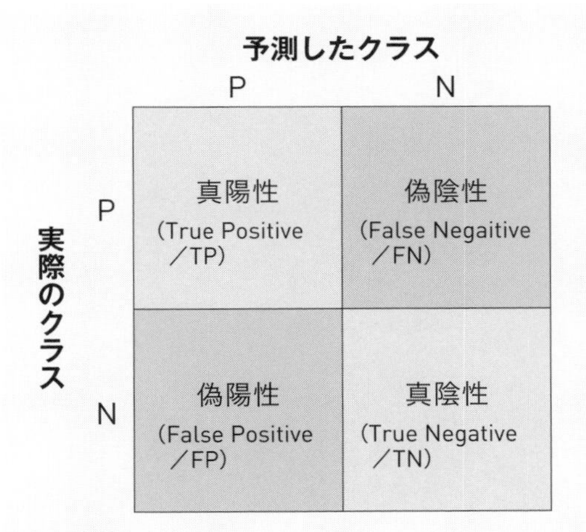

図9-4-2　混同行列

真(True)や偽(False)は予測と正解のクラスが一致したかどうかを表しています。一方、陽性(Positive)か陰性(Negative)は予測したクラスが何かを示しています。たとえば、真陽性(True Positive)の場合、予測は陽性でその結果は正解に一致したことを示しています。これらをまとめると以下のようになります。

- 真陽性は、モデルが陽性と予測し、実際に陽性だった個数
- 真陰性は、モデルが陰性と予測し、実際に陰性だった個数
- 偽陽性は、モデルは陽性と予測したが、実際は陰性だった個数
- 偽陰性は、モデルは陰性と予測したが、実際は陽性だった個数

つまり、真陽性(True Positive)と真陰性(True Negative)はモデルの予測結果が正解であり、偽陰性(False Negative)と偽陽性(False Positive)はモデルの予測結果が不正解であるということを言っています。

混同行列がわかれば、正解率や適合率、再現率といった指標を計算することができます。以降では各指標について一つずつ説明していきます。

9-4-5-2 正解率

モデルを評価するためにまず考えられる指標として、**正解率（Accuracy）**があります。正解率は全データ数中、正しく予測した割合を測定した指標です。正解率を混同行列の要素を使って表すと以下の式で計算できます。

$$\text{accuracy} = \frac{\text{TP} + \text{TN}}{\text{TP} + \text{FP} + \text{TN} + \text{FN}}$$

正解率の式の分母は混同行列のすべての要素を足しています。したがって、分母はデータセットに含まれるデータ数を表しています。一方、分子は真陽性と真陰性を足しています。したがって、分子は正解データ数を表しています。つまり、正解率は**全データ中の正解データの割合**を求めていることになります。

実際に正解率の計算をして理解を深めてみましょう。たとえば、図9-4-3のような混同行列が存在するとします。このときの正解率は、TP=150、FP=50、TN=100、FN=100より0.625と計算されます。

実際 ＼ 予測	P	N
P	(TP) 150	(FN) 100
N	(FP) 50	(TN) 100

$$\text{accuracy} = \frac{150 + 100}{150 + 50 + 100 + 100} = 0.625$$

図9-4-3　正解率の計算例

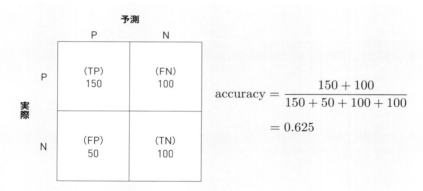

正解率を解釈する際には、評価データセット内のクラスラベルの分布を考慮する必要があります。たとえば、ある文書をポジティブとネガティブのどちらかに分類することを考えます。もし評価データセット内のラベルの分布がネガティブ9割、ポジティブ1割だった場合、90%の性能が出るのは普通です。なぜならば、常にネガティブを予測することで正解率が90%に達するからです。したがって、このようなデータセットの場合、最低でも90%以上の正解率が必要です。

9-4-5-3 適合率と再現率

適合率（Precision）と再現率（Recall）もよく使われている評価指標です。適合率は**Positiveと予測したうちどれだけ正解しているか**、再現率は**正解がPositiveのデータのうちどれだけ予測できたか**を評価する指標です。適合率と再現率をそれぞれ混同行列の要素を使って表すと以下のようになります。

$$\text{Precision} = \frac{TP}{TP+FP}$$

$$\text{Recall} = \frac{TP}{TP+FN}$$

実際に適合率と再現率の計算をして理解を深めてみましょう。たとえば、図9-4-4のような混同行列が存在するとします。このときの適合率は0.75、再現率は0.6と計算されます。上の数式と対応付けて確認してみてください。

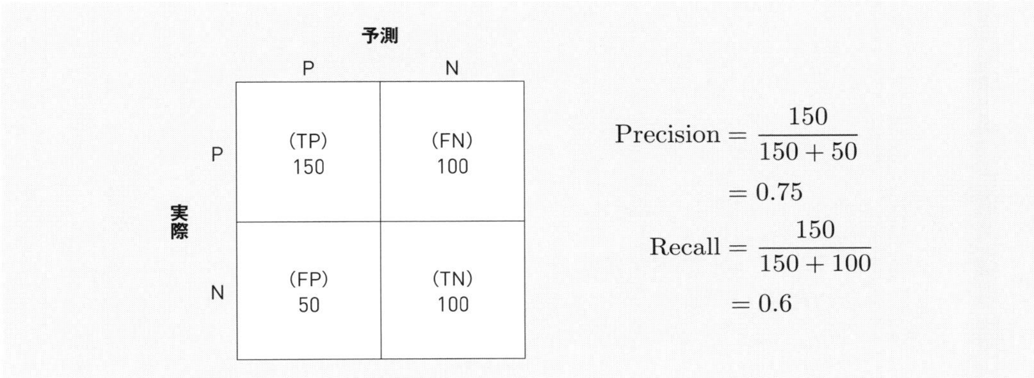

図9-4-4　適合率と再現率の計算例

適合率と再現率の間にはトレードオフの関係があります。適合率を高めるためには明らかにポジティブなものだけをポジティブと予測すればいいのですが、そうすると再現率が下がってしまいます。逆に、再現率を高めるためには何でもかんでもポジティブと予測すればいいのですが、そうすると適合率が下がってしまいます。図9-4-5は極端な場合について図にしたものです。

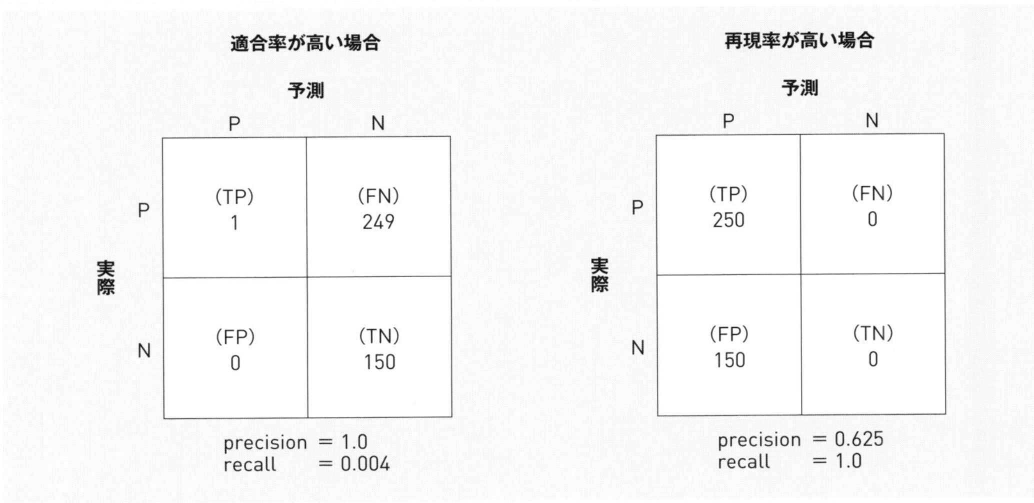

図9-4-5　適合率と再現率のトレードオフ

適合率と再現率の両方を考慮した指標としてF_1があります。F_1は適合率と再現率の調和平均として計算することができます。式で表すと以下のようになります。

$$\mathrm{F}_1 = \frac{2 \cdot \mathrm{Precision} \cdot \mathrm{Recall}}{\mathrm{Precision} + \mathrm{Recall}}$$

どの指標を使えばいいかはケースバイケースです。たとえば、がん検診の場合は、がんであることをスルーしてしまうと死んでしまうので、適合率より再現率を重視した方がいいでしょう。逆に情報検索のようなタスクの場合は、何でもかんでも関連する文書として出されると困るので、適合率を重視したいところですが、これも特許文書の検索のようなタスクの場合は漏れがあると困るので再現率も気にする必要があります。

今回のテキスト分類では適合率と再現率の片方だけを重視するということもないので、F_1を使って評価することにしましょう。

9-4-5-4 多クラス分類の評価

ここまでは2値分類を例にしてきましたが、**多クラス分類**に対しても正解率や適合率、再現率、F1といった指標を計算することができます。その際は、**マクロ平均**と**マイクロ平均**という考え方が使われます。そこで、本節では多クラス分類の混同行列について説明した後、マクロ平均とマイクロ平均について説明します。

多クラスの混同行列についても**真陽性（TP）**、**真陰性（TN）**、**偽陽性（FP）**、**偽陰性（FN）**を考えることができます。今、nクラスの分類をしていると仮定します。その際、あるクラスkの真陽性、真陰性、偽陽性、偽陰性は以下の図で示すように与えられます。

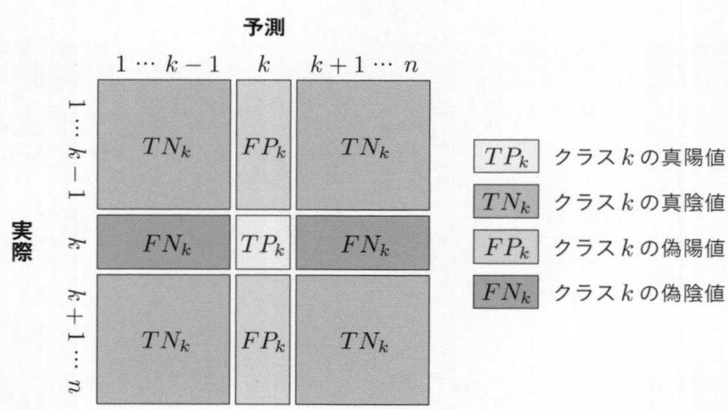

図9-4-6　クラスkにおける真陽性・真陰性・偽陽性・偽陰性

上記のような混同行列に対して、クラスkに対する真陽性（TP_k）と偽陽性（FP_k）を数式化すると以下のように定義されます。ここで、混同行列のi行j列の要素をc_{ij}と表すことにします。図と数式との対応について確認して下さい。

$$TP_k = c_{kk}$$
$$FP_k = \sum_{j=1}^{n} c_{jk} - TP_k$$

クラスkに対する真陽性と偽陽性を定義すると、適合率のマイクロ平均P_{micro}とマクロ平均P_{macro}を定義することができます。たとえば、nクラス分類における適合率のマイクロ平均は以下の式で定義されます。

$$P_{micro} = \frac{TP_1 + \cdots + TP_n}{TP_1 + \cdots + TP_n + FP_1 + \cdots + FP_n}$$

適合率のマイクロ平均を見ると、分子は各クラスの真陽性の合計となっていることがわかります。各クラスkの真陽性はk行k列の要素で表されるため、分子は左上から右下への対角線成分の和となっています。一方、分母は各クラスにおける真陽性と偽陽性の和となっています。

一方、適合率のマクロ平均は各クラスkに対する適合率P_kの平均として定義されます。数式にすると以下のようになります。

$$P_{macro} = \frac{P_1 + \cdots + P_n}{n}$$
$$P_k = \frac{TP_k}{TP_k + FP_k}$$

理解を深めるために、適合率のマイクロ平均とマクロ平均についての計算をしてみましょう。4クラスの分類をする想定で以下の図のような混同行列を用意します。この混同行列に対して適合率のマイクロ平均とマクロ平均を計算すると図9-4-7の右側のような結果になります。数式との対応を確認して下さい。

実際＼予測	1	2	3	4
1	2	1	0	0
2	1	2	0	0
3	0	0	1	0
4	0	0	0	1

$$P_{micro} = \frac{2+2+1+1}{2+2+1+1+1+1+0+0}$$
$$= 0.75$$
$$P_{macro} = \frac{\frac{2}{3}+\frac{2}{3}+\frac{1}{1}+\frac{1}{1}}{4}$$
$$= 0.83$$

図9-4-7　適合率のマイクロ平均とマクロ平均の計算例

以上で適合率に対するマイクロ平均とマクロ平均について説明しました。再現率やF_1についてはご自身で導出して理解を深めてみて下さい。

最後にマイクロ平均とマクロ平均の性質について述べておきましょう。マイクロ平均は各データを等しく重み付けています。そのため、各クラスの性能に関わらず、**全体の性能を知りたい場合**に使うのが適しています。ただし、データ数の少ないクラスの結果が全体の性能に影響を与えにくい点には注意する必要があります。一方、マクロ平均は各クラスを等しく重み付けています。そのため、データ数の少ないクラスと多いクラスの結果が等しく扱われます。したがって、データ数の少ないクラスで悪い結果になっていたりすると、それが全体の性能に大きく影響する点には注意する必要があります。

9-4- 6 モデルの学習と評価

では最後に、これまでに説明した内容に基づいて、モデルを学習させて性能を評価するコードを書いていきましょう。以下のコードを「train.py」に書いて保存します。

train.py

```
from tensorflow.keras.callbacks import EarlyStopping, ModelCheckpoint
from tensorflow.keras.models import load_model
from tensorflow.keras.preprocessing.sequence import pad_sequences
from sklearn.metrics import f1_score, precision_score, recall_score
from sklearn.model_selection import train_test_split

from inference import InferenceAPI
from models import RNNModel
from preprocessing import preprocess_dataset, build_vocabulary
from utils import load_dataset

def main():
    # ハイパーパラメータの設定
    batch_size = 128
    epochs = 100
    maxlen = 300
    model_path = 'models/rnn_model.h5'
    num_words = 40000
    num_label = 2

    # データセットの読み込み
    x, y = load_dataset('data/amazon_reviews_multilingual_JP_v1_00.tsv')

    # データセットの前処理
    x = preprocess_dataset(x)
    x_train, x_test, y_train, y_test = train_test_split(x, y, test_size=0.2, random_state=42)
    vocab = build_vocabulary(x_train, num_words)
    x_train = vocab.texts_to_sequences(x_train)
    x_test = vocab.texts_to_sequences(x_test)
    x_train = pad_sequences(x_train, maxlen=maxlen, truncating='post')
    x_test = pad_sequences(x_test, maxlen=maxlen, truncating='post')

    # モデルの構築
    model = RNNModel(num_words, num_label, embeddings=None).build()
    model.compile(optimizer='adam',
                  loss='sparse_categorical_crossentropy',
                  metrics=['acc'])

```

```
    # コールバックの用意
    callbacks = [
        EarlyStopping(patience=3),
        ModelCheckpoint(model_path, save_best_only=True)
    ]

    # モデルの学習
    model.fit(x=x_train,
              y=y_train,
              batch_size=batch_size,
              epochs=epochs,
              validation_split=0.2,
              callbacks=callbacks,
              shuffle=True)

    # 予測
    model = load_model(model_path)
    api = InferenceAPI(model, vocab, preprocess_dataset)
    y_pred = api.predict_from_sequences(x_test)
    print('precision: {:.4f}'.format(precision_score(y_test, y_pred, average='binary')))
    print('recall   : {:.4f}'.format(recall_score(y_test, y_pred, average='binary')))
    print('f1       : {:.4f}'.format(f1_score(y_test, y_pred, average='binary')))

if __name__ == '__main__':
    main()
```

コードを書き終えたら実行してみましょう。先に「models」フォルダを作成してから実行してください。参考までに筆者の手元のMacBook Proで学習させたところ、1エポックに40秒弱かかりました。性能としてはF_1で0.7352という結果になりました。なお、計算の初期値を固定していないため、皆さんの環境で実行した場合には数値が一致するとは限らないことに注意してください。

ターミナル

```
> python train.py
Train on 6400 samples, validate on 1600 samples
Epoch 1/100
6400/6400 [==============================] - 19s 3ms/sample - loss: 0.6447 - acc: 0.6245 - ➡
val_loss: 0.5765 - val_acc: 0.7175
Epoch 2/100
6400/6400 [==============================] - 17s 3ms/sample - loss: 0.3327 - acc: 0.8653 - ➡
val_loss: 0.5460 - val_acc: 0.7319
Epoch 3/100
6400/6400 [==============================] - 17s 3ms/sample - loss: 0.0755 - acc: 0.9803 - ➡
val_loss: 0.5664 - val_acc: 0.7769
Epoch 4/100
6400/6400 [==============================] - 16s 3ms/sample - loss: 0.0105 - acc: 0.9989 - ➡
val_loss: 0.6498 - val_acc: 0.7750
Epoch 5/100
6400/6400 [==============================] - 17s 3ms/sample - loss: 0.0021 - acc: 1.0000 - ➡
val_loss: 0.6912 - val_acc: 0.7763
precision: 0.7291
recall   : 0.7415
f1       : 0.7352
```

簡単にポイントを解説しましょう。

データセットの前処理が終わったら、データセットを分割しています。今回は学習用とテスト用に分割しています。割合は学習用が80%、テスト用が20%です。この後は、分割したデータセットからボキャブラリを構築し、単語のID化を行っています。

train.py

```
x_train, x_test, y_train, y_test = train_test_split(x, y, test_size=0.2, random_state=42)
```

単語をID化した後は**パディング**を行っています。その際にmaxlenで系列の最大長を指定しています。これにより、最大長を超えた部分が切り詰められます。今回の場合、最大長として300を指定しているので、300単語を超える部分は切り詰められます。これはつまり、レビューの最初の300単語があれば上手く分類できるだろうということを仮定しているわけです。パディングの詳細についてわからなくなった場合はChapter 4を参照してください。

train.py

```
x_train = pad_sequences(x_train, maxlen=maxlen, truncating='post')
x_test = pad_sequences(x_test, maxlen=maxlen, truncating='post')
```

性能の評価は以下の部分で行っています。今回評価しているのは、適合率、再現率、F_1の3つの指標です。これらを評価するために、scikit-learnに組み込まれているprecision_score、recall_score, f1_score関数を使っています。これらの関数に正解データと予測データを渡すことで各指標の値を計算することができます。

train.py

```
api = InferenceAPI(model, vocab, preprocess_dataset)
y_pred = api.predict_from_sequences(x_test)
print('precision: {:.4f}'.format(precision_score(y_test, y_pred, average='binary')))
print('recall   : {:.4f}'.format(recall_score(y_test, y_pred, average='binary')))
print('f1       : {:.4f}'.format(f1_score(y_test, y_pred, average='binary')))
```

評価した結果、今回の性能は$F_1 = 0.7352$でした。まずまずの結果に見えますが、改善の余地はあります。実は、単純なRNNには長期の依存性を上手く考慮できないという問題があるのです。次節ではRNNの改良版であるLSTMを使って分類をしてみようと思います。

Chapter 9-5

LSTM

LSTM (Long Short Term Memory) はRNNより**長期の依存性を考慮できるモデル**です。入出力はRNNと変わりませんが、その内部の構造がRNNとは異なります。RNNが一つの$\tanh$から構成されていたのに対し、LSTMは4つの層から構成されています。

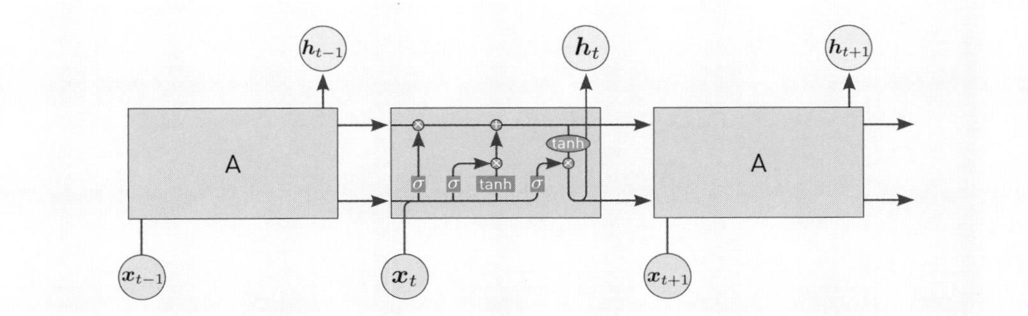

図9-5-1　LSTMの内部構造※2

一見すると複雑なのですが、1つずつ見ていけば大したことはありません。単純なRNNでは入力を等しく記憶しようとしました。それとは異なり、LSTMは**「まずは重要でないことを忘れてから重要なことを記憶する」**という仕組みになっています。その後はRNNと同じく、記憶している内容と入力を使って出力を生成します。

LSTMにはセル状態C_tと隠れ状態h_tという2つの状態があります。そして、セル状態に情報を忘れさせたり記憶させたりする仕組みがあります。以下の図で一番上をまっすぐ貫いているのがセル状態です。途中で忘れさせたり記憶させたりする演算が行われます。

9-5

※2　出典：「Understanding LSTM Networks」（http://colah.github.io/posts/2015-08-Understanding-LSTMs/）

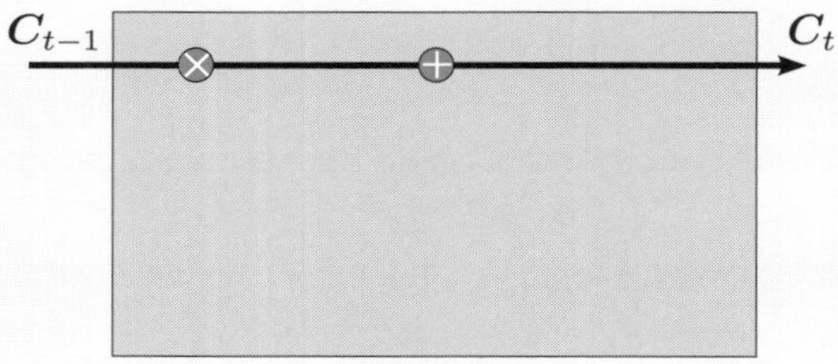

図9-5-2　セル状態※2

セル状態に情報を忘れさせたり記憶させたりする仕組みは**ゲート(Gate)**と呼ばれています。ゲートでは、伝わってきた情報をどの程度通すのかを制御しています。そのために使われるのが、**シグモイド関数**です。シグモイド関数の結果は0から1の間になります。したがって、忘れさせたい情報には0に近い値をかけ、覚えさせておきたい値には1に近い値をかけます。

LSTMには3種類のゲートがあります。それぞれ、**忘却ゲート(Forget Gate)**、**入力ゲート(Input gate)**、**出力ゲート(Output Gate)**と呼ばれています。忘却ゲートではセル状態のどの部分を忘れさせるか、入力ゲートでは入力をどれだけ覚えさせるか、出力ゲートではセル状態のどの部分をどれだけ出力するかを決めています。

まずは忘却ゲートについて見てみましょう。忘却ゲートには前の時刻の隠れ状態$\boldsymbol{h}_{t-1}$と入力$\boldsymbol{x}_t$が入力されます。それらに対して重みW_fをかけた後、シグモイド関数で0から1の間の値に変換します。0に近いほど、セル状態の内容を完全に忘れさせ、1に近いほど完全に覚えさせておくという意味になります。図にすると以下のようになります。

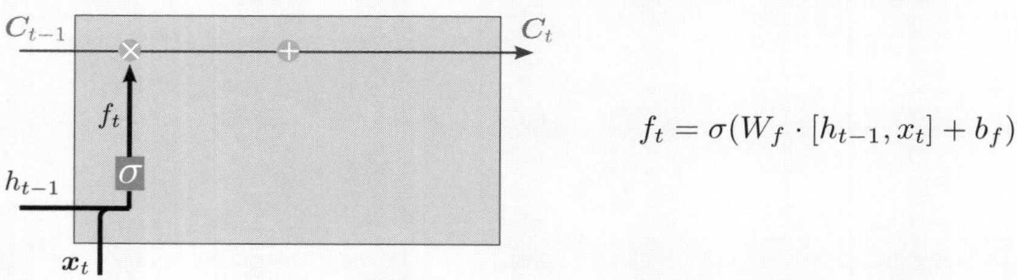

図9-5-3　忘却ゲート※2

次は入力ゲートについて見てみましょう。入力ゲートにも前の時刻の隠れ状態$\boldsymbol{h}_{t-1}$と入力$\boldsymbol{x}_t$が入力されます。シグモイド層では、どの値をどれだけ更新するかを決めるベクトルを作成します。$\tanh$層ではセル状態に覚えさせるベクトルを作成します。そして、これら2つのベクトルの要素積を計算して、セル状態に覚えさせるベクトルを生成します。図にすると図9-5-4のようになります。

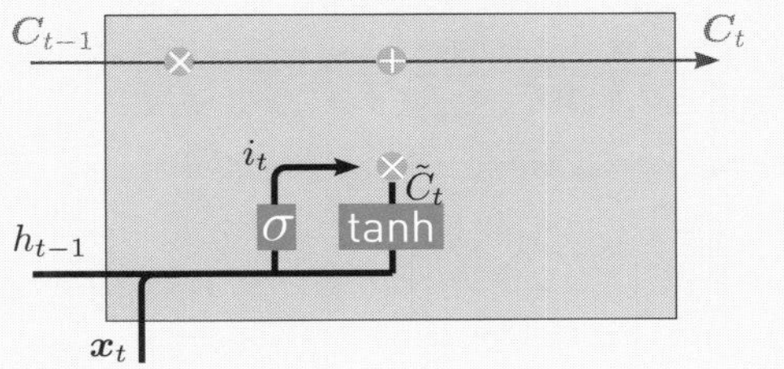

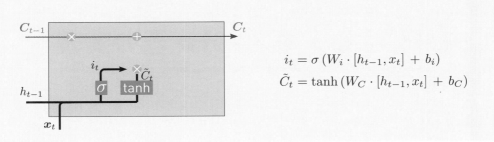

$$i_t = \sigma\left(W_i \cdot [h_{t-1}, x_t] + b_i\right)$$
$$\tilde{C}_t = \tanh\left(W_C \cdot [h_{t-1}, x_t] + b_C\right)$$

図9-5-4　入力ゲート※4

ここまでで、古いセル状態$\boldsymbol{C}_{t-1}$に、忘れさせるベクトルと覚えさせるベクトルを作成しました。次はこれらのベクトルを使ってセル状態を更新します。まずは、忘却ゲートから出力されたベクトルとセル状態$\boldsymbol{C}_{t-1}$の要素積を計算します。そしてその後、記憶させるベクトルとの和を計算します。図にすると図9-5-5のようになります。

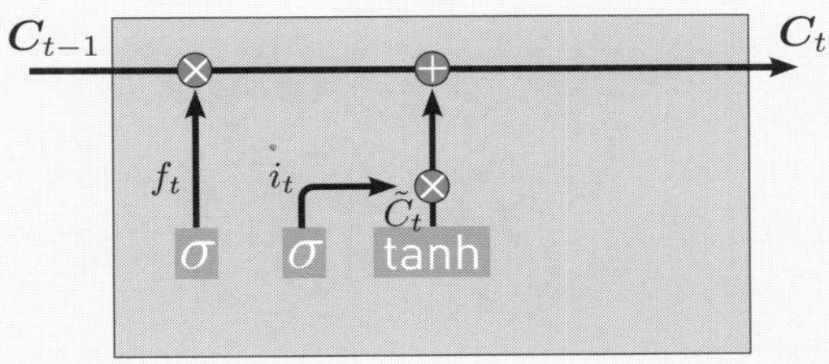

$$C_t = f_t * C_{t-1} + i_t * \tilde{C}_t$$

図9-5-5　セル状態の更新※4

最後に出力ゲートから出力するベクトルを決めます。出力はセル状態をフィルタしたベクトルになります。最初にシグモイド層でセル状態のどの部分をどれだけ出力するか決定します。次に、セル状態に対して$\tanh$を演算し、最後に2つのベクトルの要素積を計算します。図にすると図9-5-6のようになります。

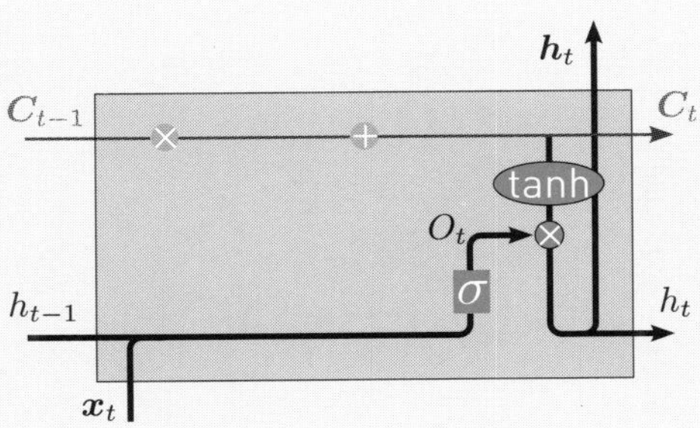

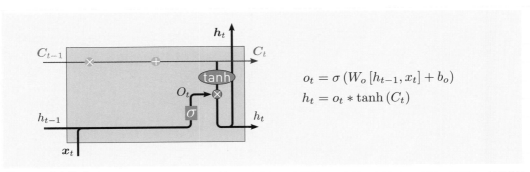

$$o_t = \sigma\left(W_o\left[h_{t-1}, x_t\right] + b_o\right)$$
$$h_t = o_t * \tanh\left(C_t\right)$$

図9-5-6　出力ゲート※4

以上でLSTMの説明は終わりです。次はLSTMを使ってモデルを構築します。

Chapter 9-6

LSTMによるテキスト分類器の実装

本節ではLSTMを用いてレビューの分類を行います。実装の手順としては単純なRNNの場合と変わりませんが、データの準備は済ませてあるので、モデルの定義から始めましょう。

9-6-1 モデルの定義

今回実装するモデルでは、まず単語のIDを入力し、それを分散表現に変換します。その後、分散表現をLSTMに入力し、最後に全結合層にソフトマックス関数を組み合わせて、各クラスの確率を予測します。今回の場合は0または1の2クラスなので、各クラスの確率が出力されます。図にすると以下のようになります。

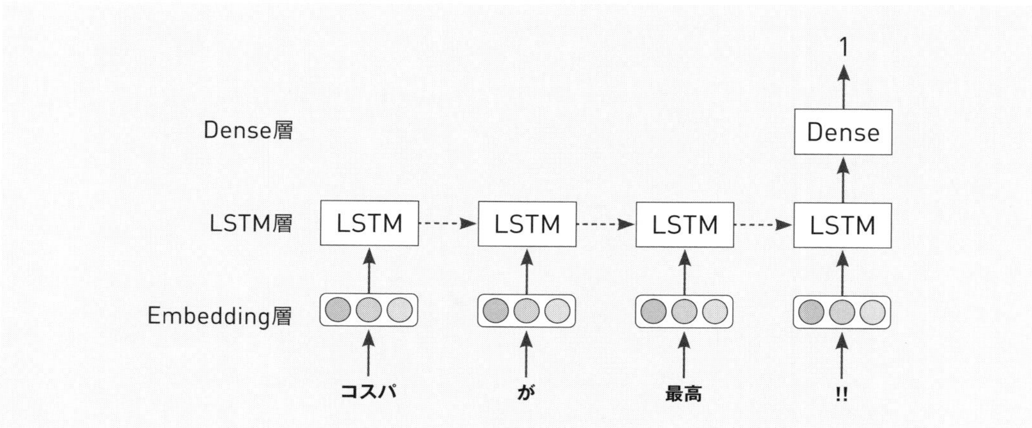

図9-6-1 モデルのアーキテクチャ

では図のモデルを実装しましょう。「models.py」にモデルを作成するためのクラスであるLSTMModelを書いていきます。RNNModelからの変更点は、SimpleRNNの代わりにLSTM層を使う点だけです。

models.py

```
from tensorflow.keras.layers import Input, LSTM, Embedding, Dense
from tensorflow.keras.models import Model

class LSTMModel:

    def __init__(self, input_dim, output_dim,
                 emb_dim=300, hid_dim=100,
                 embeddings=None, trainable=True):
        self.input = Input(shape=(None,), name='input')
        if embeddings is None:
            self.embedding = Embedding(input_dim=input_dim,
                                       output_dim=emb_dim,
                                       mask_zero=True,
                                       trainable=trainable,
                                       name='embedding')
        else:
            self.embedding = Embedding(input_dim=embeddings.shape[0],
                                       output_dim=embeddings.shape[1],
                                       mask_zero=True,
                                       trainable=trainable,
                                       weights=[embeddings],
                                       name='embedding')
        self.lstm = LSTM(hid_dim, name='lstm')
        self.fc = Dense(output_dim, activation='softmax')

    def build(self):
        x = self.input
        embedding = self.embedding(x)
        output = self.lstm(embedding)
        y = self.fc(output)
        return Model(inputs=x, outputs=y)
```

モデルの定義はこれだけです。SimpleRNNとLSTMは入出力のインターフェースが同じなので、単純な使い方をしている限り置き換えることができます。KerasにはLSTM以外にもGRUと呼ばれるSimpleRNNを改良した層が組み込まれているのですが、それに置き換えることもできます。ぜひ、GRUModelの定義にもチャレンジしてみてください。

9-6-2 モデルの学習と評価

モデルを定義できたので、SimpleRNNと同様に学習を行います。学習の流れもモデルが異なる以外は同じため、train.pyのコードで変更する部分だけを示します。変更点は以下の3点です。

- RNNModelの代わりにLSTMModelをインポートする
- model_pathのファイル名を変更する
- 学習するモデルをLSTMModelに変更する

最初の変更点ですが、「train.py」中でRNNModelをインポートしている部分をLSTMModelに置き換えます。こうすることで、train.pyの中で定義したLSTMModelを使う準備が整います。

train.py

```
from models import LSTMModel  # 追加
# from models import RNNModel
```

次の変更点はmodel_pathのファイル名を変更することです。実のところ、これを変更しなくても学習自体は進むのですが、ModelCheckpointコールバックが期待したとおりに動作しなくなる場合があります。そのため、ファイル名の部分を以下のようにlstm_model.h5に変更します。

train.py

```
model_path = 'models/lstm_model.h5'
# model_path = 'models/rnn_model.h5'
```

最後の変更点は、学習するモデルをLSTMModelに変更する点です。以下のように書き換えます。

train.py

```
model = LSTMModel(num_words, num_label, embeddings=None).build()
# model = RNNModel(num_words, num_label, embeddings=None).build()
```

コードを書き換えたら実行してみましょう。LSTMを使ったモデルはSimpleRNNのモデルより複雑になるため、学習時間は長くなります。単純なRNNと同じく手元のマシンで試したところ、1エポックに90秒程度かかりました。性能としてはで0.8210という結果になりました。さきほどのSimpleRNNを使ったモデルと比べて適合率が大きく向上していることが確認できます。

ターミナル

```
> python train.py
Epoch 1/100
6400/6400 [==============================] - 32s 5ms/sample - loss: 0.5629 - acc: 0.7083 - ➡
val_loss: 0.4477 - val_acc: 0.7969
Epoch 2/100
6400/6400 [==============================] - 26s 4ms/sample - loss: 0.2600 - acc: 0.8972 - ➡
val_loss: 0.4761 - val_acc: 0.8037
Epoch 3/100
6400/6400 [==============================] - 25s 4ms/sample - loss: 0.1072 - acc: 0.9644 - ➡
val_loss: 0.6275 - val_acc: 0.7881
Epoch 4/100
6400/6400 [==============================] - 26s 4ms/sample - loss: 0.0459 - acc: 0.9852 - ➡
val_loss: 0.6909 - val_acc: 0.7856
precision: 0.8264
recall   : 0.8156
f1       : 0.8210
```

以上で学習は完了です。ここまではRNN系のモデルを構築してテキスト分類をしましたが、次は畳み込みニューラルネットワークを使った分類にチャレンジしてみましょう。

Chapter 9-7

畳み込みニューラルネットワーク

畳み込みニューラルネットワーク（Convolutional Neural Network: CNN）は、ニューラルネットワークの一種であり、画像認識の分野で特に使われるネットワークです。

典型的なCNNでは入力に対し、**畳み込み層（CONV）**と**プーリング層（POOL）**を繰り返し適用し、最後に**全結合層（FC）**を使って分類を行います。図で示すと以下のようなイメージになります。

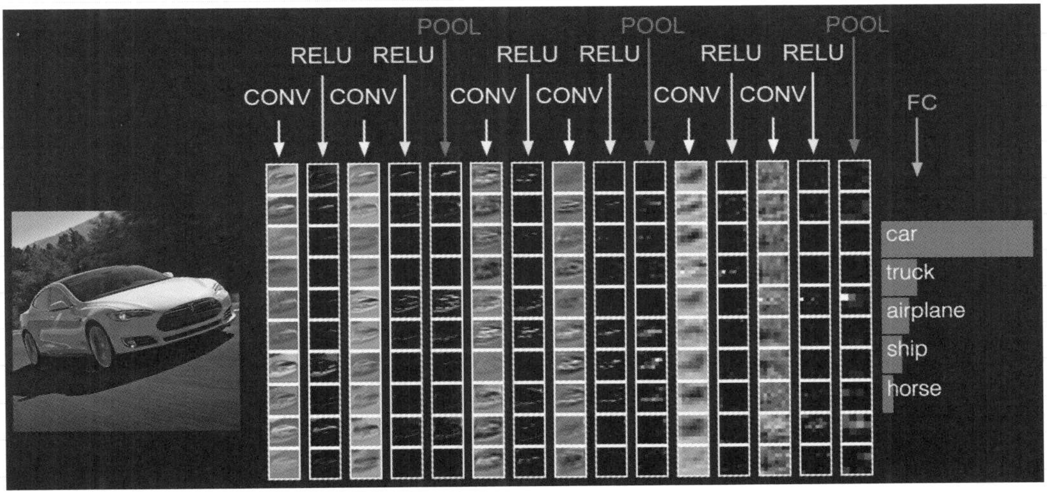

図9-7-1　畳み込みニューラルネットワークの例※3

畳み込み層は複数の**フィルタ（filter）**から構成され、それらのフィルタを使って畳み込みを行います。フィルタというのは、**数値の格納された行列**と考えることができます。以下は3×3のフィルタの例です。このフィルタのサイズのことを**カーネルサイズ（kernel size）**と呼んだりします。

※3　出典：「CS231n Convolutional Neural Networks for Visual Recognition」（http://cs231n.github.io/convolutional-networks/）

-1	0	1
-2	0	2
-1	0	1

図9-7-2　フィルタの例

フィルタを使って行うのが畳み込みです。畳み込みとは、入力データの対応する要素とフィルタの要素を乗算し足し合わせる演算のことです。言葉で説明するよりも、図を見たほうが理解しやすいので、以下に示します。

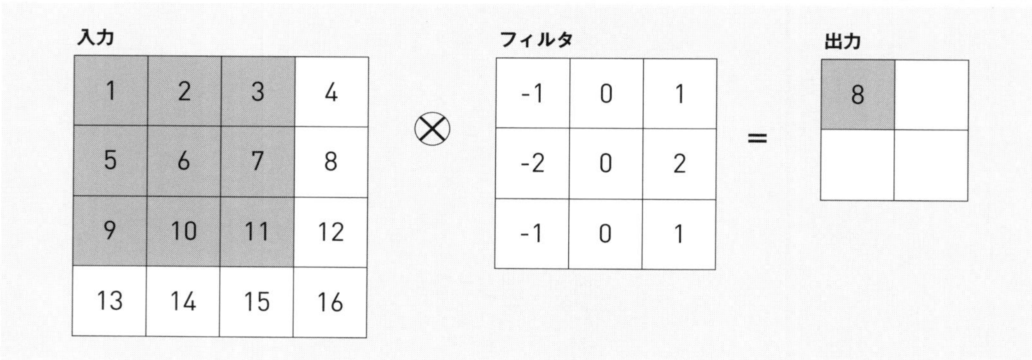

図9-7-3　フィルタの例

上記の場合、入力の対応する領域（色の塗られた箇所）とフィルタの要素を乗算し足し合わせています。つまり、(-1)*1+(-2)*5+(-1)*9+1*3+2*7+1*11=8という計算が行われています（フィルタの値が0の部分は省略）。これを以下のようにフィルタを適用する位置をずらしながら行うことで出力を生成します。

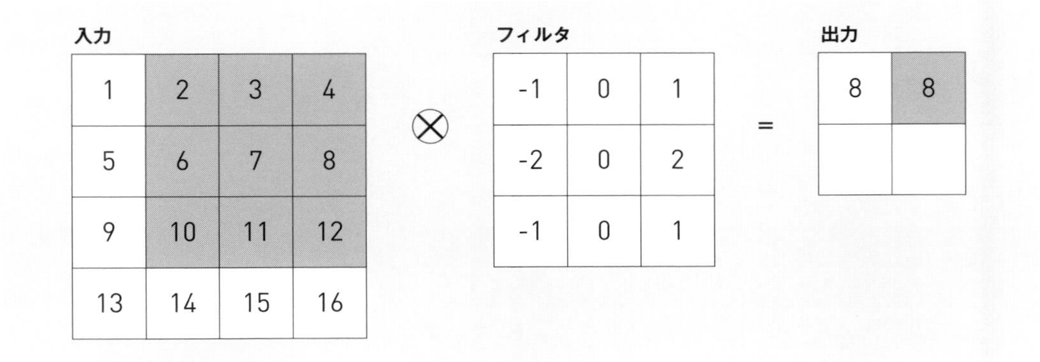

図9-7-4　位置をずらして畳み込み

畳み込みを行うと、出力が元のサイズより小さくなってしまいます。これを避けるために使われるのが**パディング**です。パディングでは、畳み込みを行う前に入力データの周囲に0などのデータを埋め込みます。こうすることで出力サイズを調整します。

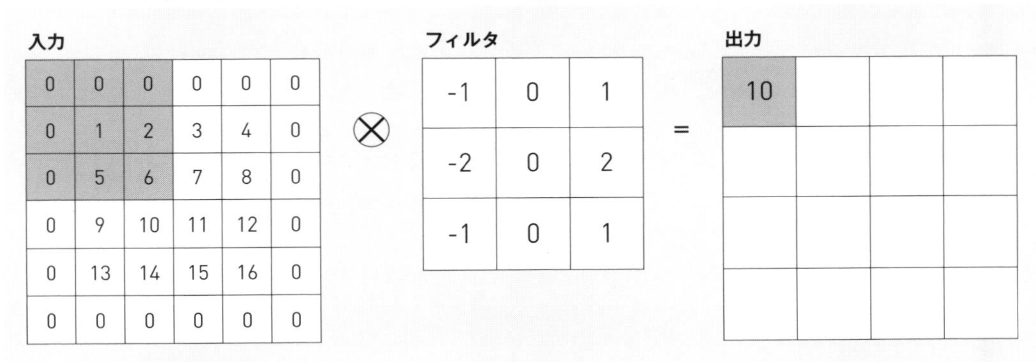

図9-7-5　パディングの例

上記の例の場合、フィルタを一つずつずらしていましたが、どれだけずらすのかを指定することもできます。このサイズのことを**ストライド（stride）**といいます。ストライドが1であれば1つずつずらし、2なら2つずつずらします。

プーリング（pooling）は入力のサイズを小さくする演算です。具体的にはある領域を一つの要素に縮約する演算を行います。プーリングにも様々な種類がありますが、よく使われるものとして**Maxプーリング**があります。Maxプーリングはある領域で最大値を取る演算です。以下はMaxプーリングを領域2x2、ストライド2で行った例です。

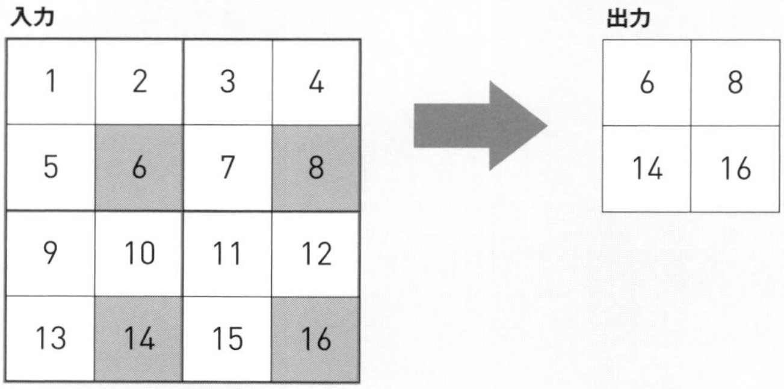

図9-7-6　プーリングの例

CNNは画像認識の分野でよく使われますが、最近では自然言語処理でも使われます。その適用範囲は広く、本章で扱うテキスト分類のみならず、次章以降で扱う系列ラベリングや系列変換に使うこともできます。次のChapter9-8ではCNNを使ってテキスト分類器を構築して、その実装方法について学んでいきます。

Chapter 9-8 CNNによるテキスト分類器の実装

本節ではCNNを用いてレビューの分類を行います。実装の手順はこれまでと変わりません。モデルの定義から始めましょう。

9-8-1 モデルの定義

今回実装するモデルのアーキテクチャとしては、まず単語のIDを入力し、それを分散表現に変換します。次に、分散表現を畳み込んでプーリングをします。最後に全結合層にソフトマックス関数を組み合わせて、各クラスの確率を予測します。図にすると以下のようになります。この図では、カーネルサイズ3のフィルタを4枚使って畳み込んだ後、Maxプーリングを行っている様子を表しています。

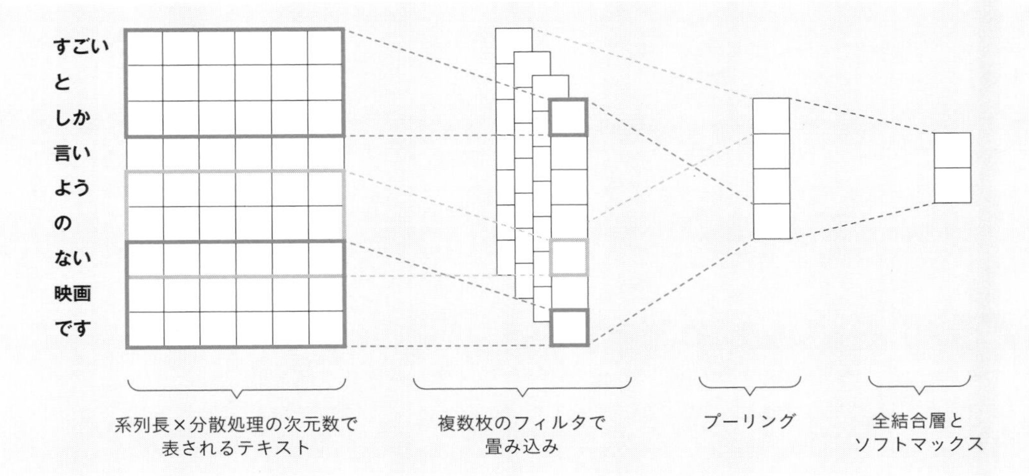

図9-8-1　モデルのアーキテクチャ

では図のモデルを実装しましょう。「models.py」にモデルを作成するためのクラスであるCNNModelを書いていきます。畳み込みに対応する層としてConv1D、プーリングに対応する層としてGlobalMaxPooling1Dを使うことができます。

models.py

```
from tensorflow.keras.layers import Input, Embedding, Dense, Conv1D, GlobalMaxPooling1D
from tensorflow.keras.models import Model

class CNNModel:

    def __init__(self, input_dim, output_dim,
                 filters=250, kernel_size=3,
                 emb_dim=300, embeddings=None, trainable=True):
        self.input = Input(shape=(None,), name='input')
        if embeddings is None:
            self.embedding = Embedding(input_dim=input_dim,
                                       output_dim=emb_dim,
                                       trainable=trainable,
                                       name='embedding')
        else:
            self.embedding = Embedding(input_dim=embeddings.shape[0],
                                       output_dim=embeddings.shape[1],
                                       trainable=trainable,
                                       weights=[embeddings],
                                       name='embedding')
        self.conv = Conv1D(filters,
                           kernel_size,
                           padding='valid',
                           activation='relu',
                           strides=1)
        self.pool = GlobalMaxPooling1D()
        self.fc = Dense(output_dim, activation='softmax')

    def build(self):
        x = self.input
```

```
        embedding = self.embedding(x)
        conv = self.conv(embedding)
        pool = self.pool(conv)
        y = self.fc(pool)
        return Model(inputs=x, outputs=y)
```

モデルの定義はこれだけです。今回は畳み込みとプーリングを1層ずつしか使っていませんが、通常は何層か重ねて使います。

9-8- 2 モデルの学習と評価

モデルを定義できたので、これまでと同様に学習を行います。「train.py」のコードで変更する点は以下の3点です。

- LSTMModelの代わりにCNNModelをインポートする
- model_pathのファイル名を変更する
- 学習するモデルをCNNModelに変更する

変更する箇所はLSTMModelのときと同じなので、以下に変更後のコードの部分を示します。

train.py

```
from models import CNNModel
```

```
model_path = 'models/cnn_model.h5'
```

```
model = CNNModel(num_words, num_label, embeddings=None).build()
```

コードを書き換えたら実行してみましょう。今回のモデルは畳み込みとプーリングが1層ずつなので、学習時間は短くなります。これまでと同じく手元のマシンで試したところ、1エポックに50秒程度かかりました。性能としてはF_1で0.8400となり、これまでで最も良い結果を得られました。

ターミナル

```
> python train.py
Epoch 1/100
6400/6400 [==============================] - 10s 2ms/sample - loss: 0.6236 - acc: 0.6748 - ➡
val_loss: 0.5525 - val_acc: 0.7294
Epoch 2/100
6400/6400 [==============================] - 8s 1ms/sample - loss: 0.4170 - acc: 0.8314 - ➡
val_loss: 0.4382 - val_acc: 0.8006
Epoch 3/100
6400/6400 [==============================] - 8s 1ms/sample - loss: 0.2270 - acc: 0.9311 - ➡
val_loss: 0.3950 - val_acc: 0.8250
Epoch 4/100
6400/6400 [==============================] - 7s 1ms/sample - loss: 0.0939 - acc: 0.9819 - ➡
val_loss: 0.4114 - val_acc: 0.8269
Epoch 5/100
6400/6400 [==============================] - 7s 1ms/sample - loss: 0.0317 - acc: 0.9977 - ➡
val_loss: 0.4500 - val_acc: 0.8288
Epoch 6/100
6400/6400 [==============================] - 7s 1ms/sample - loss: 0.0112 - acc: 0.9998 - ➡
val_loss: 0.4843 - val_acc: 0.8294
precision: 0.8434
recall   : 0.8367
f1       : 0.8400
```

これまでにSimpleRNN、LSTM、CNNを使った3つのモデルを構築してきました。それらの共通点として、その最初の層に単語分散表現の層であるEmbedding層を使っている点を挙げられます。これまではEmbedding層の初期値にはランダムな値を設定していましたが、Chapter 8で紹介した学習済みの単語分散表現を初期値として設定することもできます。次節では、その設定方法と性能の変化について確認してみましょう。

Chapter 9-9 学習済み単語分散表現の使い方

最後に、学習済み単語分散表現をEmbedding層の初期値として設定する方法を紹介しましょう。学習済みの単語分散表現を初期値とすることで、Embedding層の重みを良い初期値から学習することができるので、性能の向上が期待できます。

9-9-1 単語分散表現の準備

ではまずは学習済み単語分散表現を用意し、読み込めるようにします。今回はChapter 8で使ったのと同じく、Facebookが公開しているfastTextの日本語の分散表現を使うことにします。以下のURLからファイルをダウンロードした後、「data」ディレクトリ以下に格納しましょう。

●https://dl.fbaipublicfiles.com/fasttext/vectors-crawl/cc.ja.300.vec.gz

次に、「utils.py」でダウンロードしたファイルを読み込んで、ボキャブラリに存在する単語だけをフィルタリングして取り出すコードを書いていきます。そのためのコードは以下の通りです。ここまで作成したファイルに追記してください。

utils.py

```
import gensim
import numpy as np

def filter_embeddings(embeddings, vocab, num_words, dim=300):
    _embeddings = np.zeros((num_words, dim))
    for word in vocab:
        if word in embeddings:
            word_id = vocab[word]
            if word_id >= num_words:
                continue
            _embeddings[word_id] = embeddings[word]
    return _embeddings


def load_fasttext(filepath, binary=False):
    model = gensim.models.KeyedVectors.load_word2vec_format(filepath, binary=binary)
    return model
```

load_fasttext関数ではダウンロードしたファイルを読み込みます。こちらは前章でgensimを使ってファイルを読み込む方法を紹介したので問題ないかと思います。filter_embeddingsは構築したボキャブラリに存在する単語の分散表現だけを取り出すための関数です。ダウンロードしたファイルには数百万語程度の分散表現が格納されていますが、今回のボキャブラリ数はそれより小さな値です。そのため、不要な分散表現を除去しているのです。

これで学習済み単語分散表現を準備する部分は完了です。次はモデルの定義を行いましょう。

9-9-2 モデルの定義

単語分散表現を用意できたので、学習済み分散表現を使えるモデルの定義を行いましょう、と言いたいところですが、その必要はありません。実はこれまでに定義してきた3つのモデルは学習済み分散表現を使えるように書いているからです。各モデルを作成する際に、embeddings引数に分散表現を格納した行列を渡すことで、渡した行列を使ってEmbedding層の重みを初期化することができます。それに対応するのがコードの以下の部分です。

models.py

```
self.embedding = Embedding(input_dim=embeddings.shape[0],
                           output_dim=embeddings.shape[1],
                           trainable=trainable,
                           weights=[embeddings],
                           name='embedding')
```

重要なのは、Embedding層のweights引数です。ここに、読み込んだ分散表現の行列を渡すことで、渡した行列を使って層の重みを初期化することができるのです。input_dimにはボキャブラリ数、output_dimには分散表現の次元数を設定します。渡した行列の形はボキャブラリ数と分散表現の次元数に対応する形になっているので、ここではそれを利用して設定しています。

以上で学習済みの分散表現を組み込んだモデルを定義できました。モデルが定義できたので、これまでと同様に学習を行います。

9-9- 3 モデルの学習と評価

では最後に、これまでに説明した内容に基づいて、モデルを学習させて性能を評価するコードを書いていきましょう。コードの大部分は変わらないのですが、最後なので学習するコード全体を載せておきましょう。以下のコードを「train.py」に書いて保存します。モデルとしてはCNNModelを使うことにします。

train.py

```
from tensorflow.keras.callbacks import EarlyStopping, ModelCheckpoint
from tensorflow.keras.models import load_model
from tensorflow.keras.preprocessing.sequence import pad_sequences
from sklearn.metrics import f1_score, precision_score, recall_score
from sklearn.model_selection import train_test_split

from inference import InferenceAPI
from models import CNNModel
from preprocessing import preprocess_dataset, build_vocabulary
from utils import load_dataset, load_fasttext, filter_embeddings


if __name__ == '__main__':
    # ハイパーパラメータの設定
    batch_size = 128
    epochs = 100
    maxlen = 300
    model_path = 'models/model.h5'
    num_words = 40000
    num_label = 2

    # データセットの読み込み
    x, y = load_dataset('data/amazon_reviews_multilingual_JP_v1_00.tsv')

    # データセットの前処理
    x = preprocess_dataset(x)
    x_train, x_test, y_train, y_test = train_test_split(x, y, test_size=0.2, random_state=42)
    vocab = build_vocabulary(x_train, num_words)
    x_train = vocab.texts_to_sequences(x_train)
    x_test = vocab.texts_to_sequences(x_test)
    x_train = pad_sequences(x_train, maxlen=maxlen, truncating='post')
    x_test = pad_sequences(x_test, maxlen=maxlen, truncating='post')

    # 単語分散表現の用意
    wv = load_fasttext('data/cc.ja.300.vec.gz')
    wv = filter_embeddings(wv, vocab.word_index, num_words)
```

```

    # モデルの構築
    model = CNNModel(num_words, num_label, embeddings=wv).build()
    model.compile(optimizer='adam',
                  loss='sparse_categorical_crossentropy',
                  metrics=['acc'])

    # コールバックの用意
    callbacks = [
        EarlyStopping(patience=3),
        ModelCheckpoint(model_path, save_best_only=True)
    ]

    # モデルの学習
    model.fit(x=x_train,
              y=y_train,
              batch_size=batch_size,
              epochs=epochs,
              validation_split=0.2,
              callbacks=callbacks,
              shuffle=True)

    # 予測
    model = load_model(model_path)
    api = InferenceAPI(model, vocab, preprocess_dataset)
    y_pred = api.predict_from_sequences(x_test)
    print('precision: {:.4f}'.format(precision_score(y_test, y_pred, average='binary')))
    print('recall   : {:.4f}'.format(recall_score(y_test, y_pred, average='binary')))
    print('f1       : {:.4f}'.format(f1_score(y_test, y_pred, average='binary')))

if __name__ == '__main__':
    main()
```

1つ目のポイントは単語分散表現を用意する部分です。ここでは、「utils.py」で定義したload_fasttext関数を使って単語分散表現のファイルを読み込み、filter_embeddingsを使って単語分散表現のフィルタリングを行っています。

train.py

```
wv = load_fasttext('data/cc.ja.300.vec.gz')
wv = filter_embeddings(wv, vocab.word_index, num_words)
```

2つ目のポイントは用意した単語分散表現をモデルに設定する部分です。モデルのembeddings引数に分散表現を渡すことで、Embedding層の初期値として学習済みの分散表現を設定しています。

train.py

```
model = CNNModel(num_words, num_label, embeddings=wv).build()
```

評価結果は以下のようになりました。学習済み単語分散表現を使わない場合と比べて性能が大きく改善されていることを確認できました。コードを書き換えたら実行してみましょう。性能としてはF_1で0.8470となり、これまでの最高性能となりました。初期値を固定していないので断定はできませんが、学習済みの単語分散表現を使わない場合のCNNModelのF_1が0.8400であったことを考えると、性能向上に貢献した可能性は十分にあります。

ターミナル

```
> python train.py
Epoch 1/100
6400/6400 [==============================] - 8s 1ms/sample - loss: 0.5495 - acc: 0.7197 - ➡
val_loss: 0.4581 - val_acc: 0.7975
Epoch 2/100
6400/6400 [==============================] - 8s 1ms/sample - loss: 0.3148 - acc: 0.8866 - ➡
val_loss: 0.3839 - val_acc: 0.8369
Epoch 3/100
6400/6400 [==============================] - 8s 1ms/sample - loss: 0.1780 - acc: 0.9550 - ➡
val_loss: 0.3638 - val_acc: 0.8375
Epoch 4/100
6400/6400 [==============================] - 7s 1ms/sample - loss: 0.0902 - acc: 0.9858 - ➡
val_loss: 0.3673 - val_acc: 0.8481
Epoch 5/100
6400/6400 [==============================] - 7s 1ms/sample - loss: 0.0411 - acc: 0.9978 - ➡
val_loss: 0.3844 - val_acc: 0.8444
Epoch 6/100
6400/6400 [==============================] - 7s 1ms/sample - loss: 0.0199 - acc: 0.9997 - ➡
val_loss: 0.4028 - val_acc: 0.8438
precision: 0.8193
recall   : 0.8768
f1       : 0.8470
```

Chapter 9-10

まとめ

本章では、機械学習を用いて、レビューを分類する方法について説明しました。ニューラルネットワークベースのモデルとして、最初に単純なRNNとLSTMを取り上げました。次に画像処理の分野でよく使われるCNNについて取り上げ、最後に、ニューラルネットワークに学習済み単語分散表現を組み込む方法について説明しました。

さらに勉強したい人のために、CNNによるテキスト分類を中心に文献を紹介しておきましょう。

CNNを使ったモデルはテキスト分類で良い性能を出すことが知られていますが、そのためには熟練者がアーキテクチャの決定やハイパーパラメータの設定を行う必要があります。以下の論文では、これらの変更がどのような結果を及ぼすかを、一層のCNNを使って検証しています。CNNでテキスト分類する際に、モデルのアーキテクチャやハイパーパラメータをどう設定すべきか実践的なアドバイスをしているので、一見する価値はあるのではないかと思います。

- A Sensitivity Analysis of (and Practitioners' Guide to) Convolutional Neural Networks for Sentence Classification※4

※4 https://arxiv.org/abs/1510.03820

今回は単語レベルの入力から学習を行いましたが、単語レベルだと分かち書きの単位を何にするか問題が出てきます。それに対して、文字レベルの入力を使うと分かち書きについて気にする必要がなくなります。以下は文字レベルの畳み込みニューラルネットワークをテキスト分類に使う手法を提案している論文です。テキスト中の単語を同義語で置換することでデータを増やしているのも特徴的です。

- Character-level Convolutional Networks for Text Classification※5

次章では、自然言語処理の一分野である系列ラベリングについて説明します。

※5 https://arxiv.org/abs/1509.01626

Chapter 10

系列ラベリング

本章では自然言語処理の一分野である系列ラベリングについて紹介します。Chapter 9で扱ったテキスト分類は、1つの文書を入力すると、その文書に対するラベルを出力しましたが、自然言語処理では、単語や文字系列の各要素に対してラベルを出力したい問題が存在します。系列ラベリングはそのような問題を解くための技術です。

系列ラベリングで解くことのできる問題の一つに固有表現認識があります。本章では固有表現認識がどのようなタスクか説明したのち、それを解くための方法として、LSTMと双方向LSTMを紹介し、実装していきます。

最後に、文脈を考慮した分散表現を得られるBERTというモデルについて紹介し、BERTを使って固有表現認識のタスクを解くプログラムを実装します。BERTは2018年の登場以来、自然言語処理に大きく影響を与えてきたので、押さえておくと役に立つでしょう。

Chapter 10-1

本章の概要

本章のコードはColaboratory上に用意してあります。以下のリンク先から実行できます。
http://bit.ly/38LOKiE

Chapter 9で扱ったテキスト分類は、1つのテキストを入力すると、そのテキストに対するラベルを出力する問題でした。その問題を解くために、これまでにロジスティック回帰、RNN、LSTM、CNNを使ったモデルを構築し、レビューの評価を予測する問題を解いてきました。

一方、自然言語処理では1つのテキストに対して1つの出力をするのではなく、**単語や文字系列の各要素に対してラベルを出力したい問題**が存在します。たとえば、文中のある単語の品詞が名詞なのか動詞なのかを決定する問題では単語単位に出力を行う必要があります。このような問題を解くには、それに適したモデルを構築する必要があります。

図10-2-1　品詞タグ付けの例

そのような問題を解くために、本章では自然言語処理の一分野である**系列ラベリング**について紹介します。はじめに、系列ラベリングとは何かということを説明します。そこでは、系列ラベリングとそのタスクについて簡単に説明します。次に、ニューラルネットワークベースのモデルを実装します。実装は、LSTMをベースとしたモデルを構築します。その後、性能を改善するために双方向LSTMについて紹介します。最後に、さらなる性能改善のためにBERTを紹介します。

まとめると本章では、以下の内容について説明します。

- 系列ラベリングとは?
- 固有表現認識とは?
- LSTMによる固有表現認識器の実装
- 双方向LSTMとは?
- 双方向LSTMによる固有表現認識器の実装
- BERTとは?
- BERTによる固有表現認識器の実装

Chapter 10-2

系列ラベリングとは?

系列ラベリング(sequence labeling)とは、**ある系列の各要素に対してラベル付けするタスク**のことです。ここでいう系列とはデータの列のことであり、自然言語処理で言えば単語列や文字列が当てはまります。この系列中の各単語や文字に対して、ラベルを出力するタスクが系列ラベリングです。テキスト分類が系列全体に対して一つのラベルを出力していたのに対し、系列ラベリングでは、**系列の各要素に対してラベルを出力する**点が異なります。

系列ラベリングの具体例として品詞タグ付けについて考えてみましょう。品詞タグ付けとは、入力として単語の系列を与えたとき、各単語に対応する品詞(例:名詞、動詞、形容詞など)を出力する問題です。以下の文について考えてみましょう。

```
Time  is   money
[名詞][動詞][名詞]
```

上記の例の場合、系列は単語の連なりである「Time is money」です。その各単語に対して、「名詞、動詞、名詞」というラベルを付与しています。このように、系列ラベリングでは、系列の各要素に対してラベルを出力します。

本章ではこの後、系列ラベリングとして解くことのできる固有表現認識について扱うので、次節では固有表現認識とは何かについて説明しておきましょう。

Chapter 10-3

固有表現認識

固有表現認識(named-entity recognition)とは**テキスト中の固有表現を発見し、その固有表現タイプを分類するタスク**のことです。よく使われる固有表現タイプとしては、人名や地名、日付や時間などがあります。これらの認識結果は、対話システムや要約、質問応答といったシステムの要素技術として使うことができます。また、Chapter 9ではレビューの分類を行いましたが、それを更に発展させて、テキスト中のどの部分がポジティブ/ネガティブだったのかを知るために使うこともできます。

固有表現認識の具体例を見てみましょう。以下のテキストから固有表現認識を行うと、人名として「太郎」と「花子」、日付として「5月18日」、時間として「朝9時」を抽出できます。このように、テキスト中のどこからどこまでが固有表現で、その固有表現タイプが何かを認識するタスクが固有表現認識です。

```
太郎は5月18日の朝9時に花子に会いに行った。
```

固有表現認識で使われる固有表現タイプは様々です。固有表現タイプは固有表現認識の結果を使うアプリケーションによって変えるのが普通です。たとえば、レストランの予約を行う対話システムの内部で使うのであれば、メニュー名や予約時間、人数、予算額といったタイプを使うことになるでしょう。以下に挙げたのは、情報抽出・情報検索のワークショップであるIREXで定義されている典型的な固有表現タイプです。

固有表現タイプ	タグ	例
固有物名	ART	ノーベル文学賞、Windows7
地名	LOC	アメリカ、千葉県
組織	ORG	自民党、NHK
人名	PSN	安倍晋三、メルケル
日付	DAT	1月29日、2016/01/29
時間	TIM	午後三時、10:30
金額	MNY	241円、8ドル
割合	PNT	10%、3割

右記以外のより細かい固有表現タイプについて知りたい場合は、ニューヨーク大学の関根聡氏らが作成した『関根の拡張固有表現階層』(**図10-3-1**)を参照するのが良いでしょう。関根の拡張固有表現階層では200種類の固有表現タイプを階層化して定義しています。質問応答システムや情報抽出、要約などへの応用も目的として設計されています。各固有表現タイプの定義が書かれているので、固有表現のアノテーションを行うことになった際には、まずはここに書かれた定義を参考にしつつ、自らのアノテーションガイドラインを作成すると良いでしょう。リンク先は以下の通りです。

https://sites.google.com/site/extendednamedentity711/

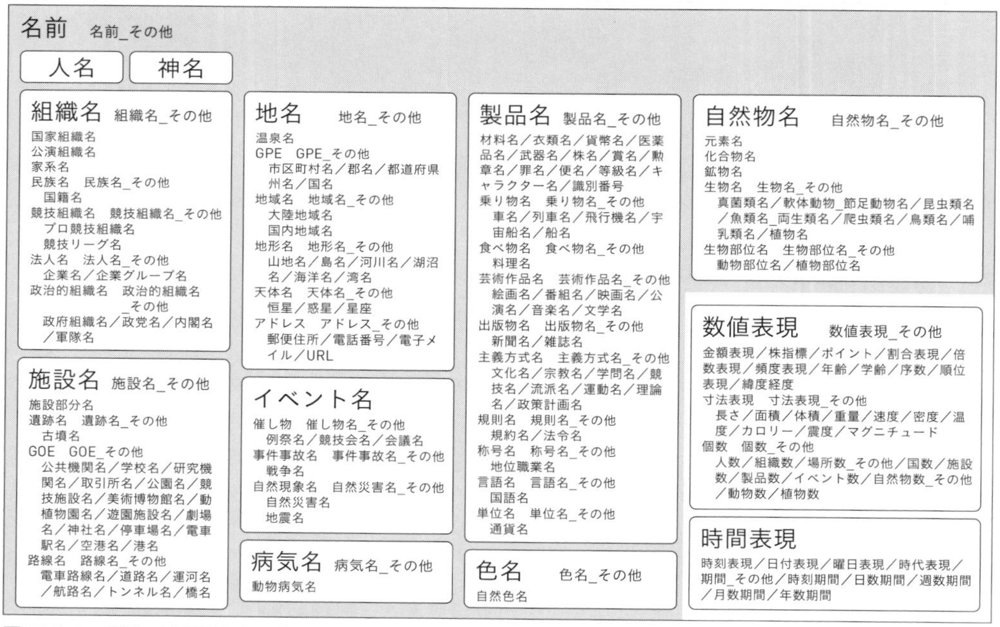

図10-3-1 関根の拡張固有表現階層※1

※1 出典 https://sites.google.com/site/extendednamedentity711/

固有表現認識を解く一般的な方法は、固有表現認識を**単語レベルの系列ラベリング問題**として解く方法です。この方法では、固有表現の境界同定と固有表現タイプの分類を同時に解くために、系列の各要素に対してラベル付けします。以下は「太郎は5月18日の朝9時に・・・」という文を分かち書きしてから各単語に対してラベル付けした例です。

太郎	は	5	月	18	日	の	朝	9	時	に	…
B-PSN	O	B-DAT	I-DAT	I-DAT	I-DAT	O	B-TIM	I-TIM	I-TIM	O	…

図10-3-2　固有表現認識の例

上記のラベル付けは**IOB2**というフォーマットに従って行われています。IOB2ではB-XXXは固有表現の始まり、I-XXXは固有表現が続いていることを意味しています。XXX部分にはORG、PSNなどの固有表現タイプが入ります。固有表現でない部分にはOというラベルが付与されます。これにより、固有表現の境界同定と固有表現タイプの分類を行うことができます。IOB2以外には**BIOES**というフォーマットも使われることがあります。ここでは詳しくは紹介しませんが、ラベル付けのフォーマットに興味がある方は調べてみて下さい。

ここまでで、固有表現認識を系列ラベリングとして解く方法について紹介しました。ここからはLSTMを使って実際に固有表現認識器を作って理解を深めていきましょう。

Chapter 10-4

LSTMによる固有表現認識器の実装

前節までで系列ラベリングと固有表現認識の基礎的な話は済ませました。本節ではニューラルネットワークベースで固有表現認識を行うモデルの実装方法について学びます。モデルとしては、Chapter 9で紹介したLSTMを使ったモデルを実装します。ここでは、タスクとして日本語の固有表現認識を題材にしますが、実装する内容は他の系列ラベリングタスクに使うこともできる汎用的な内容となっています。

実装の手順としては以下の順番で進めていきます。

- データセットの準備
- モデルの定義
- 予測用クラスの実装
- モデルの学習と評価

10-4-1 プロジェクト構成

実装を始める前に、プロジェクト構成について説明しておきます。本節では以下のプロジェクト構成で実装を進めていきます。

```
├── data
│   └── ja.wikipedia.conll
├── models/
├── inference.py
├── models.py
├── preprocessing.py
├── train.py
└── utils.py
```

「data」ディレクトリの中には使用するデータセットを格納しておきます。今回の場合は次の節で説明する日本語の固有表現認識用データを利用します。「models」ディレクトリには学習したモデルを格納します。「inference.py」には学習したモデルを使って予測を行うコードを書きます。「models.py」には機械学習モデルの定義を行います。「preprocessing.py」には前処理用の関数を、「train.py」には学習用のコードを、「utils.py」にはデータ読み込み用の関数などを書いていきます。

10-4-2 データセットの準備

まずはデータセットのダウンロードを行いましょう。今回は「ja.wikipedia.conll」を使います。このデータセットはWikipediaから抽出した文に対してIOB2形式で固有表現のラベルを付けたデータセットです。ちなみに、本書のために筆者がラベル付けしたデータセットなので、多少の誤りや粗さがあることはご了承ください。以下のURLからダウンロードして「data」ディレクトリに格納しましょう。

https://raw.githubusercontent.com/Hironsan/IOB2Corpus/master/ja.wikipedia.conll

「ja.wikipedia.conll」には以下の11種類の固有表現タイプをラベル付けしています。これらの固有表現タイプは、関根の拡張固有表現階層やIREXの固有表現タイプ、各種固有表現APIで使われている固有表現タイプを参考に決定しています。

固有表現タイプ	タグ	例
地名	Location	アメリカ、千葉県
組織	Organization	自民党、NHK
人名	Person	安倍晋三、メルケル
イベント	Event	太平洋戦争、明治維新
固有物名	Artifact	ドラゴンボール、ZIP!
日付	Date	1月29日、2016/01/29
時間	Time	午後三時、10:30
金額	Money	241円、8ドル
割合	Percent	10%、3割
数値	Number	1つ、3個
その他	Other	民主主義、仏教

データセットをダウンロードして中身を見ると、以下のようにタブ区切りで情報が格納されています。タブの左側に単語、右側にラベルが格納されています。また、１文ごとに空行が挟まれていることを確認できます。

```
1960        B-DATE
年代         I-DATE
と           O
1970        B-DATE
年代         I-DATE
の           O
間           O
に           O
、           O
ジョエル      B-PERSON
・           I-PERSON
モーゼス      I-PERSON
は           O
...
```

データセットを用意して形式を確認したので、読み込むための関数load_datasetを「utils.py」に書いていきます。今回のデータセットはPandas等で読み込むのは難しいので、一行ずつ読み込んで処理するコードを書きます。以下のload_datasetではダウンロードしたデータセットを読み込んで、文とラベルのリストを返しています。

utils.py

```
def load_dataset(filename, encoding='utf-8'):
    sents, labels = [], []
    words, tags = [], []
    with open(filename, encoding=encoding) as f:
        for line in f:
            line = line.rstrip()
            if line:
                word, tag = line.split('\t')
                words.append(word)
                tags.append(tag)
            else:
                sents.append(words)
                labels.append(tags)
                words, tags = [], []
        if words:
            sents.append(words)
            labels.append(tags)

    return sents, labels
```

load_datasetが何を返してくるかのイメージが少々つきにくいかもしれないので、以下に例を示します。sentsもlabelsもリストの中にリストを含む構造になっています。sentsの各リストには、文を構成する単語が格納され、labelsには単語に対応するラベルが格納されています。

sents[0]とlabels[0]の例

```
sents[0]
['1960', '年代', 'と', '1970', '年代', 'の',...]
```

```
labels[0]
['B-DATE', 'I-DATE', 'O', 'B-DATE', 'I-DATE', 'O',...]
```

データセットを読み込むための関数を書き終わったので、次はデータセットの前処理用の関数を「preprocessing.py」に書いていきます。ここで行う前処理は、数字の正規化、ボキャブラリの作成、単語のID化、パディングです。前処理用の関数の一部は前にも定義していますが、念のために再掲しておきます。preprocess_dataset関数は数字の正規化を行い、create_dataset関数は単語のID化とパディングを行っています。

preprocessing.py

```
import re

import tensorflow as tf
from tensorflow.keras.preprocessing.sequence import pad_sequences

class Vocab:

    def __init__(self, num_words=None, lower=True, oov_token=None):
        self.tokenizer = tf.keras.preprocessing.text.Tokenizer(
            num_words=num_words,
            oov_token=oov_token,
            filters='',
            lower=lower,
            split='\t'
        )

    def fit(self, sequences):
        texts = self._texts(sequences)
        self.tokenizer.fit_on_texts(texts)
        return self

    def encode(self, sequences):
        texts = self._texts(sequences)
        return self.tokenizer.texts_to_sequences(texts)

    def decode(self, sequences):
        texts = self.tokenizer.sequences_to_texts(sequences)
        return [text.split(' ') for text in texts]

    def _texts(self, sequences):
        return ['\t'.join(words) for words in sequences]

    def get_index(self, word):
        return self.tokenizer.word_index.get(word)

    @property
    def size(self):
        return len(self.tokenizer.word_index) + 1
```

```

    def save(self, file_path):
        with open(file_path, 'w') as f:
            config = self.tokenizer.to_json()
            f.write(config)

    @classmethod
    def load(cls, file_path):
        with open(file_path) as f:
            tokenizer = tf.keras.preprocessing.text.tokenizer_from_json(f.read())
            vocab = cls()
            vocab.tokenizer = tokenizer
        return vocab


def normalize_number(text, reduce=True):
    if reduce:
        normalized_text = re.sub(r'\d+', '0', text)
    else:
        normalized_text = re.sub(r'\d', '0', text)
    return normalized_text

def preprocess_dataset(sequences):
    sequences = [[normalize_number(w) for w in words] for words in sequences]
    return sequences

def create_dataset(sequences, vocab):
    sequences = vocab.encode(sequences)
    sequences = pad_sequences(sequences, padding='post')
    return sequences
```

Chapter 9までとの大きな違いはVocabクラスを定義している点でしょう。このクラスはボキャブラリの構築や構築したボキャブラリを使った単語のID化に責任を持っています。中身を見るとKerasのTokenizerを使っていることがわかります。要するにTokenizerをラップしているだけのクラスなのですが、こうすることで今回読み込むデータセットからのボキャブラリ構築等の操作を行いやすくしています。

以上でデータセットを準備するために使う関数の定義は終わりました。次はモデルを作成していきましょう。

10-4-3 モデルの定義

データセットを準備するためのコードが書けたので、次にモデルを実装します。モデルのアーキテクチャとしては、まず単語のIDを入力し、それを分散表現に変換します。その後、分散表現をLSTMに入力し、最後にLSTMからの出力を全結合層に入力します。全結合層からの出力に対してソフトマックス関数を適用すれば各ラベルの確率を予測することができます。図にすると以下のようになります。

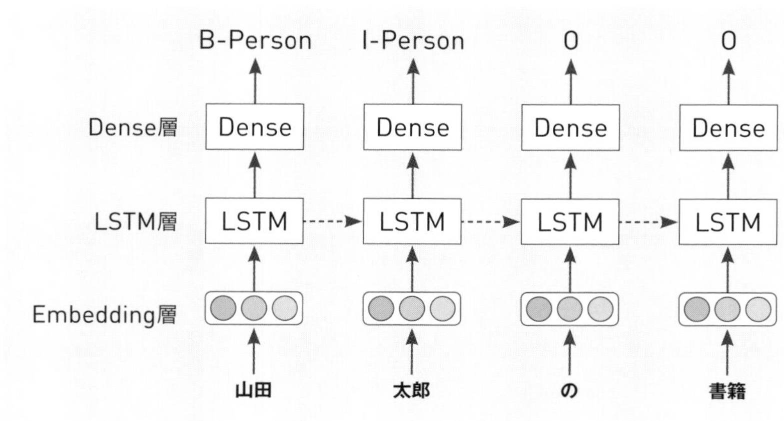

図10-4-1　モデルのアーキテクチャ

では図10-4-1のモデルを実装しましょう。「models.py」にモデルを作成するためのクラスであるUnidirectionalModelを書いていきます。分散表現の層としてEmbedding、LSTMとしてLSTM、全結合層としてDenseを使います。それらの層を使ってモデルを実装すると以下のようになります。

models.py

```
from tensorflow.keras.models import Model
from tensorflow.keras.layers import Dense, Input, Embedding, LSTM


class UnidirectionalModel:

    def __init__(self, input_dim, output_dim, emb_dim=100, hid_dim=100):
        self.input = Input(shape=(None,), name='input')
        self.embedding = Embedding(input_dim=input_dim,
                                   output_dim=emb_dim,
                                   mask_zero=True,
                                   name='embedding')
        self.lstm = LSTM(hid_dim,
                         return_sequences=True,
                         name='lstm')
        self.fc = Dense(output_dim, activation='softmax')

    def build(self):
        x = self.input
        embedding = self.embedding(x)
        lstm = self.lstm(embedding)
        y = self.fc(lstm)
        return Model(inputs=x, outputs=y)
```

ここで注目すべきはLSTMに渡しているreturn_sequences=Trueです。この値はデフォルトではFalseです。デフォルトのFalseが指定されている時は、図10-4-2の左側のように、入力系列に対して一つの出力をします。Chapter 9のテキスト分類ではこうしていました。一方、Trueを設定した場合は、図10-4-2の右側のように、入力系列の要素一つに対して一つの出力を行います。したがって、return_sequences=Trueを設定することで系列ラベリングを行うことができるのです。

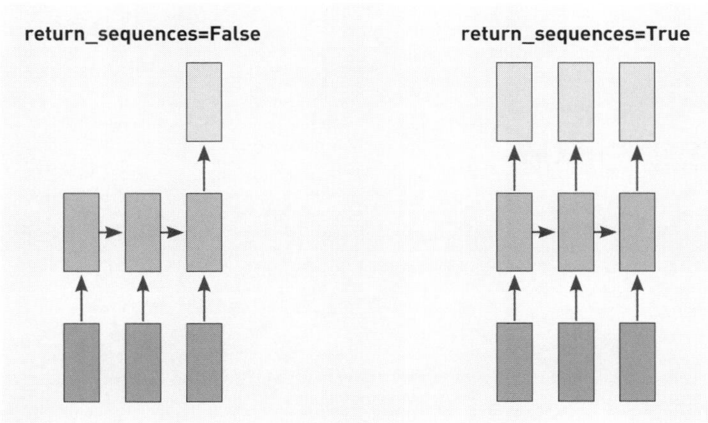

図10-4-2　return_sequencesによる出力の差異

以上でモデルの実装は完了です。次は学習したモデルから予測を行うコードを書いていきます。

10-4-4 予測用クラスの実装

学習したモデルを使ってラベルを予測するためのクラスを作成していきましょう。以下のInferenceAPIクラスを「inference.py」に書いていきます。このクラスでは、predict_from_sequencesメソッドに単語リストのリスト（例：[['1960', '年代', 'と', '1970', '年代', 'の',...]]）を与えると、予測結果のリスト（例：[['B-DATE', 'I-DATE', 'O', 'B-DATE', 'I-DATE', 'O',...]]）を返してくれます。処理の流れとしては、前処理したデータに対してpredictメソッドで予測を行った後、np.argmaxで確率値の最も高いラベルのIDを取得し、decodeメソッドで文字列に変換しています。

inference.py

```
import numpy as np
from tensorflow.keras.preprocessing.sequence import pad_sequences

class InferenceAPI:

    def __init__(self, model, source_vocab, target_vocab):
        self.model = model
        self.source_vocab = source_vocab
        self.target_vocab = target_vocab

    def predict_from_sequences(self, sequences):
        lengths = map(len, sequences)
        sequences = self.source_vocab.encode(sequences)
        sequences = pad_sequences(sequences, padding='post')
        y_pred = self.model.predict(sequences)
        y_pred = np.argmax(y_pred, axis=-1)
        y_pred = self.target_vocab.decode(y_pred)
        y_pred = [y[:l] for y, l in zip(y_pred, lengths)]
        return y_pred
```

ここまで来たら、あとはモデルを学習させればいいのですが、その前に固有表現認識でよく使われる評価指標について少し説明します。

10-4-5 固有表現認識の評価

固有表現認識でよく使われる評価としてF_1を挙げられます。F_1はChapter 9で説明したように、適合率と再現率の調和平均を計算することで求めることができます。ほとんどの論文では、固有表現認識の実験結果を示す際に、F_1とそれを求めるために使った適合率、再現率を示しています。よって、ここでもこれらの指標を使って性能の評価を行います。

固有表現認識の評価を行う際に気をつけなければならない点として、**評価は固有表現単位で行われる**点を挙げることができます。一般的に、固有表現認識では単語あるいは文字単位でラベルを付けます。しかし、その評価は単語や文字単位で行うのではなく固有表現単位で行うのです。

例として、以下のテキストを見てみましょう。

太郎	は	5	月	18	日	の	朝	9	時	に	…
B-PSN	O	B-DAT	I-DAT	I-DAT	I-DAT	O	B-TIM	I-TIM	I-TIM	O	…

図10-4-3　固有表現認識の例

上記のテキストの場合、「太郎」や「5」、「月」といった**単語単位**にラベルがついています。しかし、評価は「5月18日」のような**固有表現単位**で行います。そのため、たとえ「5月」の部分の予測結果が正解データに一致していても、「18日」まで一致していない場合は正しく認識できていないとみなします。簡単に言うと部分点は与えられないわけです。この条件を緩和して評価することもできますが、多くの場合は厳密な一致を正解とみなします。

評価方法に対する理解を深めるために、手を動かして適合率、再現率およびF_1の値を計算してみましょう。適合率と再現率が求まればF_1を計算できるので、適合率、再現率、F_1の順に計算をしましょう。ここでは、以下のような正解ラベルと予測ラベルに対して評価を行うとします。

正解	B-PSN	O	B-BAT	I-DAT	I-DAT	I-DAT	O	B-TIM	I-TIM	I-TIM	O
予測	O	O	B-BAT	I-DAT	O	O	O	B-TIM	I-TIM	I-TIM	O

図10-4-4　正解と予測の例

まずは**適合率**の計算をしましょう。Chapter 9でも述べたように、適合率は予測したラベルのうち、どれだけ正解したかを表す指標です。上記の例の場合、予測した固有表現は2つ（DATとTIMを表す固有表現）です。そのうち正解しているのは1つ（TIMを表す固有表現）です。したがって、適合率Pは以下のように計算できます。

$$P = \frac{1}{2} = 0.5$$

次に**再現率**の計算をしましょう。これまたChapter 9で述べたように、再現率は正解ラベルのうち、どれだけ正しく予測できたかを表す指標です。上記の例の場合、正解の固有表現は3つ（PSN、DAT、TIMを表す固有表現）です。そのうち、正しく予測できているのは1つ（TIMを表す固有表現）です。したがって、再現率Rは以下のように計算できます。

$$R = \frac{1}{3} = 0.3333$$

適合率と再現率が計算できたので最後にF_1を計算します。F_1は適合率と再現率の調和平均によって計算することができるので、以下のようになります。

$$F_1 = \frac{2 \times \frac{1}{2} \times \frac{1}{3}}{\frac{1}{2} + \frac{1}{3}} = \frac{2}{5} = 0.4$$

評価指標についての話も終えたのでモデルを評価するためのパッケージをインストールしましょう。今回は評価のためにseqeval※2というパッケージをインストールして使います。seqevalは固有表現認識や品詞タグ付けといった系列ラベリングタスクの評価をするためのパッケージです。手前味噌で恐縮ですが、筆者が作成・公開しています。まずは、以下のようにしてインストールしましょう。

ターミナル

```
> pip install seqeval
```

seqevalでの評価にはclassification_report関数を使うことができます。この関数に正解と予測のラベル列を与えることで、適合率、再現率、F_1を計算することができます。

classification_report関数の使用例

```
from seqeval.metrics import classification_report

print(classification_report(y_true, y_pred, digits=4))
```

classification_report以外にも正解率を計算するaccuracy_score、適合率を計算するprecision_score、再現率を計算するrecall_scoreといった関数が用意されています。使い方についての詳細は公式リポジトリ※2を確認してください。

※2　https://github.com/chakki-works/seqeval

10-4-6 モデルの学習と評価

では最後に、これまでに説明した内容に基づいて、モデルを学習させて性能を評価するコードを書いていきましょう。以下のコードを「train.py」に書いて保存します。

train.py

```
from sklearn.model_selection import train_test_split
from tensorflow.keras.callbacks import EarlyStopping, ModelCheckpoint
from tensorflow.keras.models import load_model
from seqeval.metrics import classification_report

from inference import InferenceAPI
from models import UnidirectionalModel
from preprocessing import create_dataset, preprocess_dataset, Vocab
from utils import load_dataset

def main():
    # ハイパーパラメータの設定
    batch_size = 32
    epochs = 100
    model_path = 'models/unidirectional_model.h5'
    num_words = 15000

    # データセットの読み込み
    x, y = load_dataset('./data/ja.wikipedia.conll')

    # データセットの前処理
    x = preprocess_dataset(x)
    x_train, x_test, y_train, y_test = train_test_split(x, y, test_size=0.2, random_state=42)
    source_vocab = Vocab(num_words=num_words, oov_token='<UNK>').fit(x_train)
    target_vocab = Vocab(lower=False).fit(y_train)
    x_train = create_dataset(x_train, source_vocab)
    y_train = create_dataset(y_train, target_vocab)

    # モデルの構築
    model = UnidirectionalModel(num_words, target_vocab.size).build()
    model.compile(optimizer='adam', loss='sparse_categorical_crossentropy')

    # コールバックの用意
    callbacks = [
        EarlyStopping(patience=3),
        ModelCheckpoint(model_path, save_best_only=True)
    ]

    # モデルの学習
    model.fit(x=x_train,
              y=y_train,
              batch_size=batch_size,
              epochs=epochs,
              validation_split=0.1,
              callbacks=callbacks,
              shuffle=True)

```

```
    # 予測と評価
    model = load_model(model_path)
    api = InferenceAPI(model, source_vocab, target_vocab)
    y_pred = api.predict_from_sequences(x_test)
    print(classification_report(y_test, y_pred, digits=4))

if __name__ == '__main__':
    main()
```

コードを書き終えたら実行してみましょう。先に「models」フォルダを作成してから実行してください。参考までに筆者の手元のMacBook Proで学習させたところ、1エポックに7秒程度かかり、全体としては180秒程度かかりました。性能としてはF_1で0.3251という結果になりました。なお、計算の初期値を固定していないため、皆さんの環境で実行した場合には数値が一致するとは限らないことに注意してください。

ターミナル

```
> python train.py
Train on 720 samples, validate on 80 samples
Epoch 1/100
720/720 [==============================] - 15s 21ms/sample - loss: 1.3425 - val_loss: 0.6959
Epoch 2/100
720/720 [==============================] - 9s 12ms/sample - loss: 0.6085 - val_loss: 0.6260
Epoch 3/100
720/720 [==============================] - 8s 11ms/sample - loss: 0.5727 - val_loss: 0.5989
Epoch 4/100
720/720 [==============================] - 10s 13ms/sample - loss: 0.5409 - val_loss: 0.5585
Epoch 5/100
720/720 [==============================] - 9s 13ms/sample - loss: 0.4880 - val_loss: 0.4987
...
               precision    recall  f1-score   support

     PERCENT      0.0000    0.0000    0.0000        52
    LOCATION      0.6321    0.5095    0.5642       526
    ARTIFACT      0.0238    0.0195    0.0214       154
        DATE      0.4415    0.8508    0.5813       315
ORGANIZATION      0.1124    0.1532    0.1297       248
       OTHER      0.0000    0.0000    0.0000        75
       EVENT      0.0000    0.0000    0.0000        64
      NUMBER      0.0563    0.0734    0.0637       218
      PERSON      0.2077    0.1205    0.1525       224
        TIME      0.0000    0.0000    0.0000         5
       MONEY      0.0000    0.0000    0.0000        12

   micro avg      0.3227    0.3275    0.3251      1893
   macro avg      0.2968    0.3275    0.2976      1893
```

簡単にポイントを解説しましょう。

データセットの前処理ではまずpreprocess_dataset関数によって入力データ中に含まれる数字の正規化を行っています。これにより、1980や20等の数字をすべて0に変換しています。データセットを分割した後は、入力と出力それぞれに対してボキャブラリを構築しています。その後、create_dataset関数に構築したボキャブラリとデータセットを渡して単語のID化とパディングをしています。

train.py

```
x = preprocess_dataset(x)
x_train, x_test, y_train, y_test = train_test_split(x, y, test_size=0.2, random_state=42)
source_vocab = Vocab(num_words=num_words, oov_token='<UNK>').fit(x_train)
target_vocab = Vocab(lower=False).fit(y_train)
x_train = create_dataset(x_train, source_vocab)
y_train = create_dataset(y_train, target_vocab)
```

評価した結果、LSTMを使ったモデルの性能は$F_1 = 0.3251$でした。そもそも、今回使っているデータセットはデータ量が少ないので性能は出ないのですが、それでも改善の余地があります。そこで、さらなる性能向上のために、モデルを改良してみましょう。まずは、双方向LSTMについて紹介します。

Chapter 10-5

双方向LSTM

双方向LSTM（Bidirectional LSTM: Bi-LSTM）は、過去の情報だけを利用して予測するのでなく、**未来の情報を利用することで予測性能を向上させる**ためのモデルです。一般的なLSTMでは、現在までの入力を使って予測をします。それに対してBi-LSTMは未来の入力を使って過去の出力を予測するモデルを考え、通常のモデルと組み合わせます。

Bi-LSTMについて図を使って説明します。Bi-LSTMではLSTMを2つ使います。一つのLSTMには入力を順方向でします（Forward LSTM）。もう一方のLSTMには入力を逆方向でします（Backward LSTM）。そして2つのLSTMの出力を連結（Concat）して次の層への入力とします。以下のようなイメージです。

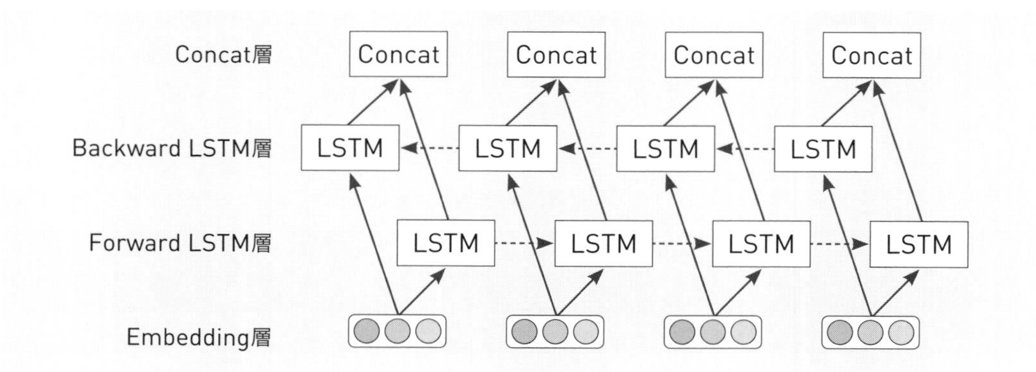

図10-5-1　双方向LSTMの仕組み

ではなぜBidirectionalだと固有表現認識の性能が向上すると考えられるのでしょうか？以下の文を例に考えてみましょう。以下の文で「安倍」を固有表現として認識したいものとします。

```
11日に安倍首相はアメリカを...
```

この文の各単語を1つのLSTMに順方向で入力すると、「11」「日」「に」という文脈情報だけを使って「安倍」が人であるという認識をすることになります。これはなかなか難しくて、というのも「11」「日」「に」という単語の次に来るのは人以外（たとえば、「発生」とか「約束」などの単語）もあり得るからです。この場合は、「安倍」が人であるという知識を持っていなければ難しいと考えられます。「安倍」が未知語であれば更に認識が難しくなります。

一方で、逆方向の入力をしてみたらどうでしょうか？ この場合、「アメリカ」「は」「首相」といった情報を使うことができます。特に「首相」という単語があればその前に来るのは人である可能性が高いはずです。このように逆方向の入力をすると認識し易い場面が多いのでBi-LSTMを使うことで性能向上すると考えられるのです。

Chapter 10-6 双方向LSTMによる固有表現認識器の実装

本節ではBi-LSTMを用いて固有表現認識を行います。実装の手順としては単純な単方向の場合と変わりません。データの準備は済ませてあるので、モデルの定義を行いましょう。

10-6-1 モデルの定義

今回実装するモデルのアーキテクチャは図10-6-1のようになります。まず単語のIDを入力し、それを分散表現に変換します。ここまでは先程のモデルと同じです。その後、分散表現を2つのLSTMに入力し、その出力を連結します。最後に連結した出力を全結合層に入力し、ソフトマックス関数を適用して、各ラベルの確率を予測します。

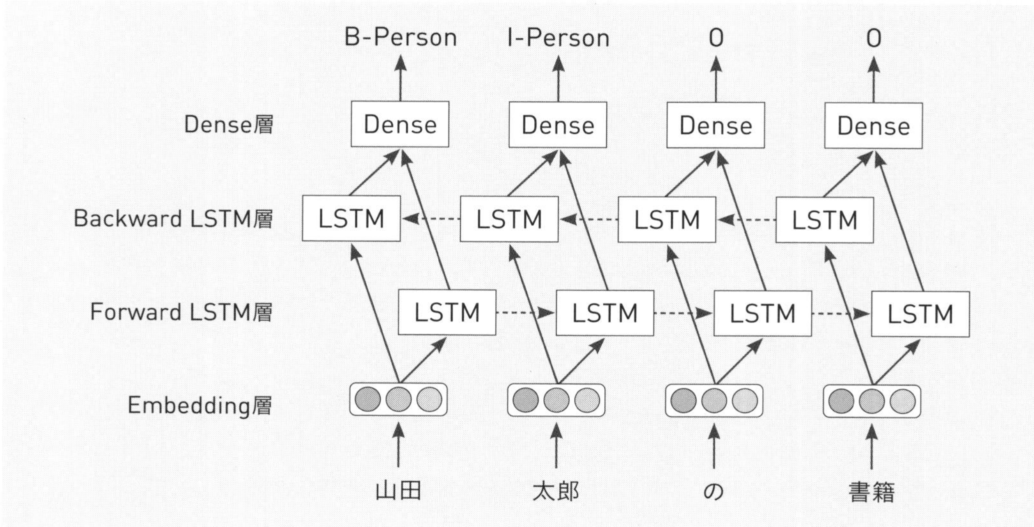

図10-6-1 モデルのアーキテクチャ

Bi-LSTMには2つのLSTMが必要なことは先に述べました。愚直にLSTMを2つ使って定義することもできるのですが、KerasではBidirectionalという名前のラッパーレイヤーが提供されています。このBidirectionalレイヤーを用いてLSTMをラップするだけでBi-LSTMを実装することができます。

実際にBidirectionalでLSTMをラップしてみましょう。さきほど作成したLSTMによるモデルのうち、LSTMの部分をBidirectionalでラップすれば実装は完了です。models.pyに以下のBidirectionalModelを定義します。変更点も含めて全体を掲載します。

models.py

```
from tensorflow.keras.models import Model
from tensorflow.keras.layers import Dense, Input, Embedding, LSTM
from tensorflow.keras.layers import Bidirectional

class BidirectionalModel:

    def __init__(self, input_dim, output_dim, emb_dim=100, hid_dim=100):
        self.input = Input(shape=(None,), name='input')
        self.embedding = Embedding(input_dim=input_dim,
                                   output_dim=emb_dim,
                                   mask_zero=True,
                                   name='embedding')
        lstm = LSTM(hid_dim,
                    return_sequences=True,
                    name='lstm')
        self.bilstm = Bidirectional(lstm, name='bilstm')
        self.fc = Dense(output_dim, activation='softmax')

    def build(self):
        x = self.input
        embedding = self.embedding(x)
```

```
        lstm = self.bilstm(embedding)
        y = self.fc(lstm)
        return Model(inputs=x, outputs=y)
```

ここで変更したのはLSTMをBidirectionalでラップした点だけです。ちなみに、ラップするのは必ずしもLSTMである必要はなく、SimpleRNNやGRUといったRNN系のレイヤーであれば同じようにラップすることができます。

10-6-2 モデルの学習と評価

モデルを定義できたので、単方向の場合と同様に学習を行います。学習の流れもモデルが異なる以外は同じため、「train.py」のコードで変更する部分だけを示します。変更点は以下の3点です。

- UnidirectionalModelの代わりにBidirectionalModelをインポートする
- model_pathのファイル名を変更する
- 学習するモデルをBidirectionalModelに変更する

最初の変更点ですが、「train.py」中でUnidirectionalModelをインポートしている部分をBidirectionalModelに置き換えます。こうすることで、「train.py」の中で定義したBidirectionalModelを使う準備が整います。

train.py

```
from models import BidirectionalModel  # 追加
# from models import UnidirectionalModel
```

次の変更点はmodel_pathのファイル名を変更することです。ファイル名の部分を以下のようにbidirectional_model.h5に変更します。

train.py

```
model_path = 'models/bidirectional_model.h5'
# model_path = 'models/unidirectional_model.h5'
```

最後の変更点は、学習するモデルをBidirectionalModelに変更する点です。以下のように書き換えます。

train.py

```
model = BidirectionalModel(num_words, target_vocab.size).build()
# model = UnidirectionalModel(num_words, target_vocab.size).build()
```

コードを書き換えたら実行してみましょう。双方向LSTMはLSTMが2つ存在するため、単方向の場合と比べて学習時間は長くなります。単方向の場合と同じく手元のマシンで試したところ、1エポックに12秒程度かかりました。全体では約300秒ほどで学習が終了しています。性能としてはF_1で0.4496という結果になりました。さきほどの単方向LSTMと比べて性能が大きく向上していることが確認できます。

ターミナル

```
> python train.py
Train on 720 samples, validate on 80 samples
Epoch 1/100
720/720 [==============================] - 21s 29ms/sample - loss: 1.3132 - val_loss: 0.6746
Epoch 2/100
720/720 [==============================] - 12s 17ms/sample - loss: 0.5950 - val_loss: 0.6142
Epoch 3/100
720/720 [==============================] - 11s 16ms/sample - loss: 0.5592 - val_loss: 0.5828
Epoch 4/100
720/720 [==============================] - 8s 12ms/sample - loss: 0.5214 - val_loss: 0.5345
Epoch 5/100
720/720 [==============================] - 11s 15ms/sample - loss: 0.4592 - val_loss: 0.4691
...
              precision    recall  f1-score   support

     PERCENT     0.1600    0.1538    0.1569        52
    LOCATION     0.6355    0.5038    0.5620       526
    ARTIFACT     0.0879    0.1039    0.0952       154
        DATE     0.8469    0.8603    0.8535       315
ORGANIZATION     0.3515    0.2863    0.3156       248
       OTHER     0.3103    0.1200    0.1731        75
       EVENT     0.0667    0.0469    0.0550        64
      NUMBER     0.4357    0.6376    0.5177       218
      PERSON     0.2088    0.0848    0.1206       224
        TIME     0.0000    0.0000    0.0000         5
       MONEY     0.0000    0.0000    0.0000        12

   micro avg     0.4796    0.4231    0.4496      1893
   macro avg     0.4645    0.4231    0.4342      1893
```

双方向LSTMを使うことで性能が向上しましたが、さらなる性能の改善を行うこともできます。そのために使えるのが次節で紹介するBERTです。

Chapter 10-7

BERT

これまでのテキスト分類や固有表現認識では単語分散表現を用いてきましたが、その課題として**文脈を考慮した分散表現を得られない**点を挙げられます。word2vecやGloVeでは一つの単語に対して一つの分散表現を生成します。そのため、たとえば、「I like Apple products.」と「I like apple juice.」という文中の「apple」という単語に対して同じ表現を割り当てます（大文字/小文字を区別しないとします）。しかし、実際には前者は会社、後者は果物を表すと考えられるので区別したいはずです。

この問題に対し、最近では文脈を考慮した分散表現を得られるモデルが登場しました。このようなモデルでは、**文中の他の単語の情報も使って各単語の分散表現**を生成します。たとえば、単方向の文脈を使うモデルでは「Apple」を表現するために「I like」という文脈に基づいて生成します。一方、双方向の文脈を使うモデルでは「I like ... products.」を使って生成します。一般的に、単方向の文脈だけを使うより、双方向の文脈を使った方がよい表現を得られると考えられれています。

文脈を考慮した分散表現を得られるモデルは多数ありますが、その中でも最もよく使われているのは**BERT**でしょう。BERTは2018年にGoogleによって提案されたモデルで、双方向の文脈を考慮することができます。BERT以前にもGPTやELMoのような文脈を考慮したモデルは存在しました。しかし、GPTが単方向の文脈を使うモデルであったり、ELMoが比較的浅いネットワークであるのに対し、BERTは双方向かつ深いネットワークにより、良い表現を獲得しているのが特徴的です。

BERTを使う際に重要なのは以下の2つです。

- 事前学習
- Fine-tuning

事前学習では、大量に存在するラベルの付いていないデータを使って2つのタスクをBERTに学習させます。1つ目のタスクは**マスクされた単語の予測**です。マスクされた単語の予測では入力系列のうち何%かを[MASK]トークンに置き換えて、前後の文脈から正しい単語を予測します。これにより、双方向の文脈を考慮した表現を学習させます。たとえば、以下のような単語列を入力した場合、$[\mathrm{Mask}]_1$として「store」を、$[\mathrm{Mask}]_2$として「gallon」を予測できるように学習させます。

Input: The man went to the $[\mathrm{MASK}]_1$. He bought a $[\mathrm{MASK}]_2$ of milk .
Labels: $[\mathrm{MASK}]_1$ = store; $[\mathrm{MASK}]_2$ = gallon

図10-7-1　マスクされた単語の予測※3

※3　https://ai.googleblog.com/2018/11/open-sourcing-bert-state-of-art-pre.html

もう一つのタスクは、**与えた2つの文が隣接文か否かを予測する**タスクです。たとえば、以下の左側の例では、2つの入力文は実際に隣接している文なのでモデルには真を予測させるようにします。一方で右側の例では入力は実際に隣接していない文なので偽を予測させます。このような文の間の関係を学習させることで、質問応答のような入力（質問文）と出力（解答が含まれる文）の間の関係が重要なタスクに対しても有効な特徴を学習させることができます。

Sentence A = `The man went to the store .`
Sentence B = `He bought a gallon of milk .`
Label = `IsNextSentence`

Sentence A = `The man went to the store .`
Sentence B = `Penguins are flightless .`
Label = `NotNextSentence`

図10-7-2　隣接文か否かの予測※4

Fine-tuningでは少量のラベル付きデータを使ってBERTを学習させます。事前学習で大量のデータを使ってBERTを学習させたことで、汎用的な良い特徴をすでに学んでいるので、Fine-tuningではラベル付きデータを使って、自分の解きたいタスクをBERTに学ばせます。すでに良い特徴は学習済みなので、少ないラベル付きデータがあれば良い性能を出せるというわけです。タスクとしては質問応答や固有表現認識、テキスト分類など様々なタスクを学習させることができます。

事前学習とFine-tuningの流れを図にすると以下のようになります。事前学習ではマスクした単語の予測と隣接文か否かの予測を行うことでBERTにテキストの汎用的な特徴を学習させます。Fine-tuningではBERTの出力層を固有表現認識や質問応答、テキスト分類といったタスクに合った層に付け替えてモデル全体を学習させます。ここで、`[CLS]`と`[SEP]`は特別なトークンで、前者は入力の先頭を表し、後者は2つの文の区切りを表すのに使われます。

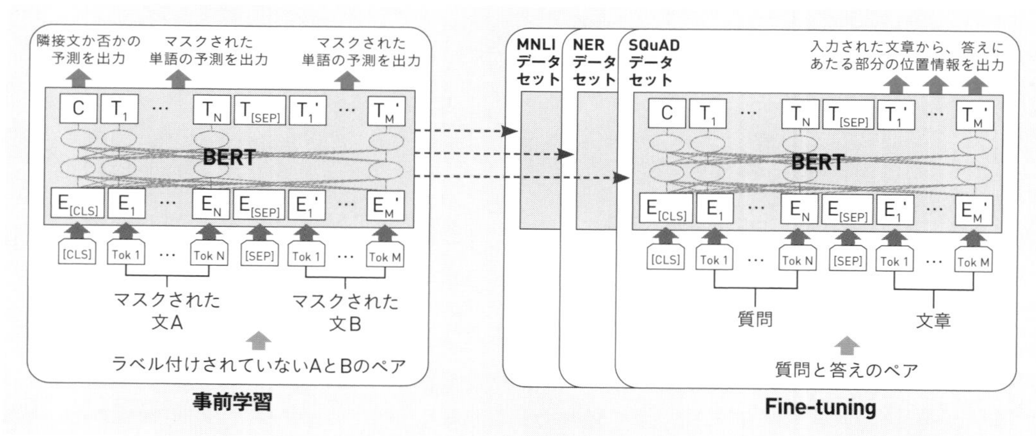

図10-7-3　事前学習とFine-tuning※4

以上で、簡単にでしたがBERTの説明は終わりです。次は実際にBERTを用いて固有表現認識器を実装してみましょう。BERTの事前学習から行うと非常に時間がかかってしまうので、今回は事前学習済みのモデルをFine-tuningすることで実現しましょう。

※4　出典：「BERT: Pre-training of Deep Bidirectional Transformers for Language Understanding」（https://arxiv.org/abs/1810.04805）

Chapter 10-8

BERTによる固有表現認識器の実装

本節ではBERTを用いた固有表現認識のモデルを構築します。実装の手順はこれまでとほとんど変わりません。以下の順番で進めていきます。

- パッケージのインストール
- データセットの準備
- モデルの定義
- 評価用コードの実装
- モデルの学習と評価

10-8-1 プロジェクト構成

実装を始める前に、プロジェクト構成について説明しておきます。本節では以下のプロジェクト構成で実装を進めていきます。

```
.
├── data
│   └── ja.wikipedia.conll
├── models/
├── models.py
├── preprocessing.py
├── train_bert.py
└── utils.py
```

構成のほとんどの部分はこれまでと同じなので新しくファイルやディレクトリを作る必要はありませんが、「train_bert.py」だけ作る必要があります。このファイルにはBERTを使ったモデルを学習させるためのコードを書いていきます。前処理やモデルの定義はすでに存在する「preprocessing.py」や「models.py」に追記していくので、新しくファイルを作らなくても大丈夫です。

10-8-2 パッケージのインストール

まずはBERTを使ったモデルを楽に実装するためにTransformersというパッケージをインストールします。Transformersは自然言語処理向けのモデルが多数含まれたパッケージであり、その中にはBERTも含まれています。BERTは公式の実装も存在するのですが、Transformersを使ったほうが実装が簡単なので、今回はこちらを使います。以下のようにしてインストールしましょう。

ターミナル

```
> pip install transformers
```

10-8-3 データセットの準備

パッケージのインストールが終わったらデータセットを準備しましょう。とはいえ、固有表現認識のデータセット自体はすでにあるので、それをBERTに入出力できる形式に変換するコードを書いていきましょう。BERTには以下の3つの入力が必要です。

- input_ids
- attention_mask
- token_type_ids

input_idsは単語をIDに変換した系列のことで、これまでにも使ってきました。これまでと同様、パディングをして系列長を揃えます。attention_maskは実際の単語とパディングを区別するための系列であり、実際の単語には1、パディングには0を割り当てます。こうすることで、モデルの内部的な計算でパディングの部分が悪影響を与えないようにします。token_type_idsは複数文の入力を行う場合に使われます。今回は1文しか入力しないので気にする必要はありません。図にすると以下のように表せます。

単語列	[CLS]	東京	駅	で	会う	[SEP]	[PAD]	[PAD]
input_ids	2	391	235	12	14830	3	0	0
attention_mask	1	1	1	1	1	1	0	0
token_types_ids	0	0	0	0	0	0	0	0

図10-8-1　事前学習と入力のイメージ図

BERTに入力するデータの形式を確認したので、データを作成するための関数convert_examples_to_featuresを「preprocessing.py」に追記していきます。この関数の入力としては、文とラベルのリスト（たとえば、x=[['1960', '年代', 'と',...]], y=[['B-DATE', 'I-DATE', 'O',...]]）、ラベルのボキャブラリ、パディングのための最大系列長、単語をIDに変換するためのトークナイザです。これらを入力することで、上の図に示したような入力とラベル列を生成します。

preprocessing.py

```
from tensorflow.keras.preprocessing.sequence import pad_sequences

def convert_examples_to_features(x, y,
                                 vocab,
                                 max_seq_length,
                                 tokenizer):
```

```
    pad_token = 0
    features = {
        'input_ids': [],
        'attention_mask': [],
        'token_type_ids': [],
        'label_ids': []
    }
    for words, labels in zip(x, y):
        tokens = [tokenizer.cls_token]
        label_ids = [pad_token]
        for word, label in zip(words, labels):
            word_tokens = tokenizer.tokenize(word)
            tokens.extend(word_tokens)
            label_id = vocab.get_index(label)
            label_ids.extend([label_id] + [pad_token] * (len(word_tokens) - 1))
        tokens += [tokenizer.sep_token]

        input_ids = tokenizer.convert_tokens_to_ids(tokens)
        attention_mask = [1] * len(input_ids)
        token_type_ids = [pad_token] * max_seq_length

        features['input_ids'].append(input_ids)
        features['attention_mask'].append(attention_mask)
        features['token_type_ids'].append(token_type_ids)
        features['label_ids'].append(label_ids)

    for name in features:
        features[name] = pad_sequences(features[name], padding='post', maxlen=max_seq_length)

    x = [features['input_ids'], features['attention_mask'], features['token_type_ids']]
    y = features['label_ids']
    return x, y
```

以上でデータセットを準備するために使う関数の定義は終わりました。次はモデルを作成していきましょう。

10-8- 4 モデルの定義

今回実装するモデルのアーキテクチャは以下の図のようになります。用意した3つの入力をBERTに入力し、分散表現に変換します。その後、分散表現を活性化関数にソフトマックス関数を指定した全結合層に入力し、各ラベルの確率を予測します。

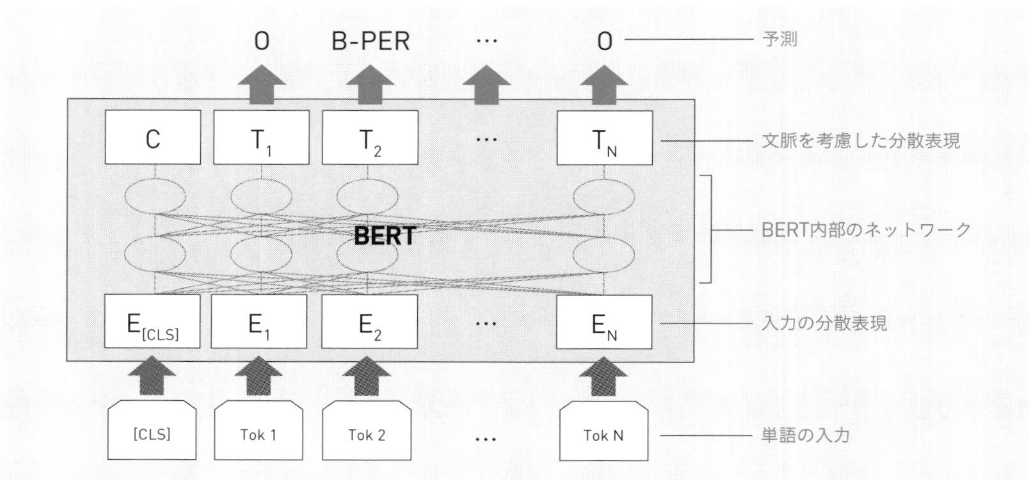

図10-8-2　モデルのアーキテクチャ

モデルの定義は以下のようになります。Transformersを使うととてもシンプルに実装できます。「models.py」に追記してください。

models.py

```
import tensorflow as tf
from transformers import TFBertForTokenClassification, BertConfig

def build_model(pretrained_model_name_or_path, num_labels):
    config = BertConfig.from_pretrained(
        pretrained_model_name_or_path,
        num_labels=num_labels
    )
    model = TFBertForTokenClassification.from_pretrained(
        pretrained_model_name_or_path,
        config=config
    )
    model.layers[-1].activation = tf.keras.activations.softmax
    return model
```

ここでキーとなるのはBertConfigとTFBertForTokenClassificationです。BertConfigはBERTの設定を格納するクラスです。from_pretrainedメソッドを使うことで、事前学習済みのBERTから設定を読み込むことができます。一方、TFBertForTokenClassificationは系列ラベリング用のBERTモデルを表すクラスです。こちらもfrom_pretrainedメソッドを使うことで、事前学習済みのBERTから重みを読み込むことができます。Transformersには、系列ラベリング用以外にもテキスト分類や質問応答用のモデルが含まれているので、詳細は公式サイト※5を参照してください。

また、BERTを学習させるための損失関数を「models.py」に定義しましょう。一見複雑に見えますがやっていることは単純です。データセットの準備の節ではパディングを行いましたが、パディングは本来存在しないはずの入力なので損失関

※5　https://www.tensorflow.org/tutorials/text/transformer

数の計算に含めたくありません。そこで、tf.boolean_maskを使ってパディング部分を削った後、損失の値を計算しているというコードになっています。

models.py

```
def loss_func(num_labels):
    loss_fct = tf.keras.losses.SparseCategoricalCrossentropy(reduction=tf.keras.losses.Reduction.NONE)

    def loss(y_true, y_pred):
        pad_token = 0
        input_mask = tf.not_equal(y_true, pad_token)
        logits = tf.reshape(y_pred, (-1, num_labels))
        active_loss = tf.reshape(input_mask, (-1,))
        active_logits = tf.boolean_mask(logits, active_loss)
        train_labels = tf.reshape(y_true, (-1,))
        active_labels = tf.boolean_mask(train_labels, active_loss)
        cross_entropy = loss_fct(active_labels, active_logits)
        return cross_entropy
    return loss
```

以上でモデルの実装は完了です。次は学習したモデルの評価を行うコードを書いていきます。

10-8-5 評価用コードの実装

学習したモデルを使って評価をする関数を作成していきましょう。以下のevaluateクラスを「utils.py」に追記していきます。このクラスでは、predictメソッドに（input_ids, attention_mask, token_type_ids）を与えると、予測結果を返してくれます。処理の流れとしては、前処理したデータに対してpredictメソッドで予測を行った後、np.argmaxで確率値の最も高いラベルのIDを取得し、decodeメソッドで文字列に変換しています。そして最後に、評価を行っています。

utils.py

```
def evaluate(model, target_vocab, features, labels):
    label_ids = model.predict(features)
    label_ids = np.argmax(label_ids, axis=-1)
    y_pred = [[] for _ in range(label_ids.shape[0])]
    y_true = [[] for _ in range(label_ids.shape[0])]
    for i in range(label_ids.shape[0]):
        for j in range(label_ids.shape[1]):
            if labels[i][j] == 0:
                continue
            y_pred[i].append(label_ids[i][j])
            y_true[i].append(labels[i][j])
    y_pred = target_vocab.decode(y_pred)
    y_true = target_vocab.decode(y_true)
    print(classification_report(y_true, y_pred, digits=4))
```

10-8-6 モデルの学習と評価

では最後に、これまでに説明した内容に基づいて、モデルを学習させて性能を評価するコードを書いていきましょう。以下のコードを「train_bert.py」に書いて保存します。

train_bert.py

```
from sklearn.model_selection import train_test_split
from tensorflow.keras.callbacks import EarlyStopping
from transformers import BertJapaneseTokenizer

from models import build_model, loss_func
from preprocessing import convert_examples_to_features, Vocab, preprocess_dataset
from utils import load_dataset, evaluate

def main():
    # ハイパーパラメータの設定
    batch_size = 32
    epochs = 100
    model_path = 'models/'
    pretrained_model_name_or_path = 'bert-base-japanese-whole-word-masking'
    maxlen = 250

    # データセットの読み込み
    x, y = load_dataset('./data/ja.wikipedia.conll')
    tokenizer = BertJapaneseTokenizer.from_pretrained(pretrained_model_name_or_path, ➡
do_word_tokenize=False)

    # データセットの前処理
    x = preprocess_dataset(x)
    x_train, x_test, y_train, y_test = train_test_split(x, y, test_size=0.2, random_state=42)
    target_vocab = Vocab(lower=False).fit(y_train)
    features_train, labels_train = convert_examples_to_features(
        x_train,
        y_train,
        target_vocab,
        max_seq_length=maxlen,
        tokenizer=tokenizer
    )
    features_test, labels_test = convert_examples_to_features(
        x_test,
        y_test,
        target_vocab,
        max_seq_length=maxlen,
        tokenizer=tokenizer
    )

    # モデルの構築
    model = build_model(pretrained_model_name_or_path, target_vocab.size)
    model.compile(optimizer='sgd', loss=loss_func(target_vocab.size))

    # コールバックの用意
    callbacks = [
        EarlyStopping(patience=3),
    ]
```

```

    # モデルの学習
    model.fit(x=features_train,
              y=labels_train,
              batch_size=batch_size,
              epochs=epochs,
              validation_split=0.1,
              callbacks=callbacks,
              shuffle=True)
    model.save_pretrained(model_path)

    # 性能の評価
    evaluate(model, target_vocab, features_test, labels_test)


if __name__ == '__main__':
    main()
```

コードを書き終えたら実行してみましょう。BERTは大きなモデルなのでCPU上で実行するととても時間がかかります。できればGPU上で実行させることをおすすめします。参考までにGPU（NVIDIA Tesla V100）上で学習させたところ、1エポックに12秒程度かかり、全体としては600秒程度かかりました。性能としてはF_1で0.6379という結果になりました。双方向LSTMの場合と比べて、大きく性能を改善できました。

ターミナル

```
> python train.py
Train on 720 samples, validate on 80 samples
Epoch 1/100
720/720 [==============================] - 33s 46ms/sample - loss: 1.0041 - val_loss: 0.7656
Epoch 2/100
720/720 [==============================] - 12s 17ms/sample - loss: 0.7047 - val_loss: 0.6679
Epoch 3/100
720/720 [==============================] - 12s 17ms/sample - loss: 0.6196 - val_loss: 0.6111
Epoch 4/100
720/720 [==============================] - 12s 17ms/sample - loss: 0.5641 - val_loss: 0.5613
Epoch 5/100
720/720 [==============================] - 12s 17ms/sample - loss: 0.5250 - val_loss: 0.5257
...
              precision    recall  f1-score   support

    ARTIFACT     0.3741    0.3377    0.3549       154
     PERCENT     0.0000    0.0000    0.0000        52
      PERSON     0.8291    0.8661    0.8472       224
ORGANIZATION     0.5331    0.6169    0.5720       248
        DATE     0.7882    0.8032    0.7956       315
    LOCATION     0.7495    0.7795    0.7642       526
       EVENT     0.3939    0.4062    0.4000        64
       MONEY     0.0000    0.0000    0.0000        12
      NUMBER     0.3951    0.5183    0.4484       218
       OTHER     0.3864    0.2267    0.2857        75
        TIME     0.0000    0.0000    0.0000         5

   micro avg     0.6324    0.6434    0.6379      1893
   macro avg     0.6119    0.6434    0.6253      1893
```

簡単にポイントを解説しましょう。

今回は事前学習済みのBERTを用いています。そのために指定しているのが、`pretrained_model_name_or_path`です。Transformersには日本語のBERTを使うための機能が用意されており、今回はその機能を利用しています。事前学習済みのモデルとしては東北大学の公開しているbert-japanese※6を利用しています。それを使って、トークナイザやBERTのモデルを用意しているというわけです。

train_bert.py

```
pretrained_model_name_or_path = 'bert-base-japanese-whole-word-masking'
tokenizer = BertJapaneseTokenizer.from_pretrained(pretrained_model_name_or_path, do_word_➡
tokenize=False)
```

Chapter 10-9
まとめ

本章では、系列ラベリングによって、固有表現認識を行う方法について紹介しました。はじめに、単純なLSTMによるモデルを実装しました。次に、双方向LSTMを使って性能の改善を行いました。最後に、さらなる性能改善のためにBERTを使う方法について紹介しました。

さらに勉強したい人のために文献を紹介しておきましょう。

系列ラベリングの性能を更に向上させるためによく使われているのが**CRF(Conditional Random Field: 条件付き確率場)**です。CRFは機械学習モデルの一種であり、古くから系列ラベリングのタスクを解くために使われてきました。たとえば、形態素解析器として有名なMeCabではパラメータの推定にCRFが使われています。また、最近の固有表現認識では性能を向上させるために、ニューラルネットワークとCRFを組み合わせたモデルを構築することが多くなっています。

CRFを組み合わせたモデルを使う理由として、これまでのモデルでは**予測ラベル間の制約を考慮できない**点を挙げられます。一般的に、系列ラベリングで予測するラベル間には制約があります。たとえば、固有表現認識の場合、I-LOCというラベルがB-ORGの後に来ることはできません。品詞タグ付けであれば形容詞の後ろには動詞より名詞が来る確率のほうが高いでしょう。これまでのモデルでは各単語に対して独立にラベルを予測していたため、制約を考慮できないのです。

CRFを使うことでラベル間の制約を考慮して予測を行えるようになります。CRFではその内部のパラメータとしてラベル間の状態遷移行列を持っています。この状態遷移行列を使うことで、ラベル間の遷移のしやすさを考慮した上で予測を行うことができます。つまり、B-ORGの後にはI-LOCではなくI-ORGが来やすいということを考慮して予測できるのです。

※6 https://github.com/cl-tohoku/bert-japanese

From \ To	O	B-LOC	I-LOC	B-MISC	I-MISC	B-ORG	I-ORG	B-PER	I-PER
O	3.281	2.204	0.0	2.101	0.0	3.468	0.0	2.325	0.0
B-LOC	-0.259	-0.098	4.058	0.0	0.0	0.0	0.0	-0.212	0.0
I-LOC	-0.173	-0.609	3.436	0.0	0.0	0.0	0.0	0.0	0.0
B-MISC	-0.673	-0.341	0.0	0.0	4.069	-0.308	0.0	-0.331	0.0
I-MISC	-0.803	-0.998	0.0	-0.519	4.977	-0.817	0.0	-0.611	0.0
B-ORG	-0.096	-0.242	0.0	-0.57	0.0	-1.012	4.739	-0.306	0.0
I-ORG	-0.339	-1.758	0.0	-0.841	0.0	-1.382	5.062	-0.472	0.0
B-PER	-0.4	-0.851	0.0	0.0	0.0	-1.013	0.0	-0.937	4.329
I-PER	-0.676	-0.47	0.0	0.0	0.0	0.0	0.0	-0.659	3.754

図10-9-1　状態遷移行列の例※7

ニューラルネットワークとCRFを組み合わせたモデルについては「Neural Architectures for Named Entity Recognition※8」を参照すべきでしょう。この論文では、ニューラルネットワークの最終層にCRFを入れたモデルを提案しています。イメージとしては以下のアーキテクチャに近いモデルを実装しています。加えて、文字の分散表現から単語分散表現を構成することで、未知語に対する対応を行っているのが特徴的です。ニューラルネットワークを用いた固有表現認識のベースラインとして使われることも多いモデルなので、おさえておくと役に立つでしょう。

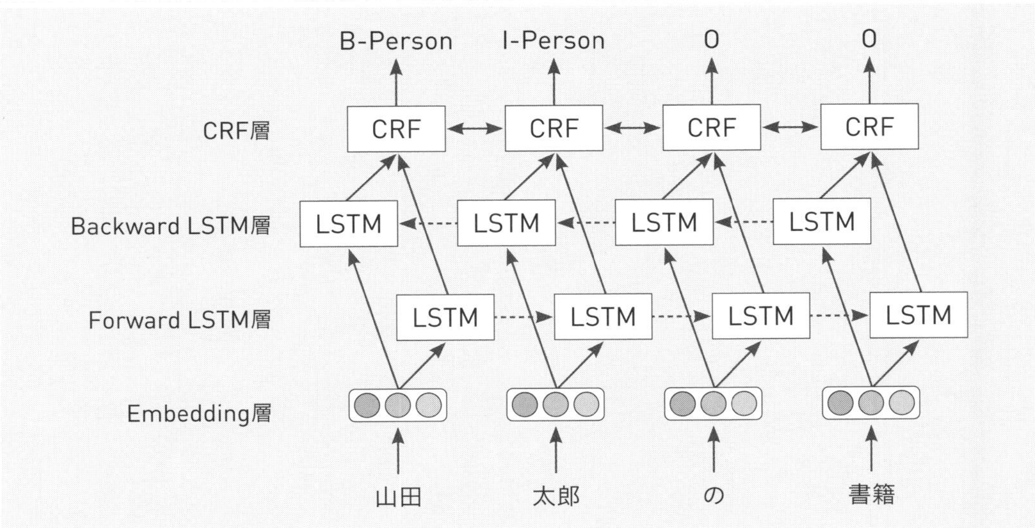

図10-9-2　モデルのアーキテクチャ

その他、参照すべき論文として、2018年にAkbikらが発表した「Contextual String Embeddings for Sequence

※7　出典：https://eli5.readthedocs.io/en/latest/
※8　https://www.aclweb.org/anthology/N16-1030/

Labeling[※9]」を挙げられます。この論文中では文字ベースの言語モデルを使って単語分散表現を構築し、それを使ってラベルを予測しています。論文で報告された性能ではBERTを上回っています。日本語に対して適用した結果は「実践!固有表現認識 Flairを使って最先端の固有表現認識を体験しよう[※10]」にまとめているので、詳細はそちらを参照してください。

※9 https://alanakbik.github.io/papers/coling2018.pdf
※10 https://hironsan.hatenablog.com/entry/implementing-contextual-string-embeddings-for-named-entity-recognition

Chapter 11

系列変換

本章では、系列変換について学びます。ここまで、テキスト分類や系列ラベリングについて学んできましたが、これらの技術では扱いにくい問題もあります。たとえば、日本語を英語に翻訳するような問題です。系列変換ならこのような問題を扱うことができます。

まずは系列変換がどういったものなのか、概念やモデルを学びます。その後実際に、英語を日本語に翻訳する機械翻訳のプログラムを実装していきます。また、機械翻訳の精度を評価する枠組みについても学びます。

系列変換の基礎を理解したあとは、アテンションと呼ばれる仕組みを学びます。アテンションを使うことで、モデルの性能を向上させることができます。実際に、アテンションの実装を行うことで理解を深めます。

Chapter 11-1
本章の概要

本章のコードはColaboratory上に用意してあります。以下のリンク先から実行できます。
http://bit.ly/2U1vx8l

これまでの章で自然言語処理の2つのタスクを解くためのモデルを紹介しました。1つは**テキスト分類**であり、そこでは単語の系列を入力すると、一つのラベルが出力されました。もう一つが**系列ラベリング**であり、そこでは単語の系列を入力すると各単語につき、対応するラベルが出力されるのでした。

しかし、自然言語処理の問題の中には、テキスト分類と系列ラベリングだけでは扱いにくい問題もあります。たとえば、日本語を英語に翻訳するような問題は、多くの場合、入力と出力の系列長が異なるため系列ラベリングでは扱いにくい問題です。そのため、何らかの工夫をする必要があります。

そこでChapter11では、自然言語処理の一分野である**系列変換**について扱います。はじめに、系列変換とは何かということを説明します。ここでは、系列変換とそのアプリケーション、また簡単な数式について紹介します。次に、実際に系列変換モデルの実装を行い、機械翻訳を行います。最後に、モデルを改善するためにアテンションと呼ばれる仕組みを導入します。

まとめると本章では、以下の内容について説明します。

- 系列変換とは
- 系列変換モデルの実装
- アテンションとは
- アテンションの実装

Chapter 11-2
系列変換とは？

系列変換（sequence to sequence: seq2seq）は、**入力の系列を別の系列に変換して出力するモデル**です。系列の要素としては、たとえば自然言語処理なら単語や文字を取ることができますが、そういったものに限らず、画像や音声から特徴量を抽出したものを入力することもできます。モデルをブラックボックスとして扱うと、翻訳であれば以下のような変換を行います。

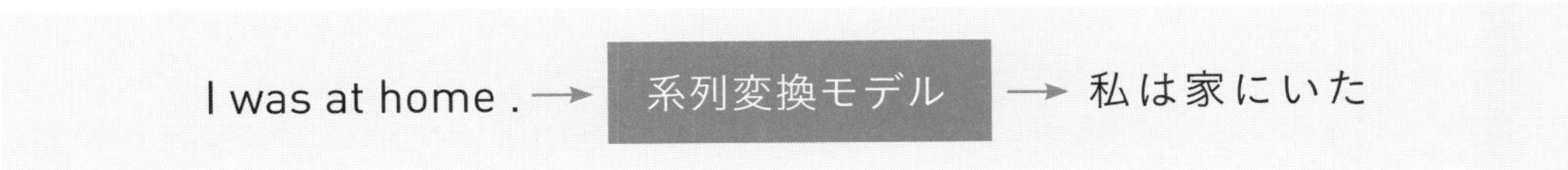

図11-2-1　系列変換のイメージ

系列変換モデルは様々なタスクを解くことに使うことができ、実際のサービスにも使われています。たとえば、自然言語処理なら、**機械翻訳**や**対話システム**、**テキスト要約**といったタスクに使うことができます。というのも、これらのタスクは入力の系列を別の系列に変換する問題とみなせるからです。ちなみに、系列変換モデルが提案された論文※1では機械翻訳を対象にしています。

図11-2-2　Google翻訳の例

系列変換モデルは自然言語処理以外のタスクにも使うことができます。たとえば、音声分野であれば**音声認識**に使われていますし、画像の分野なら画像から説明文を生成するタスクである**イメージキャプション**に使われています。以下は画像から「A herd of zebras are walking in a field（シマウマの群れが草原を歩いている）」というテキストを生成している例です。

S2VT: A herd of zebras are walking in a field.

図11-2-3　イメージキャプションの例※2

※1　「Sequence to Sequence Learning with Neural Networks」（https://arxiv.org/pdf/1409.3215.pdf）
※2　出典：https://arxiv.org/pdf/1505.00487.pdf

このように系列変換モデルは様々なタスクに使える点も画期的なのですが、そのシンプルさも優れています。その事例としてGoogle翻訳を挙げることができます。Google翻訳は、以前は統計ベースの手法を使っており、そのコード行数は50万行に達していたようですが、GoogleのJeff Deanによると、系列変換モデルを使ったニューラル機械翻訳のシステムはなんと500行のコードで書くことができたそうです。

系列変換モデルでは、異なる系列長の入力と出力を扱うために**2つのRNN**を使います。この2つのRNNはそれぞれ**エンコーダ (Encoder)** と**デコーダ (Decoder)** と呼ばれています。そのため、系列変換モデルは**エンコーダ・デコーダモデル**と呼ばれることもあります。このエンコーダの入力にたとえば英語の文、デコーダの出力に日本語の文を与えてモデルを学習すると英日翻訳をできるようになるというわけです。図にすると以下のように表せます。

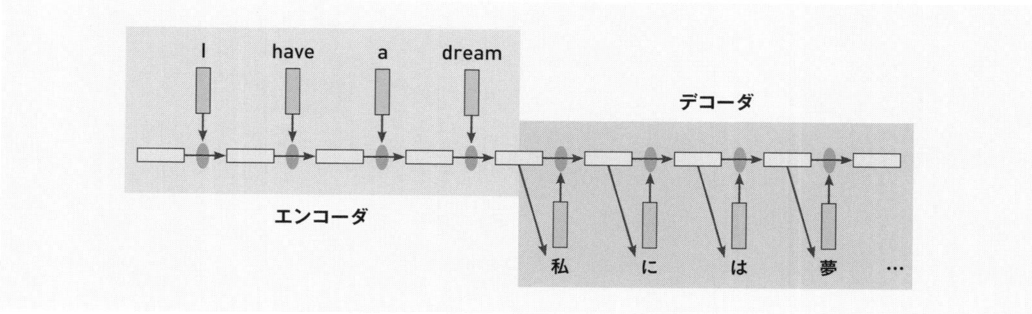

図11-2-4　系列変換モデルの概要

エンコーダは**入力の系列を固定長のベクトルに変換**します。たとえば、上図の場合は「I have a dream」の4単語を入力した結果を固定長のベクトルに変換します。この固定長のベクトルの中に入力の意味を埋め込んでいるイメージです。この入力の意味を埋め込んだベクトルをデコーダに渡して出力を生成してもらいます。

デコーダは**エンコーダから受け取ったベクトルとデコーダの一つ前の出力を使って、次の出力を生成**します。デコーダはまずエンコーダから受け取ったベクトルを**自身のRNNの初期状態**として設定します。これにより、エンコーダへの入力を考慮して出力をできるようになります。次に、デコーダの一つ前の出力を自身に与えて次の出力を生成します。たとえば上の図の場合、「に」という単語を生成するためには一つ前の出力である「私」をデコーダの入力に与えます。これにより、自身が以前にした出力を考慮しつつ、次の出力を生成します。

デコーダの注意点として**学習時と予測時で与える入力が異なる**点を挙げられます。デコーダの入力として、一つ前の出力を与えることはすでに述べました。学習時は一つ前の出力として教師データを与えることができます。上の例で言うなら、学習時は「に」の一つ前の出力は「私」であることがわかっているのでそのまま与えられるというわけです。しかし、学習したモデルを使って予測を行いたい時は当たり前ですが教師データは存在しません。そのため、教師データの代わりに**自身の一つ前の出力をデコーダの入力として与える**ことになります。

学習はこれまでと同様、損失関数を最小化するようにして行われます。デコーダの出力層からは単語の確率分布が出力されます。この確率分布が実際の分布と異なっていたらペナルティを与えるわけです。実際の分布としては、ある単語の確率を1にしておいてその他の単語の確率は0にしておくことが行われます。

ここまでで、系列変換モデルの概要について紹介しました。次の節ではさらなる詳細に立ち入り、モデルを定式化します。数式はともかく実装したい方は実装の節まで飛ばしてください。

Chapter 11-3

系列変換モデルの定式化

まずは系列変換モデル全体の説明をし、その後で各コンポーネントについて説明することにしましょう。最初にモデルの入出力を説明し、その次にモデル全体を定式化します。その次に、モデルを2つの部分に分解して考え、その後で2つの部分を更に分解していきます。

モデルへの入力と出力はそれぞれ$\boldsymbol{X}$と$\boldsymbol{Y}$とします。そして、入力のi番目の要素を$\boldsymbol{x}_i$、出力のj番目の要素を$\boldsymbol{y}_j$とします。入出力の系列長をI、Jとすると、入出力の系列$\boldsymbol{X}$と$\boldsymbol{Y}$は以下のように表すことができます。

$$\boldsymbol{X} = (\boldsymbol{x}_1, \ldots, \boldsymbol{x}_I)$$
$$\boldsymbol{Y} = (\boldsymbol{y}_1, \ldots, \boldsymbol{y}_J)$$

基本的にはこれで良いのですが、計算の都合上、出力の先頭$\boldsymbol{y}_0$として文の先頭を表すBOS (Begin of Sentence)、出力の最後尾$\boldsymbol{y}_{J+1}$として文の最後を表すEOS (End of Sentence) も使われるので押さえておいてください。

系列変換モデルは入力$\boldsymbol{X}$を与えたときに出力$\boldsymbol{Y}$を生成する問題と考えることができます。すると、条件付き確率$P(\boldsymbol{Y}|\boldsymbol{X})$としてモデル化できます。ただし、実際には$P(\boldsymbol{Y}|\boldsymbol{X})$を直接モデル化することは難しいため、$P(\boldsymbol{y}_j|\boldsymbol{Y}_{<j}, \boldsymbol{X})$をモデル化します。これは$\boldsymbol{Y}_{<j}$と$\boldsymbol{X}$を与えたときに$j$番目の出力$\boldsymbol{y}_j$を生成する確率を表しています。ここで$\boldsymbol{Y}_{<j}$は1番目の出力$\boldsymbol{y_1}$から$j-1$番目の出力$\boldsymbol{y}_{j-1}$を表しています。こうすると、$P(\boldsymbol{Y}|\boldsymbol{X})$は以下のようにモデル化できます。

$$P(\boldsymbol{Y}|\boldsymbol{X}) = \prod_{j=1}^{J+1} P(\boldsymbol{y}_j|\boldsymbol{Y}_{<j}, \boldsymbol{X})$$
$$= \prod_{j=1}^{J+1} P(\boldsymbol{y}_j|\boldsymbol{y}_1, \ldots, \boldsymbol{y}_{j-1}, \boldsymbol{X})$$

全体としては条件付き確率として考えることができますが、これをさらに分割すると大きく分けて2つの部分からなります。一つは入力系列$\boldsymbol{X}$を固定長のベクトル$\boldsymbol{z}$に変換するプロセスで、もう一つは出力$\boldsymbol{Y}$を生成するプロセスです。

まずは入力$\boldsymbol{X}$からベクトル$\boldsymbol{z}$を生成するプロセスです。このプロセスはエンコーダのRNNによって行われます。エンコーダの動作を関数$Encode$で表すとすると、以下のように変換を表すことができます。

$$\boldsymbol{z} = Encode(\boldsymbol{X})$$

次に、$\boldsymbol{z}$から出力の系列$\boldsymbol{Y}$を生成するプロセスです。このプロセスはデコーダのRNNと出力層によって行われます。デコーダのRNNを関数$Decode$、出力層をfで表すとすると、以下のように書くことができます。

$$\boldsymbol{h}_j^{(t)} = Decode(\boldsymbol{h}_{j-1}^{(t)}, \boldsymbol{y}_{j-1})$$
$$P(\boldsymbol{y}_j|\boldsymbol{Y}_{<j}, \boldsymbol{X}) = f(\boldsymbol{h}_j^{(t)})$$

エンコーダで生成した$\boldsymbol{z}$はどこで使っているのかと言うと、$j=1$のときのデコーダへの入力$\boldsymbol{h}_0^{(t)}$に使われています。つまり、$\boldsymbol{h}_0^{(t)} = \boldsymbol{z}$です。ここで$\boldsymbol{h}_j^{(t)}$はデコーダの$j$番目の隠れベクトルを表しています。

ここまでで、モデルを大きく2つに分けた時の説明をしてきました。しかし、これまでの説明だとエンコーダやデコーダがどうなっているのかよくわかりません。そこで、モデルをさらに分割して説明します。具体的には、以下のように5つのコンポーネントとして考えることができます。

- エンコーダの埋め込み層
- エンコーダのRNN層
- デコーダの埋め込み層
- デコーダのRNN層
- デコーダの出力層

エンコーダは2つの層から構成され、デコーダは3つの層から構成されるとします。この5つのコンポーネントからモデルを構築すると以下の図のようになります。

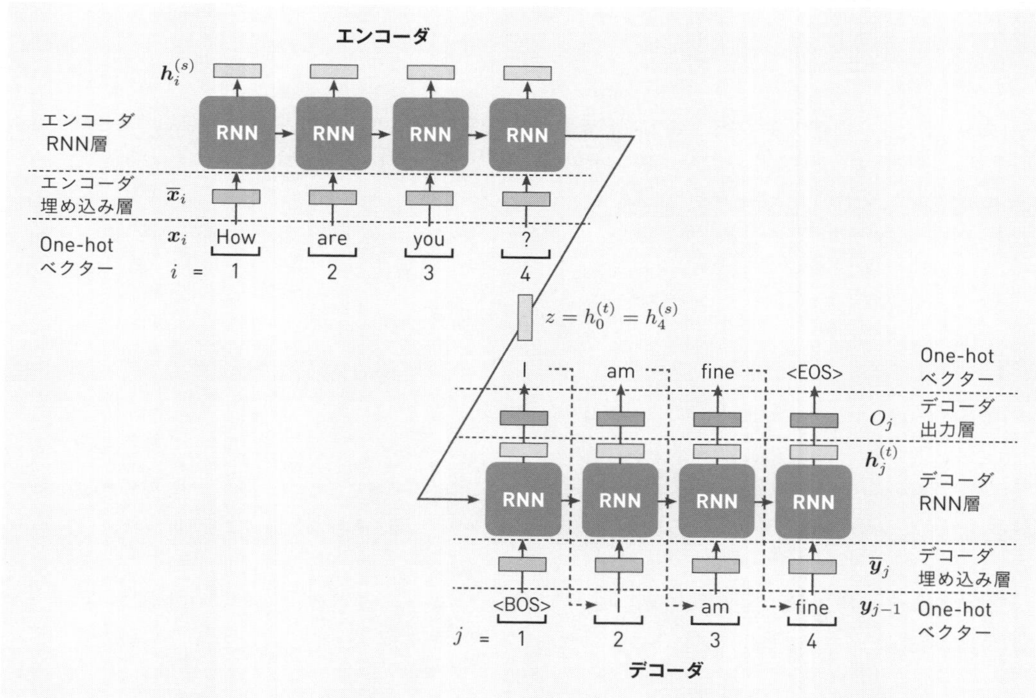

図11-3-1　系列変換モデルのアーキテクチャ※3

※3　出典：https://docs.chainer.org/en/stable/examples/seq2seq.html

11-3-1 エンコーダの埋め込み層

エンコーダの埋め込み層では、入力$\boldsymbol{X}$の各要素$\boldsymbol{x}_i$を固定長のベクトル$\overline{\boldsymbol{x}}_i$に変換します。自然言語処理なら、$\boldsymbol{x}_i$は単語のone-hotエンコーディング、$\overline{\boldsymbol{x}}_i$は単語の分散表現になると考えるとわかりやすいと思います。この計算を式で表現すると以下のようになります。

$$\overline{\boldsymbol{x}}_i = \boldsymbol{E}^{(s)}\boldsymbol{x}_i$$

$\boldsymbol{E}^{(s)}$はエンコーダ側の分散表現の行列であり、one-hotエンコーディングされた単語$\boldsymbol{x}_i$を単語の分散表現に変換しているイメージです。

11-3-2 エンコーダのRNN層

エンコーダのRNN層ではベクトル$\overline{\boldsymbol{x}}_i$を入力として、隠れベクトル$\boldsymbol{h}_i^{(s)}$を生成します。活性化関数を$\tanh$としたRNNを使うと、$i$番目の出力$\boldsymbol{h}_i^{(s)}$は$i-1$番目の隠れベクトル$\boldsymbol{h}_{i-1}^{(s)}$と入力$\overline{\boldsymbol{x}}_i$によって以下のように生成されます。

$$\boldsymbol{h}_i^{(s)} = \tanh\left(\boldsymbol{W}^{(s)}\begin{bmatrix}\boldsymbol{h}_{i-1}^{(s)} \\ \overline{\boldsymbol{x}}_i\end{bmatrix} + \boldsymbol{b}^{(s)}\right)$$

11-3-3 デコーダの埋め込み層

デコーダの埋め込み層では、デコーダへの入力$\boldsymbol{y}_{j-1}$を固定長のベクトル$\overline{\boldsymbol{y}}_j$に変換します。こちらもエンコーダの埋め込み層と同じように、$\boldsymbol{y}_{j-1}$は単語のone-hotエンコーディング$\overline{\boldsymbol{y}}_j$は単語の分散表現と考えるとわかりやすいと思います。この計算を式で表現すると以下のようになります。

$$\overline{\boldsymbol{y}}_j = \boldsymbol{E}^{(t)}\boldsymbol{y}_{j-1}$$

エンコーダの埋め込み層と同じく、$\boldsymbol{E}^{(t)}$はデコーダ側の分散表現の行列です。エンコーダとは違って、一つ前のデコーダの出力を入力していることに注意してください。

11-3-4 デコーダのRNN層

デコーダのRNN層では、ベクトル$\overline{\boldsymbol{y}}_j$を入力として、隠れベクトル$\boldsymbol{h}_j^{(t)}$を生成します。活性化関数を$\tanh$としたRNNを使うと、$j$番目の出力$\boldsymbol{h}_j^{(t)}$は$j-1$番目の隠れベクトル$\boldsymbol{h}_{j-1}^{(t)}$と入力$\overline{\boldsymbol{y}}_j$によって以下のように生成されます。

$$\boldsymbol{h}_j^{(t)} = \tanh\left(\boldsymbol{W}^{(t)}\begin{bmatrix}\boldsymbol{h}_{j-1}^{(t)} \\ \overline{\boldsymbol{y}}_j\end{bmatrix} + \boldsymbol{b}^{(t)}\right)$$

デコーダのRNNで特徴的な点は、その初期状態としてエンコーダの最後の隠れベクトル$\boldsymbol{h}_I^{(s)}$を設定する点です。式にすると以下のようになります。

$$\boldsymbol{h}_0^{(t)} = \boldsymbol{h}_I^{(s)}$$

11-3- 5 デコーダの出力層

デコーダの出力層では、デコーダのRNN層から出力された隠れベクトルj番目の出力$\boldsymbol{h}_j^{(t)}$から確率$P(\boldsymbol{y}_j|\boldsymbol{Y}_{<j},\boldsymbol{X})$を生成します。確率を得るために、隠れベクトルを全結合層に入力し、活性化関数としてソフトマックス関数を適用します。式にすると以下のように表すことができます。

$$P(\boldsymbol{y}_j|\boldsymbol{Y}_{<j},\boldsymbol{X}) = softmax(\boldsymbol{W}^o\boldsymbol{h}_j^{(t)} + \boldsymbol{b}^{(o)})$$

Chapter 11-4 系列変換モデルの実装

前節までで系列変換モデルの理論的な話は済ませました。本節では系列変換モデルを実際に実装することでモデルに対する理解を深めていきます。ここでは、タスクとして英日翻訳を題材にしますが、実装するモデルは翻訳だけでなく、対話システムや要約システムを作るのに使うこともできるため、汎用的な内容となっています。

実装の手順としては以下の順番で進めていきます。

- データセットの準備
- モデルの定義
- 予測用クラスの実装
- 評価指標
- モデルの学習と評価

11-4- 1 プロジェクト構成

実装を始める前に、プロジェクト構成について説明しておきます。本節では以下のプロジェクト構成で実装を進めていきます。

```
.
├── data
│   └── jpn.txt
├── inference.py
├── models.py
├── preprocessing.py
├── train.py
└── utils.py
```

dataディレクトリの中には使用するデータセットを格納しておきます。今回の場合、次の節でダウンロードする翻訳用のデータセットを解凍して格納します。「inference.py」には学習したモデルを使って予測を行うコードを書きます。「models.py」にはエンコーダとデコーダを書いていきます。「preprocessing.py」には前処理用の関数を、「train.py」には学習用のコードを、「utils.py」にはデータ読込用の関数などを書いていきます。

11-4-2 データセットの準備

まずはデータセットのダウンロードを行いましょう。データセットのダウンロードは「http://www.manythings.org/anki/」から行うことができます。このサイトでは、様々な言語と英語のペアからなるデータセットをダウンロードすることができます。この中から、英日翻訳に使うことのできるデータセットとして以下をダウンロードします。

- http://www.manythings.org/anki/jpn-eng.zip

次にデータセットの形式を確認します。ダウンロードしたデータセットを解凍してその中身を見ると、以下のように「英語 + タブ文字 + 日本語」の形式で英語と日本語の文が格納されていることを確認できます。

データセットの中身

```
Tom broke the window.	トムは窓を割った。
Tom checked the time.	トムは時間を確認した。
```

データセットの形式を確認できたので、読み込むためのコードを「utils.py」に書いていきましょう。以下のload_datasetではデータセットを一行ずつ読み込み、タブ文字を区切りに英語と日本語の文に分割して返しています。

utils.py

```python
def load_dataset(filename):
    en_texts = []
    ja_texts = []
    with open(filename, encoding='utf-8') as f:
        for line in f:
            en_text, ja_text = line.strip().split('\t')[:2]
            en_texts.append(en_text)
            ja_texts.append(ja_text)
    return en_texts, ja_texts
```

データセットを読み込むための関数を書き終わったので、次はデータセットの前処理用の関数を「preprocessing.py」に書いていきます。ここで行う前処理は、日本語の分かち書き、開始記号<start>と終了記号<end>のテキストへの付与、ボキャブラリの作成、単語のID化、パディングです。一部の関数は前にも定義していますが、念のために再掲しておきます。create_dataset関数では単語のID化とパディングを行った後にモデルへの入力用データを作成しています。

preprocessing.py

```
import tensorflow as tf
from tensorflow.keras.preprocessing.sequence import pad_sequences
from janome.tokenizer import Tokenizer
t = Tokenizer(wakati=True)

def build_vocabulary(texts, num_words=None):
    tokenizer = tf.keras.preprocessing.text.Tokenizer(
        num_words=num_words, oov_token='<UNK>', filters=''
    )
    tokenizer.fit_on_texts(texts)
    return tokenizer

def tokenize(text):
    return t.tokenize(text)

def preprocess_dataset(texts):
    return ['<start> {} <end>'.format(text) for text in texts]

def preprocess_ja(texts):
    return [' '.join(tokenize(text)) for text in texts]

def create_dataset(en_texts, ja_texts, en_vocab, ja_vocab):
    en_seqs = en_vocab.texts_to_sequences(en_texts)
    ja_seqs = ja_vocab.texts_to_sequences(ja_texts)
    en_seqs = pad_sequences(en_seqs, padding='post')
    ja_seqs = pad_sequences(ja_seqs, padding='post')
    return [en_seqs, ja_seqs[:, :-1]], ja_seqs[:, 1:]
```

以上でデータセットを準備するために使う関数の定義は終わりました。次はモデルを定義していきましょう。

11-4- 3 モデルの定義

データが準備できたので系列変換モデルを実装します。実装の流れとしては、まずエンコーダとデコーダを実装し、その後、それらを組み合わせてモデル全体を構築することにします。

最初に、実装の重複を避けるために、BaseModelにエンコーダとデコーダで共通に使うメソッドを実装しておきます。実装するのはbuild、save_as_json、loadメソッドです。これらのメソッドはそれぞれ、モデルの構築、モデルアーキテクチャの保存、モデルの読み込みの役割を持っています。以下のコードを「models.py」に書いていきましょう。

models.py

```
from tensorflow.keras.models import Model, model_from_json
from tensorflow.keras.layers import Dense, Input, Embedding, GRU

class BaseModel:

    def build(self):
        raise NotImplementedError()

    def save_as_json(self, filepath):
        model = self.build()
        with open(filepath, 'w') as f:
            f.write(model.to_json())

    @classmethod
    def load(cls, architecture_file, weight_file, by_name=True):
        with open(architecture_file) as f:
            model = model_from_json(f.read())
            model.load_weights(weight_file, by_name=by_name)
            return model
```

BaseModelを実装したら、それを継承してエンコーダを作成します。エンコーダの入力は単語をone-hot表現したベクトル、出力はRNNからの出力と状態です。今回はRNNとして、LSTMよりシンプルなGRUを使用しています。また、入力のone-hotベクトルはEmbedding層によって分散表現に変換された後、GRUに入力されます。以下のコードを「models.py」の最後に続けて書いていきましょう。

models.py

```
class Encoder(BaseModel):

    def __init__(self, input_dim, emb_dim=300, hid_dim=256, return_sequences=False):
        self.input = Input(shape=(None,), name='encoder_input')
        self.embedding = Embedding(input_dim=input_dim,
                                   output_dim=emb_dim,
                                   mask_zero=True,
                                   name='encoder_embedding')
        self.gru = GRU(hid_dim,
                       return_sequences=return_sequences,
                       return_state=True,
                       name='encoder_gru')

    def __call__(self):
        x = self.input
        embedding = self.embedding(x)
        output, state = self.gru(embedding)
        return output, state

    def build(self):
        output, state = self()
        return Model(inputs=self.input, outputs=[output, state])
```

エンコーダを実装できたら、デコーダを実装します。デコーダの場合は学習時と予測時で入力を変える必要があります。**学習時**はエンコーダと同様に、入力は単語をone-hot表現したベクトル、出力は、各単語の確率とデコーダの状態です。

予測時は一つ前のデコーダの出力と状態を入力として与えます。以下のコードを「models.py」の最後に続けて書いていきましょう。

models.py

```
class Decoder(BaseModel):

    def __init__(self, output_dim, emb_dim=300, hid_dim=256):
        self.input = Input(shape=(None,), name='decoder_input')
        self.embedding = Embedding(input_dim=output_dim,
                                   output_dim=emb_dim,
                                   mask_zero=True,
                                   name='decoder_embedding')
        self.gru = GRU(hid_dim,
                       return_sequences=True,
                       return_state=True,
                       name='decoder_gru')
        self.dense = Dense(output_dim, activation='softmax', name='decoder_output')

        # for inference.
        self.state_input = Input(shape=(hid_dim,), name='decoder_state_in')

    def __call__(self, states, enc_output=None):
        x = self.input
        embedding = self.embedding(x)
        outputs, state = self.gru(embedding, initial_state=states)
        outputs = self.dense(outputs)
        return outputs, state

    def build(self):
        decoder_output, decoder_state = self(states=self.state_input)
        return Model(
            inputs=[self.input, self.state_input],
            outputs=[decoder_output, decoder_state])
```

ここまででエンコーダとデコーダを定義したので、あとはそれを組み合わせてモデル全体を作成します。以下のSeq2seqクラスにエンコーダとデコーダを渡すことで、系列変換モデルを構築することができます。これまでと同様に「models.py」の最後に続けて書いていきます。

models.py

```
class Seq2seq(BaseModel):

    def __init__(self, encoder, decoder):
        self.encoder = encoder
        self.decoder = decoder

    def build(self):
        encoder_output, state = self.encoder()
        decoder_output, _ = self.decoder(states=state, enc_output=encoder_output)
        return Model([self.encoder.input, self.decoder.input], decoder_output)
```

以上でモデルの実装は完了しました。次は学習したモデルから予測を行うコードを書いていきます。

11-4- 4 予測用クラスの実装

学習したモデルを使って出力を生成するためのクラスを作成していきましょう。以下のInferenceAPIクラスを「inference.py」に書いていきます。このクラスでは、predictメソッドに英語のテキストを与えると、日本語に翻訳して返してくれます。

inference.py

```
import numpy as np

class InferenceAPI:

    def __init__(self, encoder_model, decoder_model, en_vocab, ja_vocab):
        self.encoder_model = encoder_model
        self.decoder_model = decoder_model
        self.en_vocab = en_vocab
        self.ja_vocab = ja_vocab

    def predict(self, text):
        output, state = self._compute_encoder_output(text)
        sequence = self._generate_sequence(output, state)
        decoded = self._decode(sequence)
        return decoded

    def _compute_encoder_output(self, text):
        x = self.en_vocab.texts_to_sequences([text])
        output, state = self.encoder_model.predict(x)
        return output, state

    def _compute_decoder_output(self, target_seq, state, enc_output=None):
        output, state = self.decoder_model.predict([target_seq, state])
        return output, state

    def _generate_sequence(self, enc_output, state, max_seq_len=50):
        target_seq = np.array([self.ja_vocab.word_index['<start>']])
        sequence = []
        for i in range(max_seq_len):
            output, state = self._compute_decoder_output(target_seq, state, enc_output)
            sampled_token_index = np.argmax(output[0, 0])
            if sampled_token_index == self.ja_vocab.word_index['<end>']:
                break
            sequence.append(sampled_token_index)
            target_seq = np.array([sampled_token_index])
        return sequence

    def _decode(self, sequence):
        decoded = self.ja_vocab.sequences_to_texts([sequence])
        decoded = decoded[0].split(' ')
        return decoded
```

predictメソッドでやっていることを大まかに説明しておきます。predictメソッドではまずエンコーダを使って入力文を固定長のベクトルに変換します(_compute_encoder_outputメソッド)。その次に、デコーダを使って、日本語の単語に対応するIDを生成します(_generate_sequenceメソッド)。最後に単語のIDを人間にわかるように文字列に変換しています(_decodeメソッド)。

predictメソッドの入出力の具体例は以下のようになります。以下のような前処理済みに英語のテキストをメソッドに与えると、出力として日本語の単語のリストを得ることができます。この単語のリストが与えた英語の翻訳文になっているというわけです。

predictメソッドの入出力の例

```
English : <start> Hello! <end>
Japanese: ['こんにちは', '!']
```

ここまでで必要なものはすべて用意できたのであとはモデルを学習させればいいのですが、その前に評価指標について少し説明します。

11-4-5 評価

機械翻訳を評価する際に使われる指標として**BLEU（BiLingual Evaluation Understudy）**があります。BLEUは、**「機械の翻訳とプロの翻訳者の（複数の）翻訳が似ていれば似ているほど、その機械翻訳は良いだろう」**という考え方に基づいた指標であり、機械翻訳されたテキスト（翻訳仮説：hypotheses）とプロの翻訳（参照訳：references）の類似度を0から1の間の数値として計算します。値が0に近いほど翻訳の質が低く、1に近いほど品質が高いことを意味しています。

BLEUは以下の計算式によって計算することができます。大きく分けると、

$$BLEU = BP \cdot \exp(\sum_{n=1}^{N} w_n \log p_n)$$

nグラム適合率と**BP（Brevity Penalty）**の2つの部分から構成されています。

nグラム適合率では、機械翻訳とプロの翻訳がどれだけ似ているのかを測るのにnグラムの重なりを使います。nグラムは単語と文字のどちらで考えることもできますが、以下では説明のために単語nグラムを使います。nグラム適合率では、翻訳仮説の1~4グラムが参照訳と一致する数をカウントして求めます。p_nは以下の式で求めることができます。

$$p_n = \frac{\sum_i \text{翻訳仮説}i\text{と参照訳}i\text{で一致した}n\text{グラム数}}{\sum_i \text{翻訳仮説}i\text{中の全}n\text{グラム数}}$$

また、w_nは各nグラムをどれくらい重視するかを指定する係数です。1〜4グラムを等しく重視する$w_n = \frac{1}{N} = \frac{1}{4} = 0.25$がよく使われています。

イメージを掴むために、次の参照訳と翻訳仮説についてp_1を計算してみます。

- 参照訳　：the cat is on the mat
- 翻訳仮説：the the the cat mat

まずは、参照訳と翻訳仮説における各1グラムの出現回数をカウントします。カウントした結果は以下のように整理できます。

1グラム	翻訳仮説	参照訳	min
the	3	2	2
cat	1	1	1
is	0	1	0
on	0	1	0
mat	1	1	1

翻訳仮説中の1グラムの総数は5なので、$p_1 = (2 + 1 + 1)/5 = 0.8$と求めることができます。参照訳と一致するnグラム数を数えるときに、参照訳の要素を重複して数えることを回避するためにカウントの小さい方を使っています。もし重複して数えると、翻訳仮説が「the the the the the」のような場合に$p_1 = 5/5 = 1$になってしまうからです。

BPは、生成された翻訳が短すぎる場合に指数関数的減衰を使用してペナルティを課す項です。参照訳中で対応する翻訳仮説に最も近い長さをr、翻訳仮説の長さをcとするとBPは以下のように定義されます。

$$BP = \begin{cases} 1 & (c > r) \\ e^{(1-\frac{r}{c})} & (c \leq r) \end{cases}$$

たとえば、翻訳仮説の長さを$c = 2$、それに最も近い参照訳の長さを$r = 10$とすると、$BP = e^{1-\frac{10}{2}} = e^{1-5} = 0.018$となります。この値をかけることで、参照訳と比べて短すぎる翻訳に対してペナルティを与えているのです。

そもそもなぜ参照訳と比べて短すぎる翻訳に対してペナルティを与える必要があるのかと言うと、そのような場合はnグラム適合率の値が高くなってしまうからです。たとえば、次の参照訳と翻訳仮説についてp_1を計算してみます。

- 参照訳　：the cat is on the mat
- 翻訳仮説：the

このような場合、翻訳仮説中の1グラムの総数は1なので、$p_1 = 1/1 = 1$となり、非常に高い値になってしまいます。参照訳と比べて短すぎる翻訳の場合はこのようなことが起きるため、BP項によってペナルティを与えているのです。カウントした結果は以下のように整理できます。

1グラム	翻訳仮説	参照訳	min
the	1	2	1
cat	0	1	0
is	0	1	0
on	0	1	0
mat	0	1	0

BLEUを評価する際には、統計的機械翻訳システムMosesのmulti-bleu.perlスクリプトがよく使われていますが、今回は簡単に評価するために、NLTKに含まれるcorpus_bleuを使って評価することにします。NLTKは以下のようにしてインストールしましょう。

ターミナル

```
> conda install nltk  #---- condaの場合
> pip install nltk     #---- pipの場合
```

NLTKをインストールしたら、utils.pyに評価用の関数evaluate_bleuを書いていきます。この中では、機械によって生成されたテキストである翻訳仮説（hypotheses）と正解の翻訳である参照訳（references）を用意し、corpus_bleu関数に渡してBLEUスコアを計算しています。

utils.py

```
from collections import defaultdict
from nltk.translate.bleu_score import corpus_bleu
def evaluate_bleu(X, y, api):
    d = defaultdict(list)
    for source, target in zip(X, y):
        d[source].append(target)
    hypothesis = []
    references = []
    for source, targets in d.items():
        pred = api.predict(source)
        hypothesis.append(pred)
        references.append(targets)
    bleu_score = corpus_bleu(references, hypothesis)
    return bleu_score
```

evaluate_bleu関数を定義できたので、モデルの学習と評価をしていきましょう。

11-4- 6 モデルの学習と評価

では最後に、これまでに説明した内容に基づいて、モデルを学習させて性能を評価するコードを書いていきましょう。以下のコードを「train.py」に書いて保存します。

train.py

```
from sklearn.model_selection import train_test_split
from tensorflow.keras.callbacks import EarlyStopping, ModelCheckpoint

from inference import InferenceAPI
from models import Seq2seq, Encoder, Decoder
from preprocessing import build_vocabulary, preprocess_ja, preprocess_dataset, create_dataset
from utils import load_dataset, evaluate_bleu

def main():
    # ハイパーパラメータの設定
```

```
    batch_size = 32
    epochs = 100
    model_path = 'models/simple_model.h5'
    enc_arch = 'models/encoder.json'
    dec_arch = 'models/decoder.json'
    data_path = 'data/jpn.txt'
    num_words = 10000
    num_data = 20000

    # データセットの読み込み
    en_texts, ja_texts = load_dataset(data_path)
    en_texts, ja_texts = en_texts[:num_data], ja_texts[:num_data]

    # データセットの前処理
    ja_texts = preprocess_ja(ja_texts)
    ja_texts = preprocess_dataset(ja_texts)
    en_texts = preprocess_dataset(en_texts)
    x_train, x_test, y_train, y_test = train_test_split(en_texts,
                                                        ja_texts,
                                                        test_size=0.2,
                                                        random_state=42)
    en_vocab = build_vocabulary(x_train, num_words)
    ja_vocab = build_vocabulary(y_train, num_words)
    x_train, y_train = create_dataset(x_train, y_train, en_vocab, ja_vocab)

    # モデルの構築
    encoder = Encoder(num_words)
    decoder = Decoder(num_words)
    seq2seq = Seq2seq(encoder, decoder)
    model = seq2seq.build()
    model.compile(optimizer='adam', loss='sparse_categorical_crossentropy')

    # コールバックの用意
    callbacks = [
        EarlyStopping(patience=3),
        ModelCheckpoint(model_path, save_best_only=True, save_weights_only=True)
    ]

    # モデルの学習
    model.fit(x=x_train,
              y=y_train,
              batch_size=batch_size,
              epochs=epochs,
              callbacks=callbacks,
              validation_split=0.1)
    encoder.save_as_json(enc_arch)
    decoder.save_as_json(dec_arch)

    # 予測
    encoder = Encoder.load(enc_arch, model_path)
    decoder = Decoder.load(dec_arch, model_path)
    api = InferenceAPI(encoder, decoder, en_vocab, ja_vocab)
    texts = sorted(set(en_texts[:50]), key=len)
    for text in texts:
        decoded = api.predict(text=text)
        print('English : {}'.format(text))
```

```
        print('Japanese: {}'.format(decoded))

    # 性能の評価
    y_test = [y.split(' ')[1:-1] for y in y_test]
    bleu_score = evaluate_bleu(x_test, y_test, api)
    print('BLEU: {}'.format(bleu_score))

if __name__ == '__main__':
    main()
```

コードを書き終えたら実行してみましょう。先に「models」フォルダを作成してから実行してください。参考までに筆者の手元のMacBook Proで学習させたところ、1エポックに450秒程度かかりました。ちなみに、GPU（NVIDIA Tesla V100）上で実行した場合は1エポックあたり16秒程度でした。今回のモデルはこれまでと比べて学習に時間がかかるので、実行したらしばらく待ちましょう。

ターミナル

```
> python train.py
Epoch 1/100
14400/14400 [==============================] - 28s 2ms/sample - loss: 1.7879 - val_loss: 1.3753
Epoch 2/100
14400/14400 [==============================] - 16s 1ms/sample - loss: 1.2132 - val_loss: 1.1773
...
Epoch 11/100
14400/14400 [==============================] - 16s 1ms/sample - loss: 0.2351 - val_loss: 0.9175
Epoch 12/100
14400/14400 [==============================] - 16s 1ms/sample - loss: 0.1942 - val_loss: 0.9292
```

学習が終わると、以下のように英語から日本語を生成した結果が表示されます。この結果を見ると、そこそこ上手く生成できているような印象です。

```
English : <start> I quit. <end>
Japanese: ['やめ', 'た', '。']
English : <start> Really? <end>
Japanese: ['本気', '？']
English : <start> I'm up. <end>
Japanese: ['私', 'は', 'がっかり', 'だ', '。']
English : <start> Freeze! <end>
Japanese: ['動く', 'な', '！']
English : <start> He ran. <end>
Japanese: ['彼', 'が', '走っ', 'た', '。']
```

評価結果について確認してみましょう。今回の評価結果はBLEUで0.1844という結果になりました。なお、筆者の方で10回計算したときの平均値を計算したところ、BLEUで0.1908という結果になりました。

```
BLEU: 0.184448399675952
```

簡単に学習コードのポイントを解説しましょう。モデルの構築部分では、最初にエンコーダとデコーダを用意しています。エンコーダとデコーダには分散表現の次元数やGRUのユニット数を渡すことができますが、今回はボキャブラリ数だけを渡しています。用意したエンコーダとデコーダはSeq2seqクラスの引数として渡しています。これにより、エンコーダとデコーダを使って一つのモデルを組み立てています。

train.py

```
encoder = Encoder(num_words)
decoder = Decoder(num_words)
seq2seq = Seq2seq(encoder, decoder)
model = seq2seq.build()
```

ここまでで、基本的な系列変換モデルの実装は完了しました。次は、このモデルをアテンションという仕組みを使って改善してみます。

Chapter 11-5 アテンション

アテンション（Attention）はディープラーニングにおいて非常に重要な技術で、多くのモデルで使われている技術です。アテンションは様々なタスクに適用することが可能で、系列変換だけでなく、テキスト分類やイメージキャプションといったタスクで使われています。

本節ではまずシンプルなエンコーダ・デコーダモデルの課題について説明し、その後、課題の解決策としてアテンションを紹介します。数式について簡単に示した後、アテンションの実装を行い、最後にモデルの学習と評価をします。

これまでに紹介した系列変換モデルは、エンコーダ・デコーダから構成されていました。エンコーダでは入力系列を処理して、情報を固定長のベクトルに圧縮していました。このベクトルに入力系列全体の情報が上手く埋め込まれていることが期待されているわけです。デコーダではこのベクトルを初期状態として利用し、それを使って出力系列を生成していました。

エンコーダが入力系列を固定長のベクトルに変換する際に起きる問題として、**入力系列長が長くなった場合、固定長のベクトルに系列の最初の方の情報が上手く埋め込まれない**点があります。デコーダは、エンコーダの最終状態の固定長のベクトルを使うので、系列の最初の方の情報が上手く考慮できないのです。

この問題を解決するために、アテンションではエンコーダの最終状態だけでなく、各ステップtでのエンコーダの状態h_tを、**重み**a_tで加重平均した**文脈ベクトル**c_tを使って出力を予測します。最終状態だけでなく、各状態に重み付けして使うことで、入力と出力の対応を上手く扱うことができるようになります。

言葉だけではわかりにくいので、以下の図を見てみましょう。たとえば、これまでのモデルでは、デコーダに開始記号<s>を入力して出力を生成する場合、エンコーダの最終状態だけ使用していました。アテンションを使うことで、エンコーダの各状態に対して**重み**をかけて使うことができるようになります。その結果、デコーダの１番目の出力を生成する際にはエンコーダの最初の方の入力を重視するといったことが可能になるわけです。

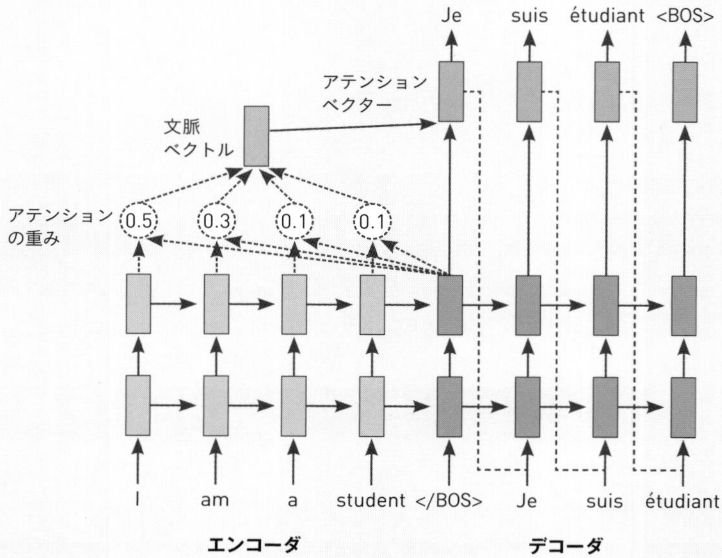

図11-5-1　アテンションのイメージ※4

アテンションには様々な種類があるのですが、ここではLuongらが論文※5で提案したアテンションの一つを紹介します。一度に考えると大変なので、以下の3つの部分に整理して考えてみます。

- 重みベクトル$\boldsymbol{a}_t$
- 文脈ベクトル$\boldsymbol{c}_t$
- 予測用ベクトル$\tilde{\boldsymbol{h}}_t$

アテンションを計算するには、エンコーダの各状態$\bar{\boldsymbol{h}}_s$に対する重み$\boldsymbol{a}_t(s)$を計算する必要があります。この$\boldsymbol{a}_t(s)$は$\bar{\boldsymbol{h}}_s$と現在のデコーダの状態$\boldsymbol{h}_t$から以下のように計算することができます。

$$\boldsymbol{a}_t(s) = \frac{\exp(\mathrm{score}(\boldsymbol{h}_t, \bar{\boldsymbol{h}}_s))}{\sum_{s'} \exp(\mathrm{score}(\boldsymbol{h}_t, \bar{\boldsymbol{h}}_{s'}))}$$

ここで、scoreは以下のようにエンコーダの状態$\bar{\boldsymbol{h}}_s$とデコーダの状態$\boldsymbol{h}_t$の内積として計算することができます。ちなみに、論文中にはこれ以外のスコアの計算方法も載っているのですが、ここでは最も簡単な内積を紹介しています。

$$\mathrm{score}(\boldsymbol{h}_t, \bar{\boldsymbol{h}}_s) = \boldsymbol{h}_t^{\mathrm{T}} \boldsymbol{h}_s$$

※4　出典：https://www.tensorflow.org/beta/tutorials/text/nmt_with_attention

※5　「Effective Approaches to Attention-based Neural Machine Translation」（https://arxiv.org/abs/1508.04025）

重みベクトルを計算できたら、次はそれを使って文脈ベクトル$\boldsymbol{c}_t$を計算します。これは、先にも述べたように、エンコーダの各状態に対して加重平均を計算します。式にすると以下のように表せます。

$$\boldsymbol{c}_t = \sum_s \boldsymbol{a}_t(s)\bar{\boldsymbol{h}}_s$$

ここまで来たら後は新たなベクトル$\tilde{\boldsymbol{h}}_t$を作るだけです。これは文脈ベクトル$\boldsymbol{c}_t$とデコーダの隠れ状態$\boldsymbol{h}_t$を連結した後、全結合層に入力するだけです。式にすると以下のように表せます。ここで、活性化関数としては$\tanh$を使っています。

$$\tilde{\boldsymbol{h}}_t = \tanh(\boldsymbol{W}_c[\boldsymbol{c}_t; \boldsymbol{h}_t])$$

あとは、このベクトルを、ソフトマックス関数を活性化関数とした層に入力することで、出力を予測することができます。次の節では実際に実装してみましょう。

Chapter 11-6
アテンションの実装

前節ではアテンションの概念について紹介したので、ここでは実際に実装してみましょう。ここで実装するのは2つのコンポーネントです。一つはアテンションを計算するためのクラス、もう一つはアテンションを使ったデコーダです。どちらも「models.py」に変更・追記していきましょう。

アテンションを計算するコードは以下のように書くことができます。ここでしているのは、Chapter11-5で紹介したように、①重みベクトル$\boldsymbol{a}_t$の計算、②文脈ベクトル$\boldsymbol{c}_t$の計算、③予測用ベクトル$\tilde{\boldsymbol{h}}_t$の計算の3つです。数式と実装を対応付けてじっくりと考えてみてください。

models.py

```
from tensorflow.keras.layers import Dense, Input, Embedding, GRU, Dot, Activation, Concatenate
# from tensorflow.keras.layers import Dense, Input, Embedding, GRU
```

```
class LuongAttention:

    def __init__(self, units=300):
        self.dot = Dot(axes=[2, 2], name='dot')
        self.attention = Activation(activation='softmax', name='attention')
        self.context = Dot(axes=[2, 1], name='context')
        self.concat = Concatenate(name='concat')
        self.fc = Dense(units, activation='tanh', name='attn_out')

    def __call__(self, enc_output, dec_output):
        attention = self.dot([dec_output, enc_output])
        attention_weight = self.attention(attention)                # 重みベクトル
        context_vector = self.context([attention_weight, enc_output])  # 文脈ベクトル
```

```
        concat_vector = self.concat([context_vector, dec_output])
        output = self.fc(concat_vector)                        # 予測用ベクトル
        return output
```

アテンションの計算をする部分を定義できたら、次にデコーダを定義します。とはいっても、シンプルな系列変換モデルで定義したデコーダとほとんど変わる部分はありません。先ほど定義したアテンションを使うようにしているくらいのものです。

models.py

```
class AttentionDecoder(Decoder):

    def __init__(self, output_dim, emb_dim=300, hid_dim=256):
        super().__init__(output_dim, emb_dim, hid_dim)
        self.attention = LuongAttention()
        self.enc_output = Input(shape=(None, hid_dim), name='encoder_output')

    def __call__(self, states, enc_output=None):
        x = self.input
        embedding = self.embedding(x)
        outputs, state = self.gru(embedding, initial_state=states)
        outputs = self.attention(enc_output, outputs)
        outputs = self.dense(outputs)
        return outputs, state

    def build(self):
        decoder_output, decoder_state = self(states=self.state_input,
                                             enc_output=self.enc_output)
        return Model(
            inputs=[self.input, self.enc_output, self.state_input],
            outputs=[decoder_output, decoder_state])
```

これでモデルのコンポーネントを定義できたので学習を行うことができます。ただ、予測用クラスに若干の変更が必要なので、そちらについても書いていきましょう。

11-6-1 予測用クラスの実装

学習したモデルを使って予測を行うために、クラスを作成していきましょう。シンプルな系列変換モデルと比べてデコーダの入力が少し異なるため、その部分だけ書き換えます。InferenceAPIを継承したInferenceAPIforAttentionクラスを「inference.py」に追記していきます。書くのは_compute_decoder_outputのコードだけです。以下のように書きます。こうすることで、アテンションを使ったモデルで予測をできるようになります。

inference.py

```
class InferenceAPIforAttention(InferenceAPI):

    def _compute_decoder_output(self, target_seq, state, enc_output=None):
        output, state = self.decoder_model.predict([target_seq, enc_output, state])
        return output, state
```

11-6- 2 モデルの学習と評価

モデルを定義できたので、学習用のコードを「train.py」に書いていきます。とはいっても、コードはシンプルな系列変換モデルとほとんど変わりません。変更点は以下の4点です。

- Encoderのreturn_sequencesにTrueを設定する
- Decoderの代わりにAttentionDecoderを使う
- model_pathのファイル名を変更する
- InferenceAPIの代わりにInferenceAPIforAttentionを使う

1番目と2番目の変更点ですが、今回はアテンションを使うので、エンコーダに渡す引数とデコーダの変更が必要です。そのために、以下のようにAttentionDecoderをインポートし、Encoderにreturn_sequences=Trueを設定します。こうして定義した2つのエンコーダとデコーダをSeq2seqクラスに渡すことでモデルを構築することができます。

train.py

```
from models import AttentionDecoder  # 追加
```

```
encoder = Encoder(num_words, return_sequences=True)
decoder = AttentionDecoder(num_words)
# encoder = Encoder(num_words)
# decoder = Decoder(num_words)
```

次の変更点はmodel_pathのファイル名を変更することです。ファイル名の部分を以下のようにattention_model.h5に変更します。

train.py

```
model_path = 'models/attention_model.h5'
# model_path = 'models/simple_model.h5'
```

最後の変更点は、予測用のクラスをInferenceAPIforAttentionに変更する点です。以下のように書き換えます。

```
from inference import InferenceAPIforAttention
# from inference import InferenceAPI
```

```
api = InferenceAPIforAttention(encoder, decoder, en_vocab, ja_vocab)
# api = InferenceAPI(encoder, decoder, en_vocab, ja_vocab)
```

コードを書き換えたら実行してみましょう。シンプルなアテンションを使っているので、計算時間はほとんど変わらないはずです。実行したところ、性能としてはBLEUで0.2224という結果になり、さきほどの単純な系列変換モデルと比べて性能が向上していることを確認できました。なお、筆者の方で10回計算したときの平均値を計算したところ0.2075となり、さきほどの平均値である0.1908と比べて改善が見られました。

ターミナル

```
> python train.py
Epoch 1/100
14400/14400 [==============================] - 26s 2ms/sample - loss: 1.9134 - val_loss: 1.6214
Epoch 2/100
14400/14400 [==============================] - 16s 1ms/sample - loss: 1.4725 - val_loss: 1.4038
Epoch 3/100
14400/14400 [==============================] - 16s 1ms/sample - loss: 1.2601 - val_loss: 1.2503
...
Epoch 13/100
14400/14400 [==============================] - 16s 1ms/sample - loss: 0.2157 - val_loss: 0.9323
Epoch 14/100
14400/14400 [==============================] - 16s 1ms/sample - loss: 0.1796 - val_loss: 0.9429
BLEU: 0.2224125727880619
```

Chapter 11-7
まとめ

本章では、系列変換について説明しました。そこでは系列変換で解ける問題の一つとして機械翻訳に取り組み、実際に実装を行いました。そして、モデルを改善するためにアテンションという仕組みを導入しました。

次章では、近年発展著しいクラウド環境を使った機械学習について説明します。

Chapter 12

機械学習とクラウド

本章ではクラウドサービスを使った機械学習について紹介します。最近では、機械学習とクラウドと切り離せない関係になっており、クラウド上で必要な計算資源を用意して、大規模なデータの分析や学習・予測までを行うようになっています。

まず、手軽にGPU環境が使えるサービスであるGoogleのColaboratoryについて紹介します。並列計算が得意なGPUを使うことで、計算を高速化することができます。

続いて、ニューラルネットワークを使ったモデルの構築や学習を自動的にできるGoogleのCloud AutoMLの使い方を紹介します。Cloud AutoMLを使うことで、専門的な知識がなくてもモデルを構築できます。

最後に、学習済みのモデルを使えるサービスとして、GoogleのCloud Natural Language APIを紹介します。クラウドサービス側が提供するAPIをうまく使えれば、自身で機械学習モデルを用意せずにアプリケーションを構築することができます。

Chapter 12-1 本章の概要

本章のコードはColaboratory上に用意してあります。以下のリンク先から実行できます。
http://bit.ly/2TZbDeh

最近の機械学習はクラウドと切り離せない関係になってきました。以前であれば、機械学習エンジニアはローカルの計算機にデータを用意し、ローカルの計算機資源を使ってデータ分析やモデルの構築を行っていました。しかし、現在はクラウドサービス上ですべてを完結させることができます。

クラウドがよく使われるようになってきた理由として以下の３点を挙げられます。

- 計算機資源を柔軟に確保できる
- 大規模データを扱いやすい
- 豊富なデータ分析・機械学習サービスを利用できる

１つ目の理由として、クラウドサービスを使うことで**計算機資源を柔軟に確保できる**点を挙げることができます。機械学習ではモデルを学習させてる間は計算機に負荷が集中します。一方、その他の時間ではあまり負荷はかかっていません。このような特徴を考えると、自前で計算環境を用意するより必要な際に必要なだけ用意する方が賢いやり方です。そういうわけで、クラウドサービスを使って必要な分だけ計算機資源を使うというやり方になってきているのです。

２つ目の理由として、クラウドサービスを使うことで**大規模データを扱いやすい**点を挙げられます。最近の機械学習はデータ量が桁違いに多かったり、データが増え続ける状況に対処する必要があります。そのような場合でも、クラウドサービスを使えば事実上、容量の上限がないので対応できるというメリットがあります。また、クラウド上で分析を行うのであれば、クラウド上にデータを置いておくことで、データのやり取りの負荷を抑えることができます。

３つ目の理由として、**データ分析・機械学習サービスを利用できる**点を挙げられます。クラウドサービスではIaaSからSaaSレベルまでの様々なデータ分析・機械学習サービスを利用できます。たとえば、機械学習基盤を構築したり、テキストの分析をできるAPIなどを利用できます。これらのサービスを利用することで、価値を産まない作業にかかる時間を大幅に削減することができます。その結果、本来の目的であるデータを活用した価値創出に集中できるようになります。

このような背景を踏まえて、このChapter 12ではクラウドサービスを使った機械学習について紹介します。プラットフォームとしてはGoogleのGCPとColaboratoryを対象にします。なお、アカウント登録やプロジェクト作成については割愛します。内容としては以下を紹介します。

- Colaboratoryを使った環境構築
- 機械学習の自動化
- 自然言語処理API

Chapter 12-2

Colaboratoryを使った環境構築

本節では、GoogleのColaboratory上にGPU環境を構築する方法について紹介します。はじめに、GPU環境が必要な理由について説明します。その次に、Colaboratoryについて簡単に述べます。その後、実際に環境構築を行っていきます。

機械学習、特にディープラーニングでGPUを使う理由として、計算の高速化を挙げられます。これまでに体験してきたように、ニューラルネットワークの計算には非常に時間がかかります。本書で紹介したモデルはかなり単純な部類ですが、実際にはより複雑なモデルを構築することもままあります。そのような場合、CPUでは計算に非常に時間がかかってしまうのです。そういうわけで、並列計算が得意なGPUを使って計算を高速化します。

GPUを手軽に使いたい場合、GoogleのColaboratoryは有力な選択肢の一つです。Colaboratoryとは何かというと、クラウドで実行できるJupyterノートブック環境です。Jupyterノートブックというのは、文章やプログラム、またその実行結果をまとめて管理できるデータ分析に使われるツールです。Jupyterノートブック自体はオープンソースで公開されているので、誰でも利用することができます。

Colaboratoryを使うメリットはいくつか挙げることができます。第一に、**環境構築がほとんど必要ない**点です。Jupyterノートブックは、本来はインストールして使う必要がありますが、Colaboratoryではブラウザさえあれば使うことができます。第二に、**書いたコードの共有が簡単**な点です。書いたコードはクラウド上に保存できるため、チームでの共有が簡単にできます。第三に**無料でGPUを使える**点です。本来、GPUを使おうとするとそれなりの費用がかかりますが、Colaboratoryでは無料で使うことができます。

では実際にColaboratoryを使ってみましょう。大きくは以下の3ステップで行います。

- 基本的な使い方
- GPUの使い方
- パッケージのインストール方法

12-2-1 基本的な使い方

では早速Google Colaboratoryを使ってみましょう。まずは、Googleアカウントにログインして、Colaboratoryのサイトにアクセスします。

Colaboratory
https://colab.research.google.com/notebooks/welcome.ipynb?hl=ja

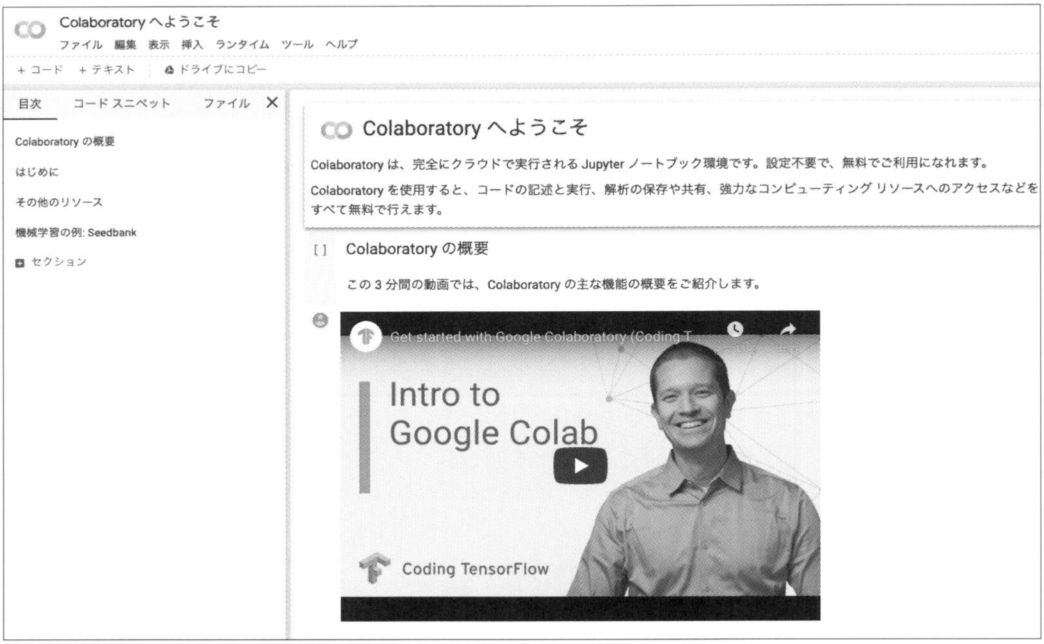

図12-2-1　Colaboratoryのトップ画面

次に、新しいノートブックを作成します。Colaboratoryではノートブック上にコードや文章を書いていきます。つまり、このノートブック上に機械学習用のコードを書けばモデルを学習させることもできるわけです。以下のように、メニューの「ファイル」から「Python 3の新しいノートブック」を選択します。

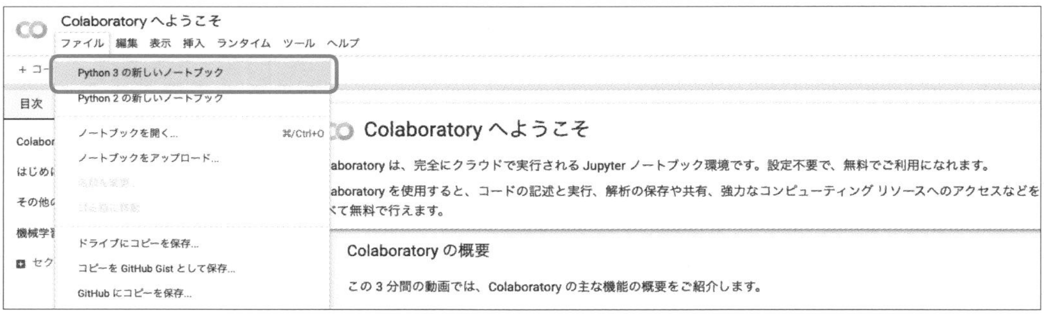

図12-2-2　新しいノートブックの作成

ノートブックを作成すると新しくタブが開きます。作成したノートブックにはわかりやすい名前を付けましょう。今回は初めて使うので「HelloColab.ipynb」にしてみました。ここで「ipynb」はノートブックの拡張子を表しています。

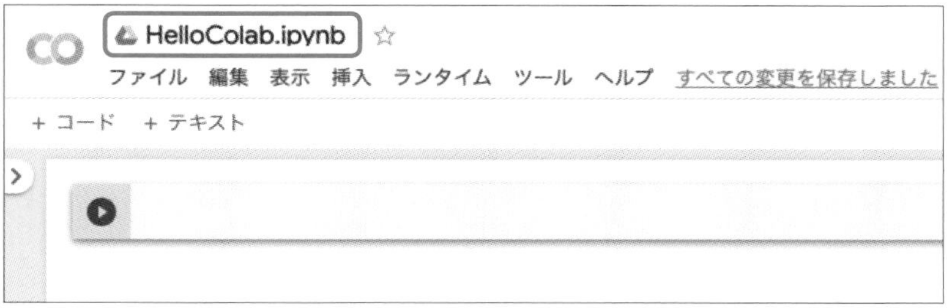

図12-2-3　ノートブック名の変更

ノートブックではセルと呼ばれる単位でコードを書いていきます。ここで、セルには2種類あることに注意する必要があります。一つは**コードセル**と呼ばれプログラムを書くためのセルです。もう一つは**テキストセル**と呼ばれ、文章を書くためのセルです。セルの追加は下記の画像の枠内のボタンから行うことができます。

図12-2-4　セルの追加

セルの実行方法について簡単に確認しておきましょう。Colaboratoryで新規にノートブックを作成すると、最初の一行目にコードセルが用意されています。このセルにPythonのコードを書き、「Shift + Enter」キーを押すことで実行することができます。以下では、「Hello Colab!」というテキストを表示するコードを実行しています。

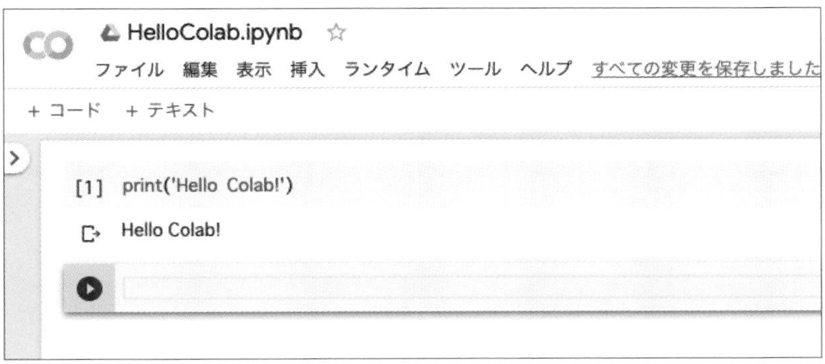

図12-2-5　コードの実行

テキストセルに対しても同様に実行することで、ノートブックにコメントを残しておくことができます。このコメントは特にチームでノートブックを共有する際に内容を素早く把握するために有用なので、積極的に書くようにしましょう。

では次にGPUの使い方について説明します。

12-2-2 GPUの使い方

Google Colaboratoryでは無料でGPUを使うことができます。しかし、ノートブックを作成した時点でのデフォルトの設定ではCPUを使うようになっています。そのため、GPUを使うには設定を変更する必要があります。その設定方法について以下で確認していきましょう。

まずは、メニューの「編集」から「ノートブックの設定」を選択します。開いた画面に表示されている「ハードウェアアクセラレータ」から実行に使うハードウェアを選択することができるので、ここで「GPU」を選択しましょう。

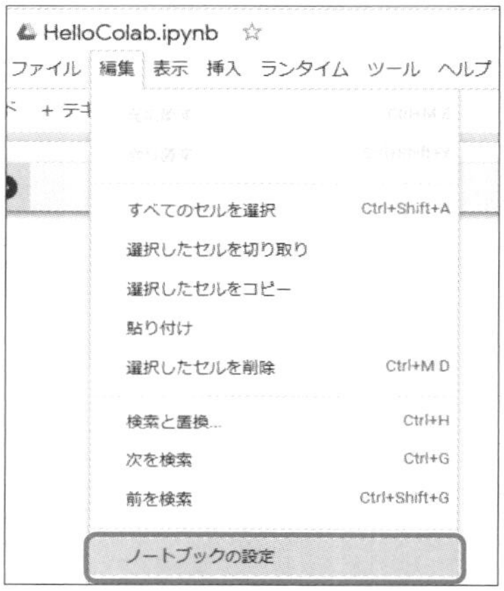

図12-2-6 「ノートブックの設定」を選択

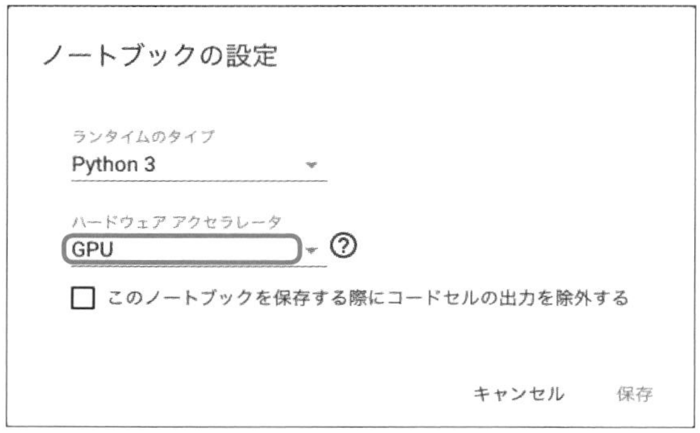

図12-2-7 コードの実行

GPUを選択したら、ノートブックからGPUが見えるか確認してみましょう。下記のコードを実行することで、GPUが見えるか確認することができます。もし、CPU上で実行していた場合は「GPU device not found.」と表示されます。ちなみに、「%tensorflow_version 2.x」と付けることでTensorFlow 2.x系を使うように指示しています。

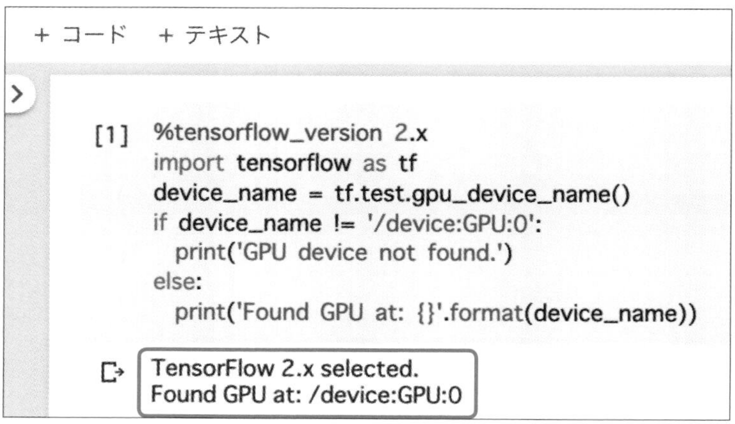

+ コード + テキスト
[1]
%tensorflow_version 2.x
import tensorflow as tf
device_name = tf.test.gpu_device_name()
if device_name != '/device:GPU:0':
print('GPU device not found.')
else:
print('Found GPU at: {}'.format(device_name))
TensorFlow 2.x selected.
Found GPU at: /device:GPU:0

図12-2-8 GPUの確認

12-2-3 パッケージのインストール方法

ColaboratoryにはデフォルトでTensorFlowやpandas、scikit-learnなどの機械学習に使うことのできるパッケージがインストールされています。多くの場合はこれらのパッケージがあれば十分ですが、プロジェクトによっては追加でパッケージをインストールする必要が生じるかと思います。そのような場合でも、Colaboratoryには簡単にパッケージを追加することができるので安心です。

では実際にColaboratoryにパッケージをインストールしてみましょう。今回は、TensorFlowでテキストを処理するためのパッケージであるTensorFlow Textを例にインストールしてみます。パッケージをインストールするにはコードセル上で下記のように先頭に「!」マークを付けてpipを実行するだけです。

```
%tensorflow_version 2.x
!pip install tensorflow-text
```

図12-2-9　パッケージのインストール

```
Installing collected packages: tensorboard, tensorflow-estimator, tensorflow, tensorflow-text
  Found existing installation: tensorboard 2.1.0
    Uninstalling tensorboard-2.1.0:
      Successfully uninstalled tensorboard-2.1.0
  Found existing installation: tensorflow-estimator 2.1.0
    Uninstalling tensorflow-estimator-2.1.0:
      Successfully uninstalled tensorflow-estimator-2.1.0
  Found existing installation: tensorflow 2.1.0rc1
    Uninstalling tensorflow-2.1.0rc1:
      Successfully uninstalled tensorflow-2.1.0rc1
Successfully installed tensorboard-2.0.2 tensorflow-2.0.0 tensorflow-estimator-2.0.1 tensorflow-text-2.0.1
```

図12-2-10　インストール実行後

Chapter 12-3 機械学習の自動化 ~AutoML~

本節では、近年目覚ましい発展を遂げているAutoMLについて紹介します。はじめに、AutoMLとはどのような技術で、なぜ必要かという話をします。次に、AutoMLの話題としてモデル選択とニューラルアーキテクチャサーチについて取り上げます。最後に、GoogleのCloud AutoMLを使ったAutoMLのチュートリアルについて説明します。

AutoML（Automated Machine Learning）は、**機械学習プロセスの自動化**を目的とした技術のことです。本書をここまで読まれた方はご存知の通り、機械学習はアルゴリズムにデータを与えるだけで何か良い結果が出るという技術ではなく、実際には多くの作業が必要です。以下の図に示すように、典型的にはデータ収集、データクリーニング、特徴エンジニアリング、モデル選択、ハイパーパラメータチューニング、モデルの評価といった作業が必要です。これらのプロセスを自動化するのがAutoMLです。

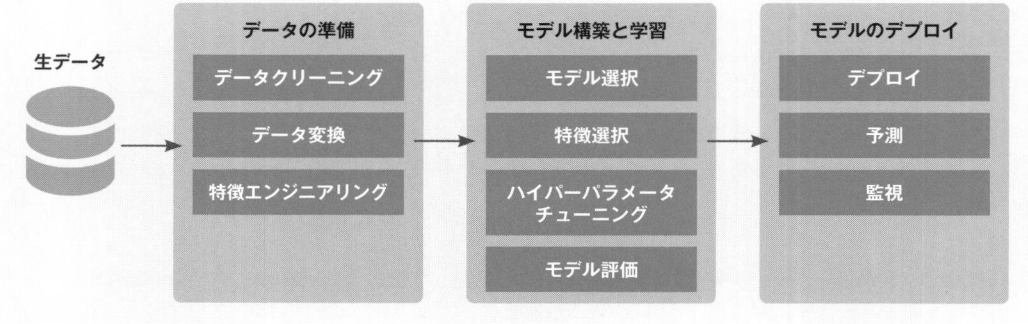

図12-3-1　機械学習のパイプライン

AutoMLの目的は、機械学習の各プロセスを自動化してエンジニアや研究者の生産性を向上させること、また誰でも機械学習を使えるようになることです。機械学習プロセスを自動化して生産性を向上させることで、他社より一歩先んじることができるでしょう。また、自動化することで、機械学習の専門家でない人であっても最先端の機械学習技術を使ったアプリケーションの作成をできるようになることが期待されます。

AutoMLで自動化する対象には特徴エンジニアリング、モデル選択、ハイパーパラメータチューニングなどがありますが、本節では以下の2つについて扱います。

- モデル選択
- ニューラルアーキテクチャサーチ

12-3-1 モデル選択

モデル選択は、データを学習させるのに使う機械学習アルゴリズムを選ぶプロセスです。モデルには、ここまで登場した**ロジスティック回帰**のほか、多くの種類があります。その中から、解きたい問題に応じて選びます。たとえば、解釈性が重要な場合は**決定木**などのモデルが選ばれるでしょうし、とにかく性能を出したいという場合は**ニューラルネットワーク**が候補になるでしょう。

モデル選択が必要な理由として、すべての問題に最適な機械学習アルゴリズムは存在しないという点を挙げることができます。図12-3-2は165個のデータセットについて、モデル間の性能の勝敗について検証した結果を示しています。左側の列はモデルの名前が書かれており、良い結果となったモデルから順に並んでいます。

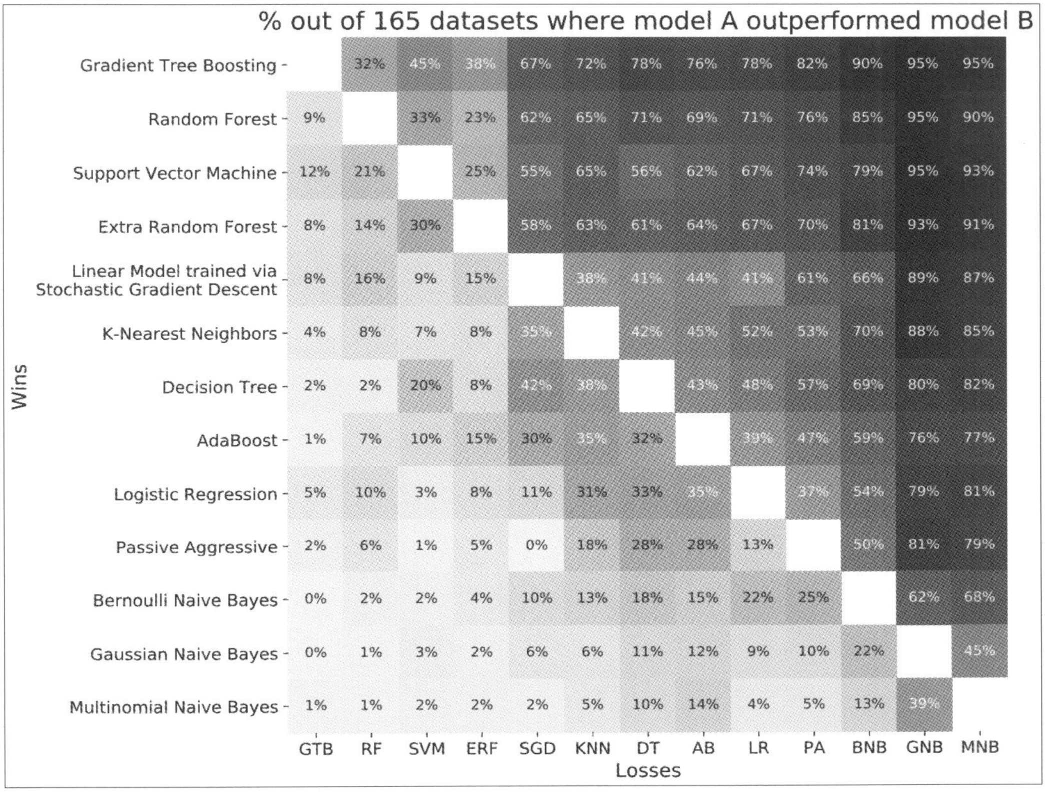

% out of 165 datasets where model A outperformed model B
Wins
Losses
Gradient Tree Boosting
Random Forest
Support Vector Machine
Extra Random Forest
Linear Model trained via Stochastic Gradient Descent
K-Nearest Neighbors
Decision Tree
AdaBoost
Logistic Regression
Passive Aggressive
Bernoulli Naive Bayes
Gaussian Naive Bayes
Multinomial Naive Bayes
GTB RF SVM ERF SGD KNN DT AB LR PA BNB GNB MNB
32% 45% 38% 67% 72% 78% 76% 78% 82% 90% 95% 95%
9% 33% 23% 62% 65% 71% 69% 71% 76% 85% 95% 90%
12% 21% 25% 55% 65% 56% 62% 67% 74% 79% 95% 93%
8% 14% 30% 58% 63% 61% 64% 67% 70% 81% 93% 91%
8% 16% 9% 15% 38% 41% 44% 41% 61% 66% 89% 87%
4% 8% 7% 8% 35% 42% 45% 52% 53% 70% 88% 85%
2% 2% 20% 8% 42% 38% 43% 48% 57% 69% 80% 82%
1% 7% 10% 15% 30% 35% 32% 39% 47% 59% 76% 77%
5% 10% 3% 8% 11% 31% 33% 35% 37% 54% 79% 81%
2% 6% 1% 5% 0% 18% 28% 28% 13% 50% 81% 79%
0% 2% 2% 4% 10% 13% 18% 15% 22% 25% 62% 68%
0% 1% 3% 2% 6% 6% 11% 12% 9% 10% 22% 45%
1% 1% 2% 2% 2% 5% 10% 14% 4% 5% 13% 39%

図12-3-2 モデルとその勝敗※1

ここではモデルの詳細は重要ではないので説明は省きますが、結果を見ると、Gradient Tree Boosting（GTB）やRandomForest（ランダムフォレスト、RF）、Support Vector Machine（SVM）といったモデルは結果が良く、逆にNaive Bayes（NB）系のモデルはあまり良くないことがわかります。また、ほとんどの場合においてGradient Tree Boostingは良い結果なのですが、NBでも1%のデータセットではGTBに勝っているという結果になっています。ちなみに、足しても100%にならないのは、少なくとも正解率で1%以上上回った場合を勝利としているからです。

要するに何が言いたいかというと、確かにGTBやRandomForestは良い結果を出しますが、**すべての問題で勝てる最適なアルゴリズムは存在しない**ということです。これは重要な点で、機械学習を使って問題を解く際には、多くの機械学習アルゴリズムについて考慮する必要があるということをこの実験結果は示唆しています。

ただ、実際のプロジェクトでは多くの機械学習アルゴリズムを考慮できているとはいい難い状況です。その原因の一つには、人間のバイアスが関係しています。たとえば、「GTBは毎回良い結果を出すからこれを使っておけばいいんだ」というのは一つのバイアスです。確かにその考え方は多くの場合に正しいかもしれません。しかし、上図が示すように、実際には人間のバイアスは悪い方向に働くこともあるのです。

※1　出典：「Data-driven Advice for Applying Machine Learning to Bioinformatics Problems」（https://arxiv.org/abs/1708.05070）

人間のバイアスを軽減させるために有効な手の一つとして、データセットの特徴に応じて選ぶモデルを決定する仕組みを構築しておく手があります。以下はscikit-learnが公開している機械学習アルゴリズムを選択するためのチートシートです。ただ、この方法にもシートを作成した人のバイアスが入っている、多くのアルゴリズムを考慮できていないといった問題があります。

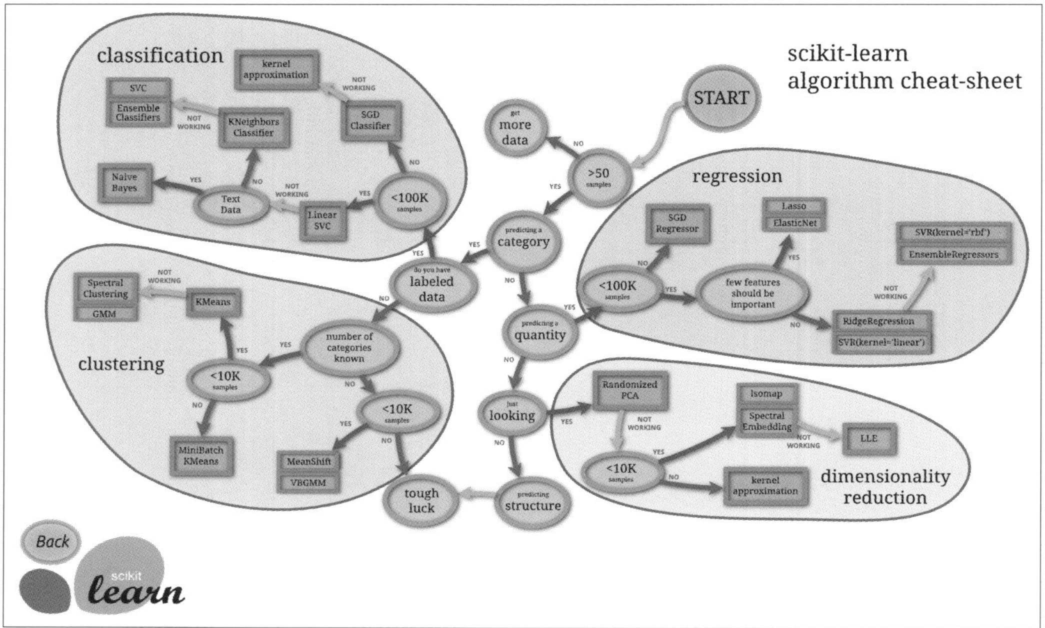

図12-3-3　モデル選択のチャート※2

そういうわけでAutoMLでは機械学習アルゴリズムの選択を自動的に行うことを考えます。モデル選択を自動化することにより、人間のバイアスを排除しつつ、様々なモデルを考慮することができます。これにより、エンジニアの生産性とモデル性能の両方を向上させることにつながります。

12-3- 2 ニューラルアーキテクチャサーチ

モデル選択と関係する話として、最近よく話題になる**ニューラルアーキテクチャサーチ(Neural Architecture Search: NAS)**について述べておきましょう。NASもAutoMLの一部と捉えられます。ニュースでも大きく取り上げられ、New York Timesでは「AIを構築できるAIを構築する」※3というタイトルで記事が書かれています。

※2　出典：「Choosing the right estimator」(https://scikit-learn.org/stable/tutorial/machine_learning_map/index.html)
※3　「Building A.I. That Can Build A.I.」
(https://www.nytimes.com/2017/11/05/technology/machine-learning-artificial-intelligence-ai.html)

ニューラルアーキテクチャサーチとは、**ニューラルネットワークの構造設計を自動化する技術**です。実際には、ニューラルネットワークを使ってネットワークアーキテクチャを生成し、ハイパーパラメータチューニングをしつつ学習させています。

基本的な枠組みは図12-3-4のようになっています。まず、コントローラと呼ばれるRNNがアーキテクチャをサンプリングします。次に、サンプリングした結果を使って、ネットワークを構築します。そして、構築したネットワークを学習し、検証用データセットに対して評価を行います。この評価結果を使って、より良いアーキテクチャを設計できるようにコントローラを更新します。以上の操作を繰り返し行うことで良いアーキテクチャを探索しています。

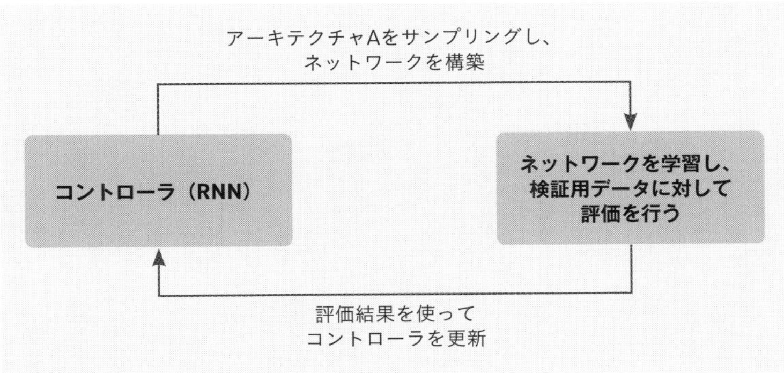

図12-3-4　ニューラルアーキテクチャサーチの仕組み※4

ニューラルネットワークの設計を自動化したいのにはいくつかの理由があります。その一つとしてニューラルネットワークのアーキテクチャを設計するのは高度な専門知識が必要で非常に難しい点を挙げられます。よいアーキテクチャを作るためには試行錯誤が必要で、これには時間もお金もかかります。これでは活用できるのが少数の研究者やエンジニアだけに限られてしまいます。

このような理由からニューラルアーキテクチャサーチで設計から学習まで自動化しようという話になりました。NASによって、アーキテクチャの設計、ハイパーパラメータチューニング、学習を自動化することができ、**誰にでも利用できる**ようになります。これはつまり、ニューラルネットワークに詳しくない研究者や開発者によるニューラルネットワークの活用に道が開かれることを意味しています。

そんなNASの課題としては計算量の多さを挙げられます。たとえば、「Neural Architecture Search with Reinforcement Learning」※5という論文では、アーキテクチャを探索するのに800GPUで28日間かかっています。また、「Learning Transferable Architectures for Scalable Image Recognition」※6では、500GPUを使用して4日間かかっています。これでは一般の研究者や開発者が利用するのは現実的ではありません。

※4　「Neural Architecture Search with Reinforcement Learning」
（http://rll.berkeley.edu/deeprlcoursesp17/docs/quoc_barret.pdf）
※5　http://rll.berkeley.edu/deeprlcoursesp17/docs/quoc_barret.pdf
※6　https://arxiv.org/abs/1707.07012

高速化の手段の一つとして使われるのが**転移学習**です。転移学習というのは、あるタスクで学習させたモデルを別のタスクに適用する技術のことです。「Efficient Neural Architecture Search via Parameter Sharing」※7ではすべての重みをスクラッチで学習させるのではなく、学習済みのモデルから転移学習させて使うことで高速化をしています。その結果、学習時間は1GPUで半日までに抑えられています。

NASを提供するサービスとして最も有名なのはGoogleの「**Cloud AutoML**」※8でしょう。Cloud AutoMLでは画像認識、テキスト分類、翻訳といったタスクに関して学習させることができます。データさえ用意すれば、誰でも簡単に良いモデルを作って使えるのが特徴です。一方、お金が結構かかるのと、学習したモデルをエクスポートできないのが欠点です。

※7 https://arxiv.org/abs/1802.03268
※8 https://cloud.google.com/automl/

Chapter 12-4

Cloud AutoML

GoogleのCloud AutoMLは**ニューラルアーキテクチャサーチ**を使ってモデルを学習できるサービスです。モデルを学習させるために、コードを書く必要がなく、GUIの操作だけでモデルを作成できるのが特徴的です。作成したモデルをデプロイすることも簡単にできるので、すぐに使い始めることができます。

Cloud AutoMLは画像、自然言語、構造化データをサポートしています。画像系のタスクとしては画像分類や物体検知、自然言語系のタスクとしては、テキスト分類や固有表現認識、感情分析等をサポートしています。自然言語系のタスクは、本書執筆時点では英語のみをサポートしている状況となっています。

AutoML Natural Languageの料金について確認しておきましょう。まず、モデルの学習にかかる費用は1時間に3.00ドルとなっています。したがって、学習に4時間かかれば3*4=12ドルです。それとは別に、予測にも費用がかかります。予測では1000文字ごとに1件のレコードとして扱われます。たとえば、800文字と1500文字のテキストを使う場合、レコード数は3件です。それを踏まえた上で、レコード1000件あたりの予測にかかる料金は以下の通りです。なお筆者が試したところ、学習に3時間半くらいかかり、コストは1,100円程度でした。あくまでも本書執筆時点での料金なので、最新情報については公式サイト[※9]を確認してください。

機能	0〜30,000	30,001〜5,000,000
AutoML Natural Language コンテンツ分類	無料	$5.00
AutoML Natural Language 感情分析	無料	$5.00
AutoML Natural Language エンティティ抽出*	無料	$5.00

図12-4-1　AutoML Natural Languageの料金

料金を確認したところで、実際にCloud AutoMLを使ってみましょう。ここでは、AutoML Natural Languageの感情分析を使って英語のテキストの分類をしてみます。ここまで日本語での自然言語処理にこだわってやってきたので大変申し訳無いのですが、AutoML Natural Languageが正式にサポートしているのが英語だけなので、ここは英語で実行します。今後の多言語サポートに期待しましょう。

※9　https://cloud.google.com/natural-language/automl/pricing

手順としては以下の順に進めていきます。

- APIの有効化
- データセットのアップロード
- モデルの学習
- クリーンアップ

なお、GCPへの登録とプロジェクトの作成は済んでいるものとして進めていきます。

12-4-1 APIの有効化

最初に、AutoML APIを有効化します。AutoML APIを有効化することで、作成したプロジェクト内でAutoMLを利用できるようになります。まずは、クラウドコンソール左上のメニューボタンから「Natural Language」を選択します。

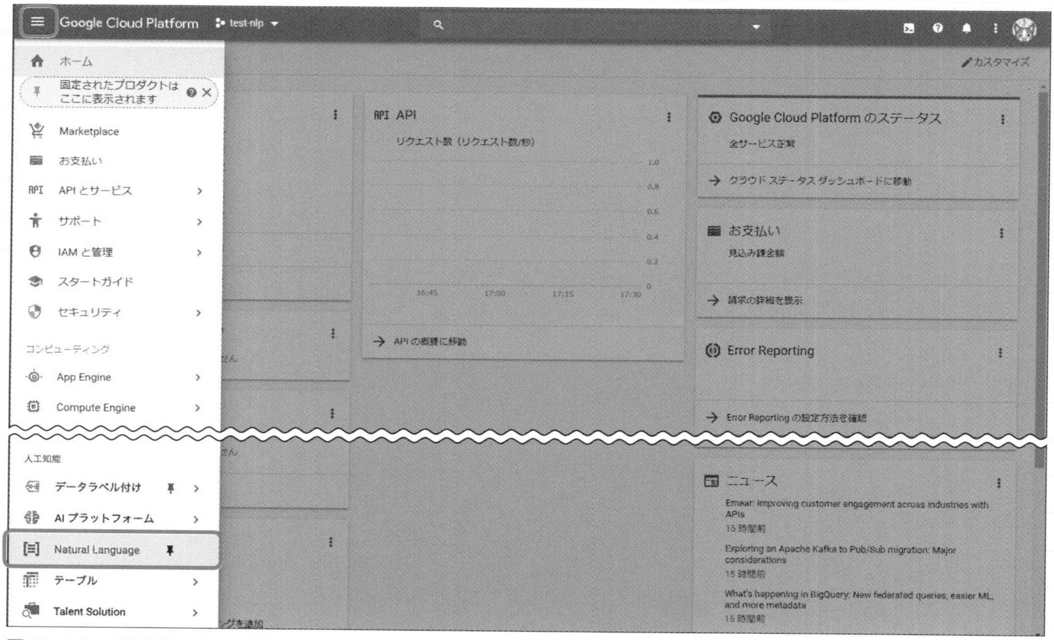

図12-4-2　APIとサービスの選択

Natural Languageのページに移動したら、APIを有効化します。画面に表示されている「APIを有効にする」ボタンを選択します。

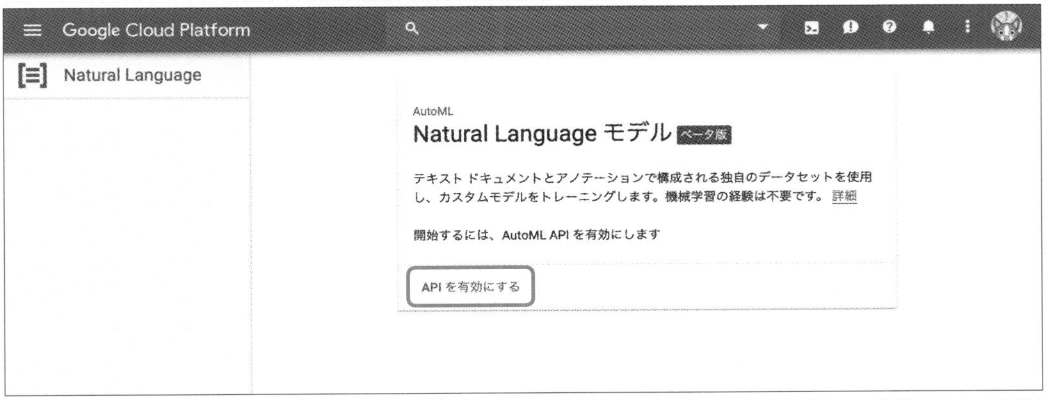

図12-4-3　AutoML APIの有効化

しばらく待つと画面が切り替わるので、「AutoML感情分析」の「アプリを起動」を選択します。その後はAutoMLがアカウントへのアクセスをリクエストしてくるので許可します。

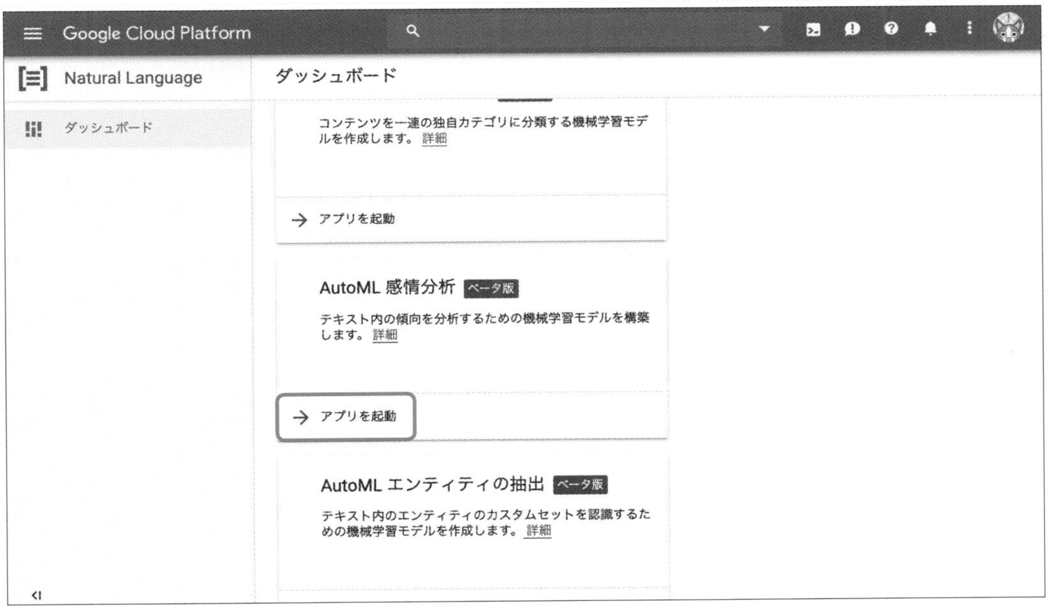

図12-4-4　アプリの起動

これでデータセットをアップロードする準備ができました。

12-4-2 データセットのアップロード

はじめにデータセットのインポートを行います。今回使うデータセットはTwitterのテキストに0〜4までの5段階でラベルが付けられているデータセットです。0に近いほどネガティブな内容を、4に近いほどポジティブな内容を表しています。このデータセットを使うことで、AutoMLに感情分析のモデルを構築させます。

そのために、まずは「新しいデータセット」ボタンを選択します。

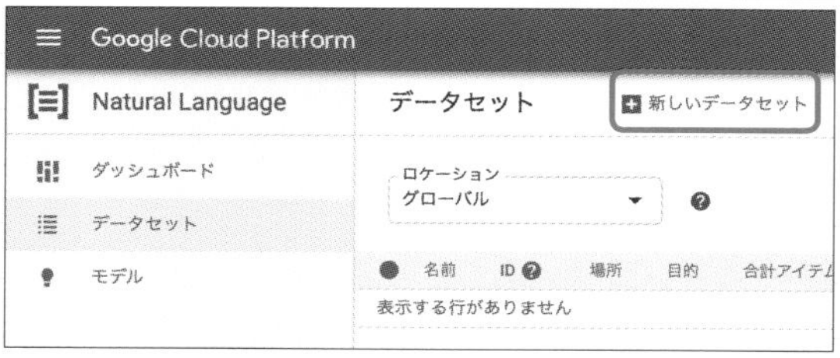

図12-4-5　New Datasetボタンの選択

ボタンを選択したらデータセットの作成ページへ遷移します。データセット名として「twitter_sentiment_analysis」を指定します。また、モデルの目標では解きたいタスクを選択します。今回は感情分析のデータセットを使うので「感情分析」を選択します。そして、感情の等級では最大感情スコアとして「4」を選択します。「4」を選択した理由は、今回のデータセット中のラベルの最大値が4だからです。すべての入力後「データセットを作成」ボタンを選択します。

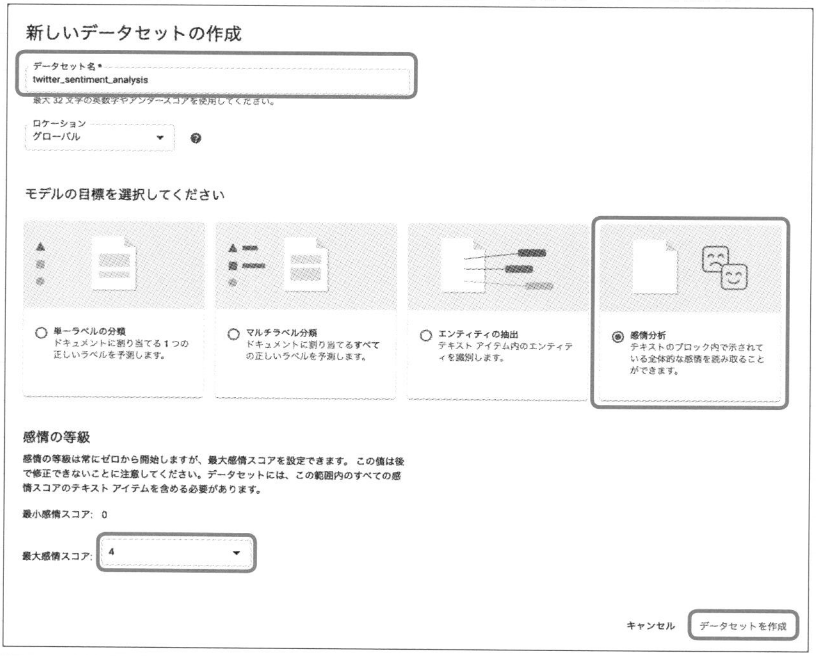

図12-4-6　データセット名の入力と目的の選択

次に、インポートするファイルを選択します。今回はCloud Storageからファイルをインポートしたいので、「Cloud StorageでCSVファイルを選択」を選択します。

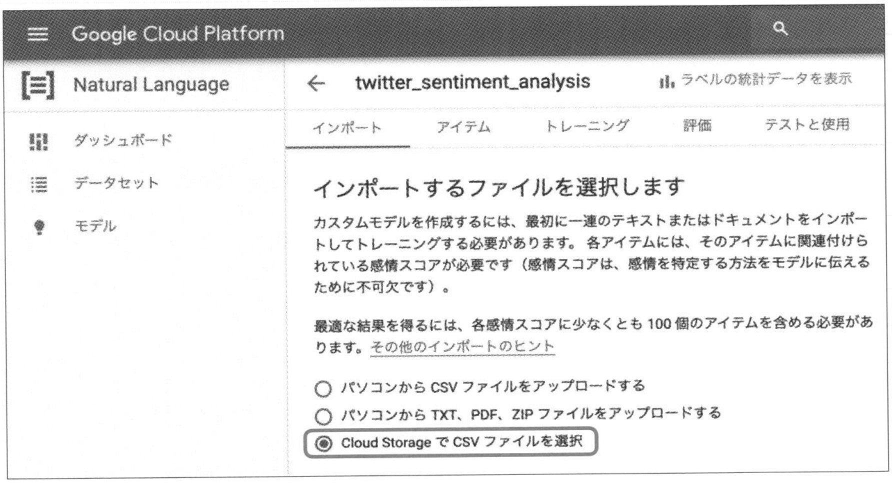

図12-4-7　ファイルの種類を選択

ファイルのパスとして「cloud-ml-data/NL-sentiment/crowdflower-twitter-claritin-80-10-10.csv」を入力後、「インポート」ボタンを選択します。

図12-4-8　データセットのファイルを指定

データセットのアップロードには30分くらい時間がかかるので、しばらく待ちましょう。

12-4-3 モデルの学習

データセットのアップロードが完了すると、データセットの詳細を確認できるようになります。左側のナビゲーションバーには、ラベル一覧と各ラベルのデータ数が表示されています。ラベル名を選択することで表示されるテキストをフィルタリングすることもできます。

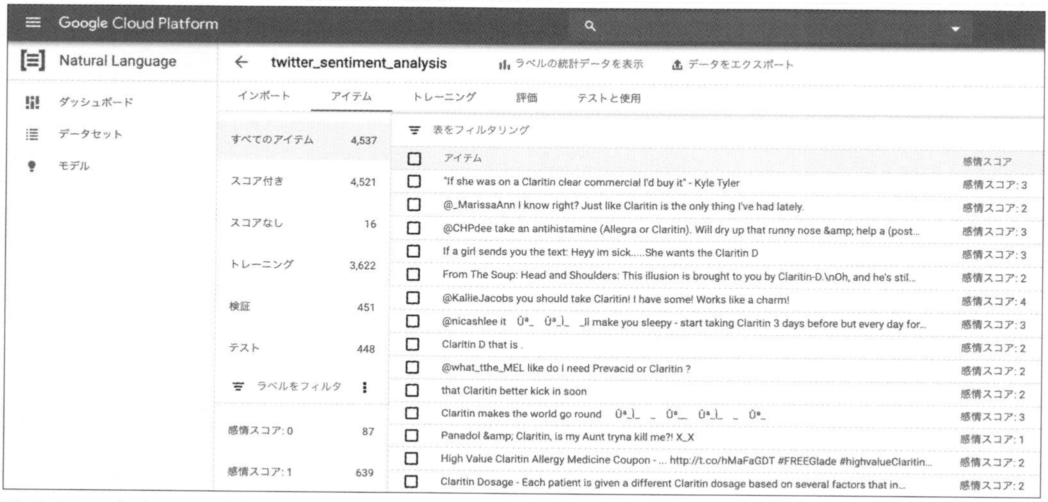

図12-4-9　データセットの詳細ページ

学習を開始するために、「トレーニング」タブを選択し、表示されている「トレーニングを開始」ボタンを選択します。

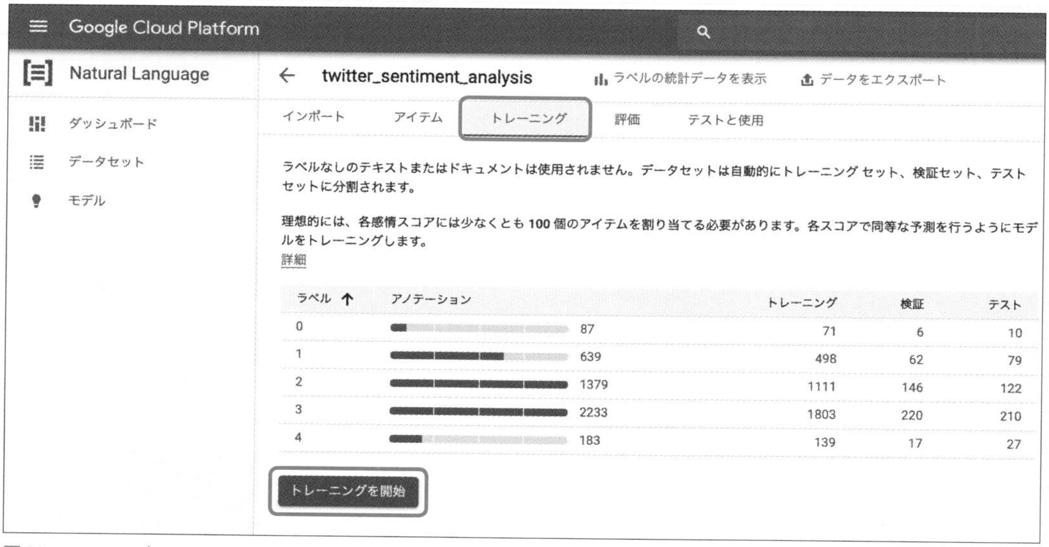

図12-4-10　モデルの学習

学習の完了までは3〜4時間ほどかかるので、気長に待ちましょう。

学習が完了したら「評価」タブを選択して結果を確認してみましょう。「すべての感情スコア」セクションには全体の適合率と再現率が表示されています。また、ラベル名を選択することで、ラベルごとの適合率と再現率を確認することもできます。

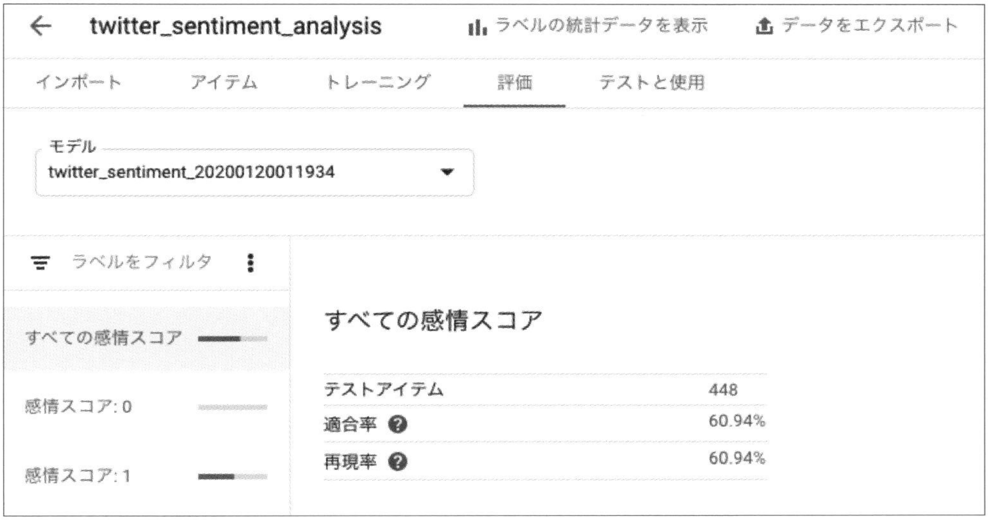

図12-4-11　適合率と再現率の確認

ページのさらに下の方を見ると混同行列を確認することもできます。どういう間違いが多いのかがひと目で確認できます。

実際のスコア ＼ 予測スコア	感情スコア:0	感情スコア:1	感情スコア:2	感情スコア:3	感情スコア:4
感情スコア:0	-	80%	-	20%	-
感情スコア:1	1%	51%	14%	34%	-
感情スコア:2	1%	10%	44%	45%	-
感情スコア:3	-	7%	10%	82%	1%
感情スコア:4	-	7%	-	70%	22%

図12-4-12　混同行列

学習したモデルを使った予測は「テストと使用」タブから試すことができます。ページに表示されているテキストボックスにテキストを入力して「予測」ボタンを選択すると予測結果が表示されます。以下は「iPhone is awesome! (iPhoneは素晴らしい!)」というテキストを入力した結果、ラベルとして「4」を予測したことを示す図です。4に近いほどポジティブなので、正しく予測できてそうなことがわかります。

図12-4-13　学習したモデルを使った予測

学習したモデルをプログラムから使う方法については「テストと使用」ページの下部に表示されているのでそちらを参照してください。

12-4-4 クリーンアップ

チュートリアルが終わったら、学習したモデルとデータセットを削除しておきましょう。左側のナビゲーションバーから「データセット」を選択します。そうすると、データセット一覧が表示されるので、削除したいデータセットの一番右にあるボタンを選択して「削除」を選択します。

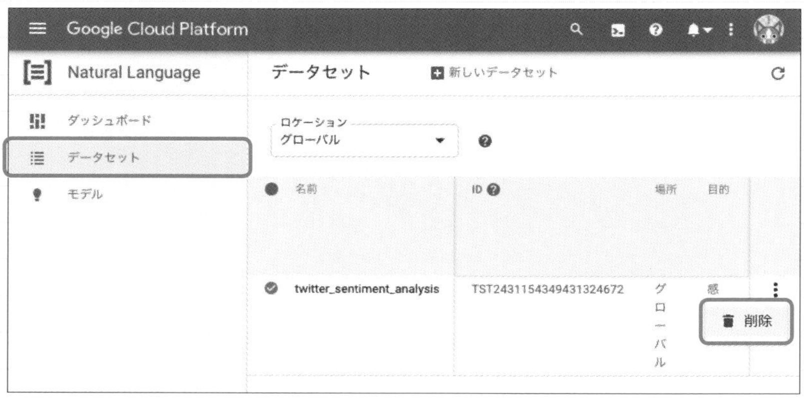

図12-4-14　データセットの削除

モデルについても同様に削除しましょう。左側のナビゲーションバーから「モデル」を選択します。そうすると、学習したモデル一覧が表示されるので、削除したいモデルの一番右にあるボタンを選択して「削除」を選択します。

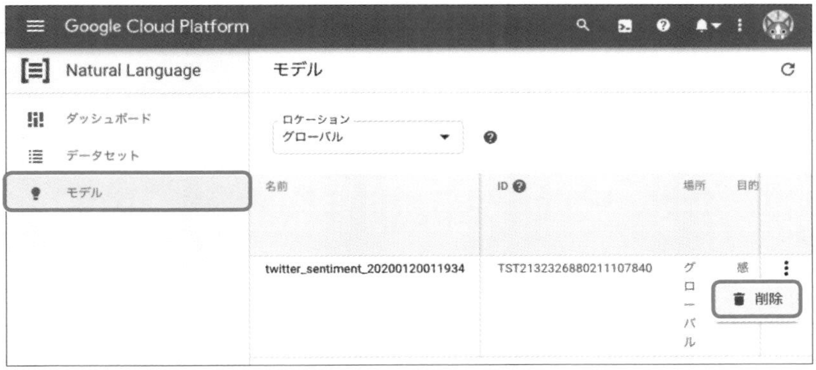

図12-4-15　モデルの削除

データセットやモデルを削除しないと課金され続けてしまうので、使わないのであれば確実に削除するようにしましょう。

Chapter 12-5 自然言語処理API

本節ではGoogleの「Cloud Natural Language API」を使った自然言語処理について紹介します。Cloud Natural Language APIは、Googleが学習させた機械学習モデルを使って、**テキストの構造や意味の認識**を行うことができます。Cloud Natural Language APIのWebページから以下のようにデモを実行することができます。

Cloud Natural Language API
https://cloud.google.com/natural-language/

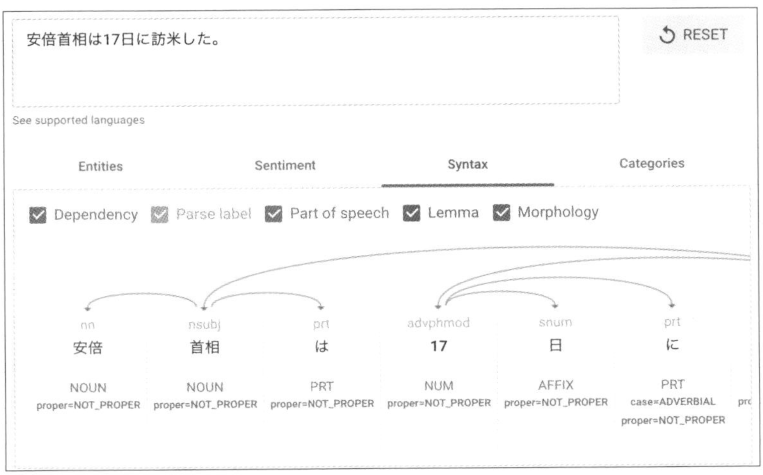

図12-5-1　Natural Language APIのデモ画面

Cloud Natural Language APIのようなAPIには、私たちがデータを用意しなくても使えるというメリットがあります。これまで紹介してきたサービスは、モデルの学習や管理を楽にしてくれるというメリットがありました。しかし、モデルを学習するためには私たち自らデータを用意する必要がありました。一般的に、学習に使えるデータを用意するのはなかなか大変ですが、公開されているAPIを使うことでその手間を省くことができます。

Cloud Natural Language APIは以下の機能を提供しています。

- 感情分析
- エンティティ分析（固有表現認識）
- 構文解析
- エンティティ感情分析
- コンテンツの分類

これらのうち、本書執筆時点ではコンテンツの分類以外は日本語の解析に対応しています。言語のサポート状況についての最新情報は公式サイト※10を参照して下さい。

また、Cloud Natural Language APIは有料のAPIであるため、APIの叩きすぎには注意しましょう。使う機能ごとに値段は異なりますが、無料で使える回数も用意されています。本書で使う範囲であれば無料の範囲内で済むはずです。料金の詳細については公式サイトを確認して下さい。執筆時点では以下のように設定されています。

	1,000 ユニットごとの料金（月あたり）			
機能	0〜5,000 ユニット/月	5,000 超〜100 万ユニット/月	100 万超〜500 万ユニット/月	500 万超〜2,000 万ユニット/月
エンティティ分析	無料	$1.00	$0.50	$0.25
感情分析	無料	$1.00	$0.50	$0.25
構文解析	無料	$0.50	$0.25	$0.125
エンティティ感情分析	無料	$2.00	$1.00	$0.50

図12-5-2　AutoML Natural Languageの料金

ここではCloud Natural Language APIを使って**エンティティ分析**をする方法について紹介します。これにより、Cloud Natural Language APIを使った自然言語処理の方法について学びます。手順としては以下の順に進めていきます。

※10　https://cloud.google.com/natural-language/docs/languages

- APIキーの取得
- コードの実装
- API呼び出し

Cloud Natural Language APIを使う方法はいくつかあるのですが、ここでは一番手軽なAPIキーを使う方法について紹介します。なお、GCPでのアカウント登録とプロジェクトの作成は済んでいるものとして進めていきます。

12-5- 1 APIキーの取得

まずはAPIキーを取得します。APIキーはCloud Natural Language APIを使う際の認証に使います。そのために、以下の手順を踏んでAPIキーの取得を行います。

- APIの有効化
- APIキーの発行

12-5- 1-1 APIの有効化

最初に、Cloud Natural Language APIを有効化します。これは作成したプロジェクトでAPIを利用するには、APIを有効化する必要があるためです。まずは、クラウドコンソールの左上のメニューボタンから「APIとサービス→ライブラリ」を選択します。

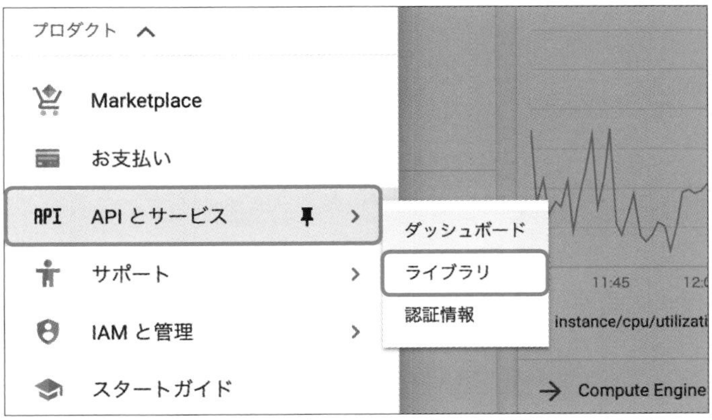

図12-5-2　APIとサービスの選択

次に、APIとサービスの「ライブラリ」からCloud Natural Language APIを選択します。表示されている検索フォームで「natural language」と検索するとすぐに見つかります。

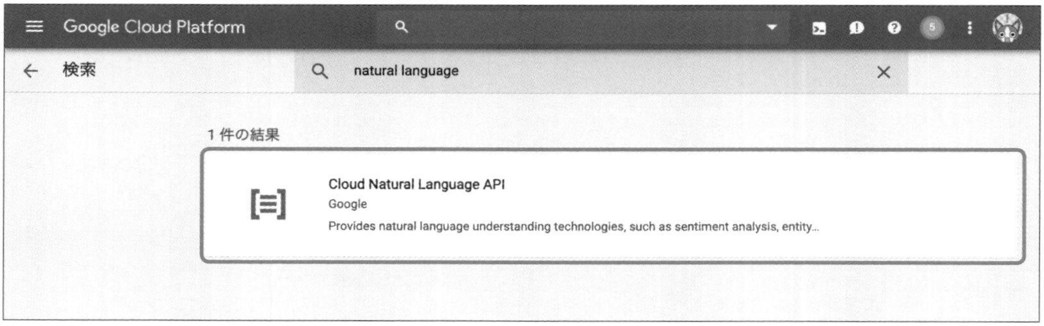

図12-5-3　Cloud Natural Language APIの選択

「Cloud Natural Language API」を選択するとAPIを説明するページに移動します。タイトルの横に、有効、無効を切り替えるためのボタンがあるので「有効にする」を選択してAPIを有効にします。

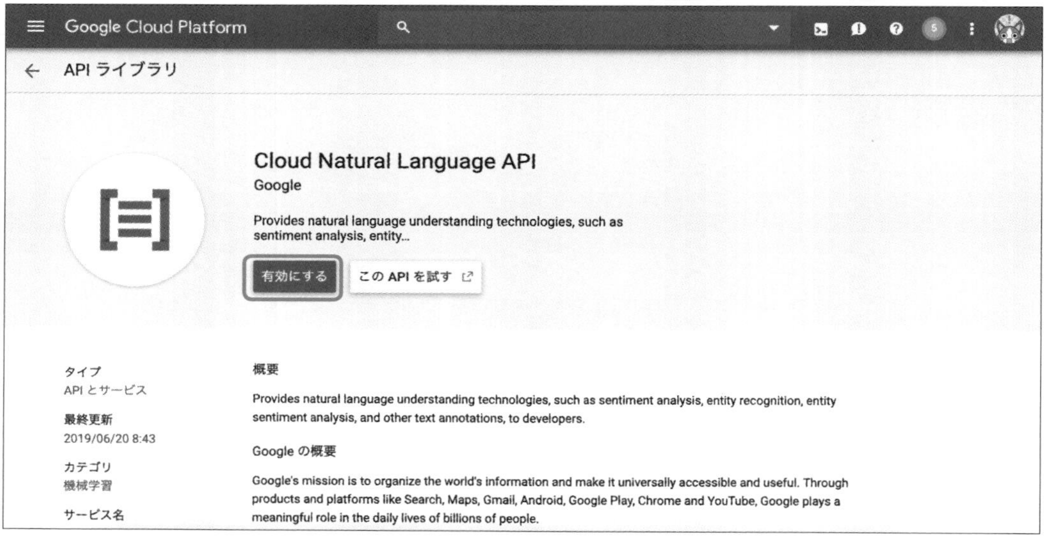

図12-5-4　Cloud Natural Language APIの有効化

これでCloud Natural Language APIを有効化することができました。次に、APIキーを発行します。

12-5-1-2　APIキーの発行

続いて、認証に利用するためのAPIキーを作成しましょう。「APIとサービス」の「認証情報」を選択し「認証情報を作成」を選択します。選択すると、いくつかの認証方法が表示されるので、APIキーを選択します。

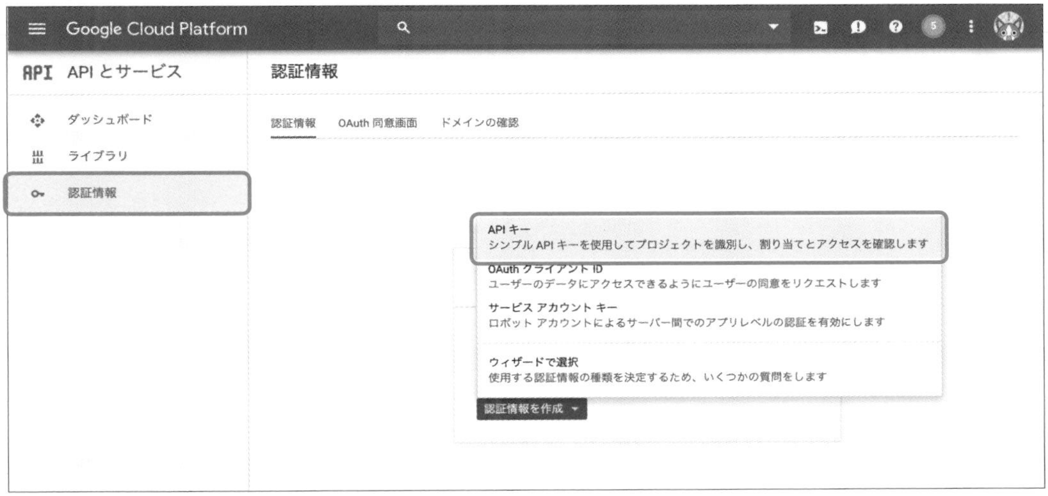

図12-5-5　APIキーの選択

選択するとAPIキーが発行されますので、安全な場所で保管します。APIキーが他人に漏れると不正利用され予期せぬ課金が発生する可能性があるので、絶対に他人に漏れないようにしておいてください。特にGitHubに誤ってPushしないように注意しましょう。

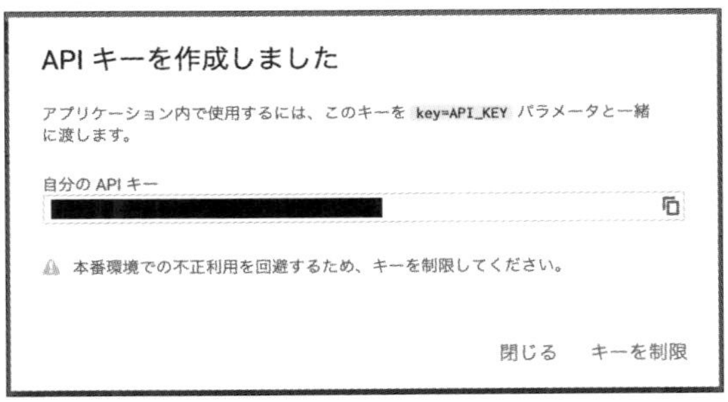

図12-5-6　APIキーの作成

12-5-2 コードの実装

APIキーを取得できたので、Cloud Natural Language APIを使って固有表現認識をしてみましょう。APIはPythonから利用するので、そのためのコードを書いていきます。

まずは必要なPythonパッケージをインストールします。今回はWeb APIを呼び出すので、HTTPリクエストを行うためのパッケージであるrequestsをインストールします。ここからの作業はローカルで行います。Anaconda Promptを起動し、以下のコマンドを実行してインストールしてください。

ターミナル

```
> pip install requests
```

次に、取得したAPIキーを環境変数に設定します。ファイルでなく、環境変数に設定することで、誤ってファイルをアップロードする可能性を減らしています。ターミナルを開いて、API_KEYに先ほど取得したAPIキーを設定しましょう。以下のコマンドを[YOUR_API_KEY]の部分を置き換えて実行します。

ターミナル

```
> export API_KEY=[YOUR_API_KEY]  ―――― macOSの場合
> set API_KEY=[YOUR_API_KEY]  ―――― Windowsの場合
```

APIキーを環境変数に設定できたら、APIを呼び出すためのコードを書いていきます。以下の内容を「nlp_api.py」という名前のファイルに書いていきましょう。

nlp_api.py

```
1  nlp_api.py
2  import argparse
3  import os
4  import requests
5  from pprint import pprint
6
7  class API(object):
8
9      def __init__(self, api_key):
10         self.api_key = api_key
11
12     def analyze_entities(self, text):
13         url = 'https://language.googleapis.com/v1/documents:analyzeEntities?key={}'.format➡
   (self.api_key)
14         headers = {'Content-Type': 'application/json'}
15         body = {
16             'document': {
17                 'type': 'PLAIN_TEXT',
18                 'language': 'ja',
19                 'content': text
20             }
21         }
22         response = requests.post(url, headers=headers, json=body).json()
23         return response
24
25
26 if __name__ == '__main__':
27     parser = argparse.ArgumentParser()
28     parser.add_argument('--text', help='The text you\'d like to analyze entities.')
29     args = parser.parse_args()
30
31     api_key = os.environ.get('API_KEY')
32     api = API(api_key)
33     res = api.analyze_entities(args.text)
34     pprint(res)
```

設定した環境変数は、31行目でos.environから読み込んでいます。APIクラスのインスタンス作成後、analyze_entitiesメソッドにテキストを与えることで、APIの呼び出し結果を取得することができます。その中に固有表現が含まれていれば抽出できるはずです。また、コマンドラインからテキストを与えられるようにArgumentParserを使っています。

12-5-3 API呼び出し

先ほど書いたスクリプトを実行してみましょう。先ほど書いたファイルに、コマンドライン引数として「安倍首相は17日に訪米した」というテキストを与えて実行します。

ターミナル

```
> python nlp_api.py --text="安倍首相は17日に訪米した。"
```

実行すると以下のようなディクショナリが得られました。


```
{'entities': [{'mentions': [{'text': {'beginOffset': -1, 'content': '安倍'},
                              'type': 'PROPER'},
                             {'text': {'beginOffset': -1, 'content': '首相'},
                              'type': 'COMMON'}],
               'metadata': {'mid': '/m/07t7hy',
                            'wikipedia_url': 'https://en.wikipedia.org/wiki/Shinz?_Abe'},
               'name': '安倍',
               'salience': 0.60475504,
               'type': 'PERSON'},
              {'mentions': [{'text': {'beginOffset': -1, 'content': '米'},
                              'type': 'PROPER'}],
               'metadata': {},
               'name': '米',
               'salience': 0.39524496,
               'type': 'LOCATION'},
              {'mentions': [{'text': {'beginOffset': -1, 'content': '17'},
                              'type': 'TYPE_UNKNOWN'}],
               'metadata': {'value': '17'},
               'name': '17',
               'salience': 0,
               'type': 'NUMBER'}],
 'language': 'ja'}
```


人間には少々見づらいので、結果表示用の関数としてprint_resultを書きましょう。「nlp_api.py」のclass APIの後に以下の関数を書いて、pprint(res)をprint_result(res)に書き換えます。

nlp_api.py

```python
def print_result(response):
    for entity in response['entities']:
        print('=' * 20)
        print('         name: {0}'.format(entity['name']))
        print('         type: {0}'.format(entity['type']))
        print('     salience: {0}'.format(entity['salience']))
        print('wikipedia_url: {0}'.format(entity['metadata'].get('wikipedia_url', '-')))
```

```python
    # pprint(res)
    print_result(res)
```

再度、ターミナルからコマンドを入力してprint_resultを実行することで以下の結果を得られました。nameには固有表現の文字列、typeには固有表現タイプ、salienceには認識の確信度、wikipedia_urlには対応する英語のWikipediaページが表示されています。

ターミナル

```
> python nlp_api.py --text="安倍首相は17日に訪米した。"
====================
         name: 安倍
         type: PERSON
     salience: 0.60475504
wikipedia_url: https://en.wikipedia.org/wiki/Shinz?_Abe
====================
         name: 米
         type: LOCATION
     salience: 0.39524496
wikipedia_url: -
====================
         name: 17
         type: NUMBER
     salience: 0
wikipedia_url: -
```

以上でCloud Natural Language APIを使った固有表現認識の紹介は終わりです。ここではCloud Natural Language APIの使い方を学び、データを用意しなくても固有表現認識を行えることを確認しました。GCPには他の自然言語処理APIも用意されているので、ご自身のプロジェクトに使える場合はガンガン使って生産性を向上させましょう。

Chapter 12-6

まとめ

Chapter 12では、クラウドサービスを使って機械学習について紹介しました。はじめに、GoogleのColaboratory上でGPU環境を構築する方法について紹介しました。その後、機械学習の自動化技術であるAutoMLがどのようなものなのかについて紹介し、最後にGCPの自然言語処理APIの機能を確認しました。

これまでの歩みを振り返ってみましょう。Chapter 1からChapter 6では伝統的な機械学習を使って自然言語処理の基礎を学びました。その後のChapter 7からChapter 11ではディープラーニングを使った機械学習モデルの構築方法について学びました。そして本章ではクラウドサービスを使った機械学習について学びました。

自然言語処理の研究は目覚ましい発展を遂げています。その一方で、日本語の自然言語処理を試そうとすると、気軽に試せるデータセットがなかなか無いという問題に直面します。本書は、その問題を少しでも解決したいと考え、執筆をはじめました。本書を通じ、多くの方が日本語の自然言語処理に触れることを願っています。

Index

●キーワード

PROFILE

中山 光樹（なかやま ひろき）

1991年生まれ。電気通信大学卒、電気通信大学情報理工学研究科修士課程修了。現在、企業にて、自然言語処理や機械学習に研究開発に従事。また、GitHub上でオープンソースソフトウェアの自然言語処理ライブラリ開発にも貢献している。

STAFF

ブックデザイン：三宮 暁子（Highcolor）
DTP：シンクス
編集：伊佐 知子

機械学習・深層学習による 自然言語処理入門

scikit-learnとTensorFlowを使った実践プログラミング

2020年2月26日 初版第1刷発行
2022年11月8日 初版第6刷発行

著者	中山 光樹
発行者	滝口 直樹
発行所	株式会社 マイナビ出版 〒101-0003 東京都千代田区一ツ橋2-6-3 一ツ橋ビル 2F TEL：0480-38-6872（注文専用ダイヤル） TEL：03-3556-2731（販売） TEL：03-3556-2736（編集） E-Mail：pc-books@mynavi.jp URL：https://book.mynavi.jp
印刷・製本	シナノ印刷株式会社

ISBN978-4-8399-6660-7